新编21世纪金融学系列教材

区块链技术及应用

苟小菊　主　编

周志翔　副主编

U0386354

Technology and
Application of Blockchain

中国人民大学出版社
·北京·

内容简介

在过去几年里，区块链技术获得了公众和媒体的大量关注，相关书籍也大量出版，而本教材就是针对那些需要了解区块链基础知识及其应用范围的人群而撰写的。因此，本教材旨在帮助读者充分理解核心概念和整体逻辑框架，并介绍区块链技术的时下应用，以便之后在细分领域进行更深一步的学习。书中并不会涉及过多艰深的数学证明和编程知识。

本书共有十二章，大致可分为三个部分。第一部分包括前四章，主要讲述了区块链技术的发展背景，介绍区块链相关基本概念及底层逻辑，从宏观角度帮助读者把握区块链的知识架构，同时介绍其技术应用的相关问题。有些章节后附有扩展阅读，对其中部分理论知识进行适当的时下趋势介绍。第二部分为第五至十章，从数字货币、公共事务、现代物流、智慧医疗、知识产权等各个领域介绍了当下区块链技术应用的发展潮流以及这些应用的现实意义。第三部分为第十一至十二章，介绍了区块链的实际价值及局限性、当前发展趋势及相关法律法规等。除此之外，每章后另附有思考题，供学生进行知识巩固以及举一反三。

总的来说，本教材较为适合高校学生及社会人群进行区块链入门学习。希望读者可以在阅读后对区块链技术产生学习兴趣，并找到适合自己的研究方向。

作者简介

苟小菊　中国科学技术大学管理学院副教授，金融硕士（MF）中心副主任。在国内外期刊发表论文二十篇，主持和参加过十余项各级科研项目。主要承担金融市场与金融机构、国际经济学、衍生金融工具、固定收益证券等本科和研究生课程的教学。

本教材介绍了区块链技术的理论、应用及其发展趋势等。其中，理论部分由浅及深，先从区块链的发展历史及背景讲起，延伸至其基础理论及核心构架，并举出了其系统面临的性能问题，有些章后附的扩展阅读对其中的部分理论进行了适当的趋势介绍；实际应用部分则涉及数字货币、现代物流、知识产权等多个领域，尤其适合金融科技类的学生学习体验；最后两个章节则介绍了区块链的实际价值及其局限性、当下发展趋势及相关法律法规等。除此之外，每章后另附有思考题，供学生进行知识巩固以及举一反三。总的来说，我们相信本书是高校学生在金融科技及区块链技术探索道路上一本较好的入门读物。

本教材编写分工如下：苟小菊、周志翔统筹安排全书的编写工作，并对书稿进行审核和修改；姜梦负责第一、四章；鲍思源负责第二、十一章；白如虹负责第三章；马丹楠负责第五、十二章；陈亮负责第六、七章；王增明负责第八、九章；王凯铭负责第十、十一章。

鉴于编者水平有限，书中如有不妥或者错漏之处，还望广大读者批评指正。

编者

目 录

第一章

区块链概述

2020 年 11 月 18 日，比特币的交易价格突破每个 18 400 美元，创下 2017 年 12 月 20 日以来的历史新高。截至 2020 年 11 月 17 日，整个交易历史上也只有四个交易日的价格达到了每个 18 400 美元，当日比特币的总流通市值也突破了历史纪录，达到 3 263 亿美元。这将大家的关注点又重新引向加密货币的交易市场，市场对于加密货币的未来十分看好。

比特币由于热度的上升被社会各个行业广泛关注，也将大众的眼光吸引到比特币背后的底层区块链技术上，本章我们将带领大家一起走进区块链的大门。

第一节　区块链的定义

一、区块链技术的引入

提起区块链技术，我们第一时间想到的是区块链技术衍生出的比特币。大多数人只是浅显地知道这种数字货币，或者仅从各种新闻中见到过它的身影，大部分还是在负面新闻中，比如被监管层设置成黑名单、背后无法律支撑、本身是一种价值泡沫、价格断崖式下跌、无数人因此破产等。关于什么是比特币、它背后的运行机制是什么、支撑它的区块链技术是如何实现的、区块链技术运用的原理和底层思想是什么，大多数人并不知道，甚至是那些深度参与比特币交易、由此实现财务自由的用户对此也不甚了解。

2008 年 8 月 18 日，一个名为 Bitcoin. org 的域名被注册。没过多久，10 月 31 日，名不见经传的中本聪在一个密码学爱好者组成的邮件群组中发表了比特币的白皮书《比特币：一种点对点的电子现金支付系统》，比特币至此正式诞生。

后来，中本聪又继续开发了第一个区块，生成第一笔比特币的交易，发布了第一个比特币客户端。在比特币诞生之后，参与者逐渐从一小群数字货币爱好者转向更多的普通投资者，比特币的价格、参与人数、交易规模也都稳健上升直至后续爆发，具体见图 1-1。

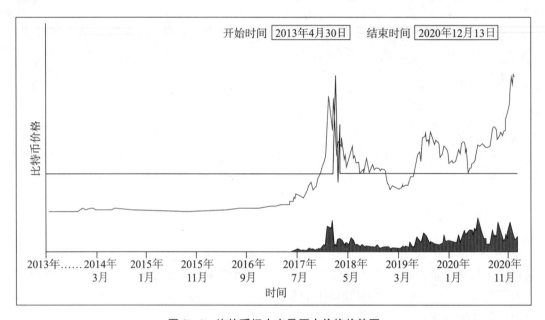

图 1-1　比特币场内交易历史价格趋势图

资料来源：摘自加密货币交易网站。

2009 年 1 月 3 日，中本聪从第一个区块——创世区块中挖取了第一笔比特币，这时比特币的价值为 0，早期比特币在数字货币爱好者小团体中也主要以赠送等方式流通。

2009 年，出现了最早关于比特币定价机制探索的记录，有人在比特币的论坛上提出一种关于比特币名义价值的计算方法：按照当时居民的用电成本和比特币新币的发行速度，最后得出 1 美元＝1 309 个比特币的定价公式。

2017 年，因为国际事件和各国监管层动态的影响，比特币的价格出现频繁暴涨暴跌，在 2017 年 12 月 18 日比特币交易价格达到了历史高点，即每个 19 666 美元，2018年年底又触底跌至 3 122 美元。

2009 年，比特币的交易价格在年初已经触底，但是随后上涨了三倍，比特币市场已经初步显示了复苏的迹象。

2020 年，资本市场重提现金为王的理念，避险币种普遍大涨。比特币作为一种避险资产和规避制裁的交易渠道，其价格也随着市场热钱注资逐步上涨，具体见图 1-2 和图 1-3。

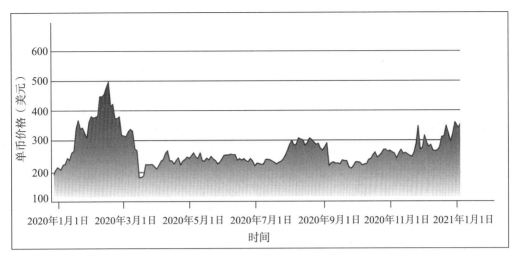

图 1－2　2020 年度比特币场内交易趋势图

资料来源：摘自加密货币交易网站。

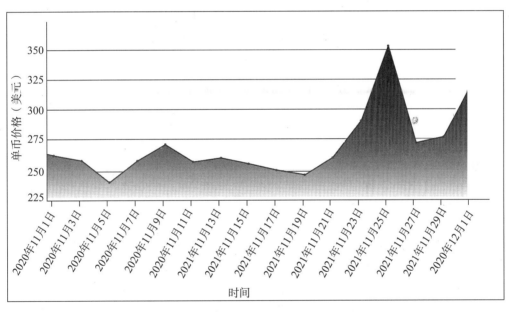

图 1－3　比特币场内交易 30 天价格走势图（美元）

资料来源：摘自加密货币交易网站。

　　截至 2020 年 12 月 9 日晚 24 时，比特币在交易所的场内数据显示如表 1－1 所示。

　　根据表 1－1，我们能够判断出不同时间段场内交易的活跃程度，但我们更应该注意到场内交易只是整个比特币交易规模的冰山一角，比特币场外交易的规模在不完全统计下是远远大于场内交易规模的。场外交易的完全匿名不利于统计，但根据截至 2020 年 12 月统计的数据，场外交易已经是场内交易的 3 倍之多。根据活跃地址数（见图 1－4）能够大致推算出参与交易的人数的变化，理论上参与的人数越多，市场越活跃。虽然短期数据的活跃可能由散户的频繁交易引起，但是活跃地址数的增加一定是长期利好比特币交易的。

表 1-1 比特币场内交易数据

最新成交价（美元）	18 336.76
当日成交额（亿美元）	119.77
流通市值（亿美元）	3 403.80
流通总量（个比特币）	1 853.84
历史交易总笔数（笔）	594 452 237
持币总地址数（个）	33 365 314
历史发行总量（万个比特币）	2 100

资料来源：摘自币界网。

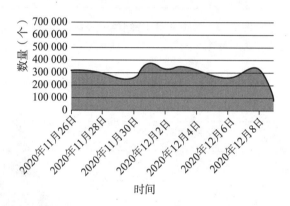

图 1-4 活跃地址数（2020 年 11 月 26 日—12 月 8 日）

从 2008 年中本聪发明了比特币之后，以区块链技术作为底层技术的数字加密货币一直层出不穷。伴随着各个国家对于该项技术的研究和深化，市场上现在已经出现的有数字加密货币、稳定币等。

对于这个重要的前沿技术，各个国家和组织都不敢松懈，在全球数字加密货币的市场进行积极布局。随着人们对于数字加密货币的追捧逐渐回归理性，数字加密货币也逐渐开始显现出监管和币值波动过大等问题。最初数字加密货币多被用作一种投机工具，进而更加广泛地应用于其他场景，现在稳定币和央行数字货币就是当下数字加密货币的主要研究方向。研究稳定币是为了改善比特币等传统数字加密货币币值不稳定的特性，2019 年由 Facebook 公司推出的数字货币 Libra 通过技术手段降低了数字货币的风险，但是本身发行机制又增加了发行机构的道德风险、用户隐私保护等一系列的问题，所以这些问题侧面催生了央行数字货币的诞生。央行数字货币能够有效解决当前数字加密货币存在的效率问题、道德风险问题、监管问题等。不局限于区块链技术，根据实际的需要采取混合技术路线，最后依靠区块链技术，对不同的技术进行融合和改造，一定是未来各国数字货币发展的必然趋势。

2019 年，Facebook 公司发行了自己的数字加密货币 Libra，Libra 是以区块链技术为基础，有专门的协会负责发行和后续管理的一种加密数字货币。Libra 与传统的虚拟数字资产比特币相比，底层技术都是区块链技术，但 Libra 本身又有很多和比特币十分不同的特性：

（1）币值稳定。Libra 的本质是稳定币，锚定的是"一篮子"货币，能够被私人持有。Libra 价值稳定和能够私人持有的特性决定了 Libra 会具有更加广泛的应用场景。

（2）发行机制和发行准备。Libra 以银行存款和短期政府债券构成的流动性很强的资产组合作为发行准备。比特币的发行过程是针对新的交易数据进行竞争记账，其本身价值由去中心化的算法得以保证，没有传统意义上的发行准备来保证货币本身的价值。

（3）发行中心化和交易的去中心化。虽然 Libra 的交易过程利用了区块链技术，但是区块链技术仅限于 Libra 被创造出来后，由分布式账本提供了二级交易流通市场的记账机制。Libra 在"一级市场"的发行过程与传统的国家主权货币一样，是强中心化的发行过程。Libra 的发行由专门设立的协会进行管理，发行之后的二级市场交易过程由区块链技术进行监督和管理，协会后续不会继续监督交易的过程。Libra 的巧妙之处在于其混合架构：Libra 的交易依靠区块链技术，是一个去中心化的过程，但发行过程是半中心化的，有机构负责其发行管理，并且是一个根据利益关系相互制约的协会，形成一个存在中心化但整个中心化的程度有所降低的架构。

（4）发行数量不存在上限。Libra 的发行数量是根据储备资产确定的，因为是一比一的发行准备，所以只要发行储备足够，协会就能无上限地一直发行 Libra。比特币根据技术限制是存在发行数量上限的，因此理论上比特币不会出现超发现象，也不会因为资产过多造成本身贬值。

（5）更强的货币属性。Libra 的交易媒介职能非常优秀，可以直接通过手机钱包进行支付，并且能够实时进行跨境交易。比特币难以突破界限应用到链下场景，导致比特币不能作为一种日常支付的手段，难以发挥交易媒介的功能。Libra 具有币值稳定性，可以贮藏，但是比特币的币值稳定性有很大的缺陷，所以导致它出现以后更多地被应用在投机而不是投资的场景中。

根据上面两者的对比分析，Libra 作为一个由知名社交软件发行的数字货币，不同于比特币的交易和发行都是完全去中心化的，Libra 的发行和交易分别属于半中心化和强去中心化，所以它在一些方面弥补了比特币的缺陷，使得自己能够满足币值稳定性和普遍接受性，同时也扩展了自己的应用场景。换句话说，Libra 减少了一些去中心化的程度，同时得到了一些其他方面的补偿。

接下来我们介绍另一个最近两年持续引发高度关注的数字加密货币——中国人民银行推行的法定数字人民币（Digital Currency Electronic Payment，DCEP）。DCEP 是由中国人民银行发行、国家信用支撑，与法定纸币和硬币完全等价、完全法偿的数字货币，目标是在小额高频的支付场景下替代一部分纸质现金。中国人民银行从 2014 年开始研究数字货币的发行，发展到当前多家运营机构分别采用不同的技术路线来相互竞争。2020 年 4 月，DCEP 开始展开线下 19 家定点试用。同年 7 月 28 日，DECP 正式推出。

DCEP 发行的主要原因是：中国人民银行在诸多大国纷纷部署国际化数字货币的趋势下未雨绸缪，保护人民币的主权和法币地位；用数字电子货币代替实物现金，降低传统货币的发行成本、流通成本，提高流通的便利性；依靠数字货币的技术优势，能够提高货币流通过程中的透明度和便利性，打击洗钱、偷税漏税等违法行为。

DCEP 的运营框架是双层投放运营：第一层是央行投放，并对法定的数字货币做信用担保；第二层的主体是不同的商业银行，商业银行向民众进行货币增发的同时，还需要向央行缴纳全额的准备金，以此来保证 DCEP 不会超发。然而，在双层运营的框架下，数字货币的发行管理模式还是向央行集中。

双层投放运营框架的好处是：央行不用独立面对受众，大大减少了央行的工作量；充分利用商业银行的 IT 技术、网点设施、服务体系等优势，减少运行基础设施重新建立的成本；双层的投放运营体系能够将风险分散；防止出现金融脱媒。

在介绍了研发目的和运营框架之后，我们来看看 DCEP 的发行技术和区块链技术的关系。因为数字货币的设计目标就是为了在高频小额支付的场景下，对实体现金进行相关的代替，中国又是一个体量巨大的经济体，对于无现金支付的高效性要求更高，所以采用纯粹的区块链架构无法实现零售要求的高并发性能。区块链技术完全去中心化的性能不能满足央行中心化货币管理的需求。即使处在区块链 3.0 时代，区块链应用的监管还是不完善，所以 DCEP 研发的技术路线在一开始没有被预设，区块链技术是其中可能的一种技术路线，但不是必需路线。虽然不能完全依赖区块链的架构，但是我们不能忽视区块链的技术优势，完全能够利用区块链技术进行辅助。基于 DCEP 可以采用"中心化发行、分布式授权、点对点支付、与区块链技术相互结合"的混合架构；在中心化的发行之后，我们能够依靠区块链技术构建一个确认数字货币状态的体系，还能依靠区块链技术来储存多方信息，增加交易的隐私性。

在进行 Libra 及 DCEP 和比特币的对比分析之后，我们能够看出在比特币诞生之后区块链技术应用在加密数字领域的发展现状，大部分已经推出或者试用的数字货币都不是采取单一区块链架构的，而是采取一种混合架构。为了管理方便同时能够保证一定的隐私性，数字货币在发行时采取中心化的方式，在运营时能利用区块链技术匿名去中心化的优势。未来伴随着区块链底层技术的继续发展和各个国家及组织对于数字货币的不断尝试，我们在利用区块链技术构建数字货币体系时，应该注意以下几点：

（1）为了满足中心化的管理需求，可以采取混合架构，使区块链技术逐渐"中心化"；

（2）为了提升区块链技术在应用时的高频性能，能够采取多层区块嵌套的架构，提高整个数字货币的并发性；

（3）逐步完善对于区块链技术的监管体系的构建，无论是监管法律还是监管技术，都需要进一步完善；

（4）区块链交易效率不高的本质是底层共识算法的效率不高，未来区块链技术在数字货币场景的发展方向应该是逐渐优化共识算法。

二、区块链的定义

在比特币白皮书中，关于比特币的描述是：一种完全点对点，无须第三方信任的新型电子现金支付系统。同时它大致介绍了比特币的主要功能。正如它描述的那样：这是一种纯粹的点对点的电子现金系统，将允许在线支付直接从一方发送到另一方，无须通过金融机构，直接使用点对点网络去解决双重支出问题。简单来说，就是比特币依靠的是一种新型的、分布式、可以大家共享的账本，这个账本价值转移的记录和清算体系依靠的就是比特币背后的区块链技术。

我们在前面已经无数次提及区块链技术和比特币，但是具体到区块链技术的定义，到底什么是区块链技术？从狭义上讲，区块链本身就是一种数据结构，它按照时间顺序将数据区块以链条的形式进行组合，借助密码学的知识保证了数据的不可伪造和不可篡改，并且通过算法实现了信用共识和去中心化。广义上讲，区块链通过一种区块链的数据结构来存储交易数据，利用一种由计算机算法构建的分布式共识系统来保证更新交易数据的记录，利用密码学相关的加密技术确保整个交易记录在点对点的网络进行传输的时候能够保证数据的安全和一致性，利用智能合约进行数据操纵。总结来说，区块链技术就是一种全新的去中心化的基础架构。区块链技术主要设计的核心技术是：共识算法、非对称加密算法、分布式存储技术、点对点网络技术。基础架构的主要特征是：去中心化、基于算法的信任共识体系、数据的一致性、系统的稳健性、系统的高拓展性和包容性。

中国科学院数学物理学部院士兼清华大学高等研究院"杨振宁讲座"教授、国际密码协会会士王小云从密码技术的角度定义了区块链。哈希函数是任意的长度压缩成的一个定长，没有数学函数满足要求，所以密码学家拉尔夫·默克尔（Ralph Merkle）在博士论文中首次描述 Merkle-Damgard 结构，第一次压缩 M1、M2，把所有的数据分块压缩，这是比特币的结构，也是区块链的早期数据结构。哈希函数是区块链的起源技术，在哈希函数下的签名技术是区块链技术。

中国证券监管委员会（简称证监会）科技监管局局长、中国人民银行数字货币研究所前所长姚前对区块链技术的定义是：区块链技术是我们构建的一个价值网络，区块链技术也是一个非常理想的价值交换体系。

中国科学院院士、软件开发环境国家重点实验室原主任郑志明认为，区块链技术的本质就是一个规则交互系统，这个规则交互系统具有很强的强制性，本身就带着内化了的四大特征：开放共识、分布式去信任、隐私监管、智能合约。

山东大学经济学院财政系副教授韩振老师在学术报告中发表了自己对于区块链技术的看法：区块链的本质是一个分布式的公共账本，其通过去中心化的方式按照一定的时间顺序集体记录、维护一个可靠交易数据库的技术方案。广义的区块链更像是一种思维理念，该理念的核心是去中心化地建立一个全面共享的信任社会。不远的未来，区块链将会与多种技术融合以优化自我的应用能力，实现区块链的跨链互联、多种数据资源的充分流动。

根据中国人民银行数字货币研究所区块链课题组的描述，区块链是一种新型的数据库，也称分布式账本，区块链技术利用区块的链式结构存储数据和相互交叉验证，利用计算机的共识算法生成和更新数据，借助密码学的知识保证数据的安全性，根据可编程的脚本代码实现数据的协同计算。区块链技术的主要优势是：每一个参与主体都能进行记账实现了业务数据的可信化；分布式记账的性能成功地解决了"业务主权"的问题并且实现了参与主体的对等化；监管部门能够通过在区块链平台上增加节点获取监管数据，并且最终能够随时获取监管数据，实现了监管手段的多元化。

三、战略性前沿技术的定位

中本聪在 2008 年发布比特币白皮书时一定没有想到，自己提出的数字货币的思想会受到这么多后续的关注，用户交易量、大众关注度、学术界的探讨同步稳健地增长。根据中国科学技术大学的超星发现系统的数据，区块链为主题词的相关著作和论文的发表数量显现明显井喷式的增长，2008 年为 24 篇，2010 年为 56 篇，2012 年为 40 篇，2014 年为 47 篇，2016 年为 2 032 篇，2018 年为 19 339 篇，2020 年为 19 415 篇，观察可得从 2016 年开始，最后在 2018 年达到高位，并且一直维持到 2020 年。

2019 年 10 月 24 日下午，中共中央政治局就区块链技术发展现状和趋势进行第十八次集体学习。中共中央总书记习近平在主持学习时强调，区块链技术的集成应用在新的技术革新和产业变革中起着重要作用。我们要把区块链作为核心技术自主创新的重要突破口，明确主攻方向，加大投入力度，着力攻克一批关键核心技术，加快推动区块链技术和产业创新发展。这是继互联网、云计算、人工智能、5G 之后，又一个国家战略技术。

在中共中央政治局第十八次集体学习上，习近平总书记用了四个"要"为区块链技术如何给社会发展带来实质变化指明未来的战略部署的方向：

（1）要探索"区块链＋"在民生领域的应用，积极推动区块链技术在教育、就业、养老、精准脱贫、医疗健康、商品防伪、食品安全、公益、社会救助等领域的应用，为人民提供更加智能、更加便捷、更加优质的公共服务。

（2）要推动区块链底层技术服务和新型智慧城市建设相结合，探索在基础设施、智慧交通、能源电力等领域积极的推广应用，提升城市管理的智能化、精准化水平。

（3）要利用区块链技术促进城市间在信息、资金、人才、征信等方面大规模的互联互通，保障生产要素在区域内有序高效流动。

（4）要探索利用区块链数据共享模式，实现政务数据跨部门、跨区域共同维护和利用，促进业务的协同办理，深化"最多跑一次"改革，为人民群众带来更好的政务服务体验。

面对这样一个前景巨大的前沿技术，各个国家和组织都不敢松懈，都在加快脚步进行区块链技术的研发，同时也积极在区块链技术领域进行布局，陆续将区块链技术上升到国家战略的高度，所以说国家将区块链技术提升为国家战略技术是适应当前世界格局的必然之举。

2019 年 7 月 9 日，美国参议院批准了《区块链促进法案》，开始着手为区块链确立标准定义和新型法律框架，提前防范未来区块链各种应用的风险。该法案已经得到美国两个主要政党大多数成员的支持，主要成员都认识到未来区块链技术在防范税收欺诈、通过技术手段减少监管的不确定性等方面都会给这个国家带来巨大的价值。法案颁布之后不久，美国商务部内部就成立了一个区块链工作小组，这个工作小组组员包含区块链相关行业的代表、各个学术机构的代表、消费者权益组织成员等，该小组将会在不久之后提交一份技术报告，内容包含对区块链技术定义的建议，也会对未来区块链技术的潜在应用范围提出一些建议。

面对未来美国可能不断发生变化的战略部署，我们能够肯定的是，中美贸易战只是表面的一种摩擦，深层次的竞争更应该是对于基础技术的争夺。无论在何种应用场景中，区块链技术就是未来中美博弈的重要环节，但是现在中美的区块链技术都处于早期的发展阶段，大家站在同一个起跑线上，未来谁都有可能获得更大的优势。

2019 年 9 月 18 日，德国联邦政府发布了《德国国家区块链技术》，旨在利用区块链技术作为机遇，促进整个国家的数字化转型。具体战略的实施涉及 5 大领域的 44 项行动措施：确保在金融稳定的前提下开展区块链金融创新；积极支持各项技术创新的项目与区块链概念相互结合实验验证；制定清晰可靠的法律和技术运行规范来实现一个良好的行业发展氛围；在区块链的应用层面要从数字身份、信任服务、区块链基础设施、公共管理的角度探索区块链在社会治理领域的应用；从完善法律法规入手全面完善区块链的安全。

截至 2019 年，澳大利亚联邦政府已经针对区块链技术进行了多项投资来研究区块链技术在政府支付方面的好处，并且也在区块链国际标准开发方面进行投资，以期澳大利亚能够成为区块链国际标准开发的先行者。2019 年 3 月，澳大利亚联邦政府公布了区块链技术的未来发展战略图，表明未来战略发展关注的重点将在于监管、技能和能力建设，以及创新、投资、国际竞争力和合作等。

日本政府面对区块链技术时的态度是在谨慎中寻求积极的尝试，在整个国家层面积极立法，严格对区块链技术进行管控，同时不断规范区块链技术已经成功推出应用的行业和领域，比如大型金融、物流领域，初步实现了区块链技术的应用和数字货币的流通。

回顾全球主要经济体在区块链技术方面的战略布局，多个国家都将区块链技术上升到国家战略的高度，说明区块链在未来一定是创造自由、公平、诚信的全球新秩序和信用体系的基础设施。未来区块链一定会迎来更加广泛、规范的应用时代。

第二节　区块链的诞生与发展

一、导入案例

区块链技术是一种新型的分布式账本。那么，这个分布式的账本是如何运作的？

我们假设在一个地区有十个人，每个人手中都有一个账本，大家每个人负责在自己的账本进行记录。如果一项交易发生之后，发生交易的双方会将整个交易的细节如时间、金额等细节传递给每个人，每个人都在自己的账本上记下这个交易，并且每个人的账本都是一旦记录就没有办法发生更改的，这就是一个最简单的分布式账本模型。

（1）新型账本 1.0：张三向李四借钱，并且双方立下借据，每一方保管一份借据。在这种直接交易、互相记账的模式下，其优势为能够直接进行交易，交易成本很低；劣势是整个交易的范围受到了很大的限制，一般只能在亲朋好友之间进行，并且极其容易出现纠纷。因此，新型账本 1.0 的特点是直接交易，交易双方相互记账，优势是交易成本低，劣势是交易范围窄。

（2）新型账本 2.0：一个小村子联合起来由村长记账，但是村长自身的一些特性可能会不利于其成为记账的角色，比如没有记账的能力。相互借贷的范围仅限于整个村子，并且账本极有可能因为一些意外事件发生损坏。新型账本 2.0 是由一个双方都能接受的人记账的间接交易，优势是交易成本较低，劣势是交易范围很小，信息的保存面临较大的风险，信息出错率高并且很容易被篡改。

（3）新型账本 2.1：一个小村子联合请一个账房先生统一记账，但是这个账房先生也有道德风险，可能出现账房先生和村民相互勾结记假账的潜在风险。相互借贷的范围还是仅限于整个村子的村民之间，并且账本也极有可能因为一些尾部时间发生损坏。新型账本 2.1 是请一个双方能接受并且较为专业的人进行记账，优势是交易的整个范围扩大了，但是仍然会面临交易成本上升，信息被篡改的风险还是比较大。

（4）新型账本 3.0：一个地区的 100 个村子的 100 个账房先生联合起来一起记账，每次发生相关交易之后，当事人所在村子的账房先生都去该地区的清算所记账，账房先生收取去清算所记账的佣金。新型账本 3.0 变成请若干个专业人员一起记账，优势是交易范围极大扩大，但形成了规模效应，单位交易成本下降，账本信息还是存在较大风险的。

根据上述账本的发展历程，我们能够分析出各个阶段的问题以及每个新型账本是如何一步步诞生的，进而又发展到新型账本 3.0 的今天。

二、区块链的诞生

提起区块链技术的诞生，大家肯定要提到 2008 年横空出世的比特币白皮书，但是中本聪对于比特币的发明所用到的技术也不是完全原创性的，他站在了巨人的肩膀上。早期很多计算机学家和密码学家对于如何创建一个数字货币就有了很多其他的尝试，后来我们在区块链技术的身上也看到了很多他们前期尝试的成果。

早在 20 世纪 80 年代，致力于保护公民隐私的人群就已存在，并且有了加密货币的最初构想。蒂莫西·梅（Timothy May）提出了加密信用（crypto credit），这是一种不可追踪的电子货币，用于奖励那些保护公民隐私的黑客们。

1982 年，莱斯利·兰伯特（Leslie Lamport）等提出拜占庭将军问题（Byzantine Generals Problem）。所谓拜占庭将军问题，简单来说就是在战争过程中，如何决策才能让那些互不信任的各城邦军队达成出兵或是不出兵的共识，而不是私下行动如一盘散沙。将拜占庭将军问题延伸至计算领域，就是具有容错性的分布式系统，部分节点的问题不会影响整个系统的正常运行，并且多个毫无关系几乎是零信任的节点可以达成共识，信息传递的一致性也受到算法机制保护。拜占庭将军问题就是加密货币的难点，一旦解决分布式共识的建立问题，最大的难点也就被攻克了。

1990 年，注重隐私安全的密码学网络支付系统被戴维·乔姆（David Chaum）提出，这种支付系统具有不可追踪的特点，演变到后来就是电子货币 Ecash。后来大多数电子加密货币都延续了 Ecash 注重保护隐私的特点。这些加密货币以盲签技术（chaumian blinding）为基础，但是由于本质上还是依赖于中心化的中介机构，因此这些加密货币没有能够获得成功。

在 20 世纪 90 年代，密码朋克包括电脑黑客、密码学家极力主张用密码技术来保护个人隐私不受侵犯。但由于时代的局限，当时的密码技术主要服务于政府的情报工作和保密工作，并没有能够在平民百姓中得到广泛应用。

比特币的加密理论技术来源于以下几项密码学的技术创新：1976 年，惠特菲尔德·迪菲（Whitfield Diffie）与马蒂·赫尔曼（Marty Hellman）发明非对称加密算法；1977 年，罗恩·李韦斯特（Ron Rivest）、阿迪·沙米尔（Adi Shamir）和伦纳德·阿德尔曼（Leonard Adelman）发明第一个具备商业实用性的非对称 RSA 加密算法；1985 年，尼尔·科布利特（Neal Koblit）和维克托·米勒（Victor Miller）首先提出椭圆曲线加密算法。这些加密算法奠定了现在非对称加密理论的基础，被广泛应用于网络通信领域。

1998 年，戴·魏（Dai Wei）提出了用户可匿名的、分布式的电子加密货币系统，将其命名为 B-money。这是电子加密货币系统中第一次出现分布式系统，而分布式思想正是比特币系统的重要灵魂。B-money 的设计在很多关键技术上都做出了重要创新，是比特币系统的精神先导。

1999 年 6 月，肖恩·范宁（Shawn Fanning）创立了 Napster，并且将非对称加密技术应用其中。虽然 Napster 因侵害了传统唱片公司的利益而最终衰败，但是非对称加密技术得以发明。同时代的肖恩·帕克（Shawn Parker）开发出了点对点网络技术，这两项技术的出现使得分布式交易账本得以建立，并且在全网系统内以呼叫问答形式广播，各个节点不间断地接收并检查数据以防止数据被篡改，这大大推进了比特币诞生的速度。

数字货币的诞生还需要攻克最后一重难关，就是"双重支付"问题，但这个问题始终没有得到解决。其实 1997 年亚当·巴克（Adam Back）创造的哈希现金（Hash cash）算法机制就是解决方案，因为亚当·巴克设计的这套机制是为了限制垃圾邮件发送和拒绝服务攻击，所以并没有引起研究数字货币的学者的注意。直到 2004 年，哈尔·芬尼（Hal Finney）接过亚当·巴克的接力棒，并且基于戴利亚·马尔基（Dahlia Malkhi）和迈克尔·瑞特（Michael Reiter）的研究成果——拜占庭容错系统来改进哈希现金算法机制为可复用的工作量验证（reusable proofs of work）。

2005 年，比特金（Bitgold）的设想被提出，尼克·萨博（Nick Szabo）设想出这样一个系统：用户通过竞争解决数学难题，再将解答的结果用加密算法串联在一起公开发布，构建出一个产权认证系统。尼克·萨博除比特金的设想之外，还发表了许多关于《合同法》在网络中安全实现的理论文章，这些理论文章也成为区块链智能合约的理论基础。

从 20 世纪 80 年代到 2005 年，从蒂莫西·梅的加密信用，到戴·魏的 B-money，再到尼克·萨博的比特金设想，密码朋克们怀着对加密货币的憧憬，试图进入加密货币的殿堂，他们的研究成果为比特币的出现奠定了坚实的基础。在比特币所需的所有技术都已经成熟之时，终于由中本聪完成临门最后一脚，加密货币这一足球终于由中本聪踢进了球门之中。我们总结可得如下的比特币系统关键技术和思想，探寻中本聪是如何在前人成果的基础上发明了比特币。

（1）匿名加密性。从最早期货币加密的思想被提出；到密码学网络支付系统诞生，数字货币保护隐私的特点被提出；再到密码学加密技术的不断完善发展，为非对称加密技术的产生奠定了基础；最后非对称加密技术诞生，为比特币的匿名加密性提供了最基本的技术支持。

（2）点对点的分布式系统。从最早期的拜占庭将军问题被提出，建立加密货币分布式共识的问题走进了大众的视野；到后来电子加密货币系统中第一次出现分布式系统，成为比特币系统的先导；最后点对点网络技术被发明。至此非对称技术和点对点网络技术这两项技术，让分布式交易账本的建立得以成功。

（3）可复用的工作量证明机制。从最初的产权认证系统设想提出；到《合同法》成为区块链智能合约的理论基础；再到改进哈希现金算法机制为可复用的工作量验证，拜占庭容错系统诞生；最后中本聪发现可复用的工作量验证消除了中枢"时间戳"服务器的需求，解决了那些通过攻击中央服务器进行比特币无限重复消费的问题，他将可复用的工作量验证引入加密货币，发挥出了巨大的威力，最终催生了比特币的诞生。

根据上述介绍，比特币系统核心的三项技术——非对称加密、点对点技术、哈希现金算法没有一项是中本聪研究创造的，但是最终创造出加密货币的却是他。这需要他既精通密码学，又了解货币学，还是一个编程高手，能够把自己的想法通过编程成为现实。他集各家之所长为己所用，纵横于不同领域，最终由他摘取了这项桂冠。

三、区块链的发展历程

根据知名调研机构 IDC《全球半年度区块链支出指南》的数据，随着近年来中国区块链市场规模的发展，区块链行业市场规模 2016 年约为 1 500 万美元，2017 年约为 8 300 万美元。2018 年市场支出规模达 1.6 亿美元，2019 年市场规模增长迅速，市场支出规模接近 1.8 亿美元。现在，市场已经逐渐认识到区块链市场的潜力，并且很多企业的项目正处于尝试阶段，在未来会持续增加预算，各地政府也在逐渐增加对区块链技术的关注，不断规范市场的快速发展。预计 2023 年区块链市场核心产品的市场规模能够达到 20 亿美元。

从 2020 年区块链市场的组成结构来看，公有链市场规模占比最高达六成左右，私有链占比约为四分之一，剩下的就是第三类联盟链。从 2020 年行业分类的规模看，支出规模占比最大的还是银行业，后续按照排名分别是离散制造、零售、专业服务、流程制造业。从应用场景分类看，金融贸易交易、跨境支付与结算、资产管理、货物管理的应用场景的排名较为靠前，金融行业仍是项目落地最多、应用场景最为丰富的一个行业。

本节开头我们介绍了一个新型账本的发展历程，这个简单的账本运作模型会引起我们很多思考：区块链这个新型账本是如何一步步演化到现在这个阶段的？业界目前普遍将区块链划分为三个阶段：点对点交易、智能合约和泛区块链应用生态，三个阶段对应三种版本的"账本"，每一次"新型账本"的升级对应的就是区块链技术和应用范围的一次升级。

1. 区块链 1.0 版本

区块链 1.0 版本起源于 2008 年诞生的比特币白皮书，主要的特征是：网络中的所有节点都是中心，都会进行所有数据存储的完全去中心化；通过工作量证明、挖矿等一系列方式寻找记账的角色；以区块为单位的链状数据结构，用交易数据的完整性来保证信息的安全。区块链 1.0 版本的应用主要是以比特币为代表的数据加密货币，围绕比特币周边的一些应用设施，区块链技术应用在金融领域的一些基础设施中，如比特币钱包、比特币交易所、支付清算设施、跨境支付设施等。

2. 区块链 2.0 版本

随着区块链 1.0 版本的发展，该版本的问题和缺陷逐渐显现出来，比如基于工作量证明的竞争记账机制，如何保证得到记账权力节点的后续执行，如何保证记账节点完成记账之后的奖励问题。区块链 2.0 版本应运而生。相比于区块链 1.0 版本，比特币依靠工作量证明实现共识机制，以太坊选择区块的分片化存储方案。前者保全了去中心化和安全的性能，牺牲了效率的性能；后者保证在去中心化的前提下，牺牲数据的安全性，提升扩展性能。

区块链 2.0 版本起源于 2013 年具有智能合约功能的公有链平台以太坊的创立。以太坊是一个可编程并能实现图灵完备的区块链，允许任何人依靠系统内的智能合约建立一个具体的应用。智能合约就是任何一个去中心化的应用平台会公开的一个开源合约，机器合约的指令代替人工操作，一切流程都变得透明、高效。这个合约就是平台进行价值转移、被用户相信并且接纳的一个强有力的保证。合约内容包含一切关于这个平台的介绍。

该阶段的主要特征是：（1）交易场景受到限制，主要集中在特定的交易对象之间，参与双方仅限于合同约定的双方；（2）交易内容一般也仅限于数字资产或其本身的权益，在区块链 1.0 版本中优化了应用的场景和流程；（3）交易的范围很局限，交易频次低，服务的领域多为金融领域。

3. 区块链 3.0 版本

随着区块链 2.0 版本的发展和成熟，该版本的问题和缺陷逐渐显现出来，比如按照完全去中心化的方式，每一个节点都需要记载全部的交易信息，大大限制了整个系统交易量的高并发性能和交易的效率；在完全去中心化的系统内，没有系统的信用背书，应用落地到实际的场景受到很大的限制，比如监管上的困难。在逐渐解决上述问题的同时，区块链 3.0 版本逐渐发展起来。

从具体时间段上看，业界对于区块链 3.0 版本是什么时候开始的不能具体确定，但是纷纷开始提前布局区块链 3.0 版本的领域。对于区块链 3.0 版本的定义为：基于区块链技术但更为复杂的一种智能合约，应用领域也超越了数字货币和金融，在政府、医疗、物流、司法等社会的各行各业进行赋能。区块链 3.0 版本和区块链 2.0 版本最大的区别可能是前者能够支持更为复杂的应用场景，针对特定行业进行相关的应用开发和提供真实有效的服务，使得区块链技术能够更加快速地走进我们的生活。

区块链 3.0 版本主要有以下几个特征：产品的形式是各种各样的应用，渗透实体和虚拟的各个领域；应用开发更加灵活，应用的落地不仅依靠区块链技术，而且在一些特定的需求之下，可以实现区块链和其他混合技术路线，比如数字货币领域的代表项目 Libra 和 DCEP 就是区块链技术和传统的中心化发行管理，走的是由稳定币进行信用背书相结合的路线。

区块链 3.0 版本最有代表性的应用是 EOS，它是以太坊之后崛起最快的公有链。EOS 为分布式应用程序的开发提供了一个强大的基础架构，底层技术也有更加强大的交易数据的处理性能。

第三节 区块链诞生的必然性

比特币在问世之时并没有引起很大的关注，但随着其热度越来越高，计算机和各行各业的技术人员都开始了解区块链这种全新的思想，尝试用它解决现存的一些问题。这无疑会促进区块链技术的发展，在某种程度上区块链的诞生有一定的必然性。

一、信息演化角度的必然性

回顾历史，信息的传递方式一直在更新，新的媒介依靠绝对的优势取代旧的媒介。离我们最近的一次信息技术革命是互联网技术带来的信息化革命，在互联网诞生到发展至今的五十多年中，全民踏上信息高速公路，依靠互联网技术打破信息传递在物理空间上的限制，打破地缘政治，将全球连接成一个整体，也改变了信息共享和价值转移的方式。

根据事物发展的规律，新生技术在日渐成熟、逐渐扩大自己的应用场景时，缺陷就会逐渐暴露，互联网虽然更新了信息呈现和传递的方式，大大提高了生活的便利性，但是互联网发展到成熟阶段之后的一系列问题也不可忽视。

2016 年，孟加拉国央行被黑客利用成功转走 8 100 万美元，这几乎是近代以来历史上第一次央行资金被盗，至今这场失窃案未能被破获。当时世界各地的银行均在美联储银行设立汇款账户，进行转账美元结算时需要通过环球银行金融电信协会（Society for Worldwide Interbank Financial Telecommunications，SWIFT）码授权美联储将其美元转到目标账户里。黑客利用孟加拉国央行的网络漏洞，通过发送邮件的方式将木马病毒植入一个银行职员的电脑中，轻易获取了孟加拉国央行的一切 SWIFT 信息。从 2 月 4 日到 2 月 11 日，黑客先是通过孟加拉国央行发送 SWIFT 验证信息给美联储银行，将钱从美联储银行的账户转入菲律宾银行的账户，再将钱从菲律宾银行提取出来流入赌场迅速洗白。整个事件不幸发生的特别之处是，黑客利用的一周时间，恰逢穆斯林的休息日、纽约的休息日以及菲律宾的大年假期，导致银行之间无法及时对转账进行确认。孟加拉国央行没有设置网络防火墙等安全防护系统，最后导致黑客轻而易举入侵。这件举世震惊的央行失窃案也为我们敲响了网络信息安全的警钟。

区块链技术作为一种全新的底层技术，带来了一种全新并且高效的价值转移的思路，正好能够解决关于互联网时代的上述一系列问题，如网络信息真实性不能得到保证、引发侵权等；信息安全性不能得到保证，引发核心机密被泄露、网络经济犯罪、非法信息在网络上传播、黑客攻击等。

（一）信息传递和价值转移方式的演化进程

语言和文字的诞生，给人类的信息传递带来了深刻的变革，以信息传递为基础衍生出来的价值转移也同步更新。语言和文字是最底层的传递媒介，随着未来科技的进步，这些媒介跨越时空限制，提高了传递效率。

雕版印刷术在唐朝时候诞生，后经宋仁宗时代的毕昇发展、完善，产生了活字印刷，使得文字以书籍传递的效率得到了很大的提升。1831 年，法拉第发现了电磁感应，继而发明了世界上第一台能够连续产生电流的发电机，在发电机后又演化出电话和传真机等终端设备，实现了将文字和声音转化成电路信号由一个终端向另一个终端跨越物理空间进行传递，信息的传递提升了效率，范围也变得更加广泛。传真机能够将文字瞬间传递到任何一个地方，电话能让声音传到更远的地方，但是不能使信息得到良好的保存，信息仍然不安全、不可追溯、传递效率低。从发电机的诞生到电话和传真机的发明，信息传递并没有得到根本性的提升。

互联网与语言和文字进行结合之后，解决了信息单纯依靠语言和文字作为传递载体的不安全、不可追溯、传递效率低、传递范围受到物理限制等问题。从信息传递跨越时空的效率、传递的成本、信息传递带来价值交换成本的改变、交换的智能性等维度来说，真正属于革命性进步的应该是互联网的发明。

21 世纪初，信息进入高速公路时代，通过全球范围内无数的有线网络和无线网络终端，将网络覆盖到地球的各个角落，仿佛构成了一张无形的网，每一个终端都是这张无形大网的节点，这张网将整个地球村连接在一起，我们通过这张网能够实现全球范围的任何点对点和中心化相结合的信息传递方式。从另一个维度来说，全球无线网络覆盖的地方都能够直接进行互联互通，直接参与信息共享。

（二）移动互联网产业现状的分析

20 世纪 90 年代，我国移动电话的用户量不断增长，截至 20 世纪末，已达到 8 000 多万个。基于这样的用户量基础，21 世纪初，国内的移动通信运营商推出了一个全新的计划"移动梦网"，其他运营商后续也逐渐加入竞争，不断推出了其他的服务。到 2020 年，用户规模和用户普及率逐步上升，移动互联网的服务模式和核心技术的改变提升了移动终端的上网速度，物联网、网络零售等行业的快速发展也改变了用户的网络使用习惯。

目前移动互联网的主要技术包含传感技术、通信技术、计算机技术。运营商在互联网发展的初期，主要使用的终端是固定终端，网络运营商提供的服务也主要是接入互联网的服务。在移动网络用户群体不断爆发式增加的时代，移动网络运营商如中国移动、中国联通等扮演着重要的角色，可以说是产业核心的构建者；互联网企业如耳熟能详的腾讯、阿里巴巴等，渗透在整个产业链的上下游，不断用自己创新性的业务吸引更多的用户参与移动互联网的产业链。

终端的发展主要考虑用户体验，手机也正在超越个人电脑成为最受市场欢迎的移动终端，比如一些智能手机系列使得用户体验达到了新的标准。设备制造商主要提供的服务是不断向市场推出自己研发出来的功能更加强大、用户体验更好的终端设备，终端设备生产厂商最大的优势在于掌握行业的入口，能够在设备内置一些应用程序来向购买终端的用户推广自己相关的业务。当前终端快速更新迭代，但是明显具有紧绕用户需求、注重用户体验、实现多样化的发展趋势。

（三）移动互联网产业链的形成和价值转移

从 2002 年移动通信业务的运营商开始推动上网业务开始，根据后续用户的接受程度和市场价值，截至 2020 年 12 月，市场规模已高达 11.39 万亿元。随着智能手机的普及以及无线通信技术的发展，移动互联网和电子商务已经深度结合并普及，我们传统的信息传递和价值交换的方式已经在很大程度上不能满足用户的需求，价值转移的手段越来越趋于多样化。在互联网移动终端和金融业相结合的背景下，用户可以通过手机等移动终端发起交换，完成相关价值转移的行为。移动互联网产业链主要包含通信设备终端、开放式的为手机终端提供下载的平台、手机周边的生产制造销售商家、结合物联网形成的手机支付业务。2020 年全球移动互联网用户规模达到 13.19 亿个。在这个电信运营商、基础设备制造商、价值交换双方和第三方的交换平台运营商构建的庞大产业链中，用户完成一次信息传递匹配和价值转移需要消耗的时间和金钱成本比传统的交换模式大大降低，尤其是事件成本，并且完成概率和效率大大提升。

回顾这个爆发式发展的市场，我们不难分析出市场爆发的主要驱动力是：

（1）底层技术的进步。底层基础技术的进步和基础设施的完善保证了移动互联网的通信质量，底层技术为后续创新和逐渐丰富的业务提供了最根本的技术保障。

（2）用户需求的不断提高。在时代快速发展和经济水平不断提高的情况下，用户对于个性化和娱乐化等信息的多样性需求逐渐增加，对信息传递和价值转移的要求全面提升，用户需求为移动互联网的创新发展提供了广大的市场。

（3）传统产业发展的完善程度。移动互联网作为一个由传统的互联网、通信行业、终端设备制造行业相互融合而产生的新兴行业，未来发展的高度和前景在很大程度上还是取决于传统互联网行业和移动通信行业的成熟程度。在行业发展的过程中，会先出现一个融合期，这个时期两个产业会开始进行一些尝试性的交叉业务，这时移动互联网产业链开始走向起步期，但这个阶段电信运营商占据整个行业体系的中心位置，是整个行业产业链的服务提供方。主要的信息传递服务是移动数据流量式互联网服务，主要的价值转移服务是以短信的方式进行相关生活类服务的价值转移。到了发展期，智能终端设备的制造商和内容提供者也开始深度参与为客户提供内容，运营商移动上网的质量越来越高，终端商提供的终端性能也快速提升，内容制作商针对用户多样性的需求进行快速的业务模式创新，整个移动互联网的产业链逐渐走向成熟。

我们现在面对一个成熟的产业链，希望能够从产业链参与者的角度进行分类，观察他们在这个复杂的行业内部的作用，简单介绍一下各方在帮助用户进行信息传递和价值转移的过程中扮演什么样的角色。

我们通过简单理解产业链的组成，得出结论，产业链的核心是网络平台的运营商、终端设备制造商和互联网企业，它们分别向用户提供移动互联网网络、移动终端、终端内的应用内容，并且彼此之间相互合作、相互竞争，共同构建了这个产业链。产业的各个环节都会承载信息和资金。在移动互联网成熟的今天，我们经常听到的一句话是数据就是一切，我们可能不能很深入理解所谓的数据是什么意思，但数据就是在移动互联网世界内信息传递交流的主体、用户参与、用户浏览、用户交易，用户在终端内能想到的一切行为都能留下痕迹，然后以一种数据的形式形成一个用户特定的信息，这些信息能够描述我们的一切用户行为，也能作为预测我们未来用户行为的依据。

我们下面会探讨一下，在这种数据的辅助下，我们是怎样进行针对性强的精准信息传递和价值转移的。

（四）移动互联网时代下数字竞价的价值转移

在移动互联网时代，用户参与过程中的一切行为痕迹都能够以数据的形式得以保存，不同的数据汇总就会成为一系列具有巨大价值的独特资源。数据资源产业链内部任何一个平台最具有竞争效力的因素，也是企业进行业务创新的基础。在产业链内部，拥有数据最多的是移动互联网企业，这些数据资源可以通过机器学习进行相关的挖掘，能够高度相似地描绘出用户的消费行为和消费偏好，这无疑意味着巨大的价值，数据资源在一定程度上颠覆了传统的价值创造模式。

互联网企业能够掌握海量的数据资源，无疑也显示了在未来移动互联网产业链的转型中，互联网企业具有的优势，会成为引领行业创新型发展的主导力量。它们能够通过对自己手中的数据分析，整合自己的创新型技术优势，直接促进自己平台相关的应用更新，创造更大的价值。

移动互联网行业的快速发展和数据资源的深度利用，为产业链上下游的行业更多地创新带来了可能，也为价值创造和价值传递提供了更好的载体。我们不难看出，在移动互联网时代，我们进行相关信息的传递主要是通过社群平台，社群平台的出现跨越了传统的点对点或者绝对的中心化信息传递的方式，能够极大地满足用户的个性化需求和自己独特的偏好。在数字经济下，平台的一个很大优势是其互动性，在为不同的用户进行相关信息传递的时候能够随时和用户进行相关的沟通和交流，这种互相协作的方式相比于传统的单方面信息输出，会给用户带来更多针对平台的满足感，信息在传递的过程中一直保持一个高速交互式的流动。

从这个角度来看，互联网企业在提供一个信息传递的平台给用户时，不仅是以一个中介的形式单纯地将信息进行传递，更多地扮演了一个信息加工者的角色。互联网企业本身也在积极接受不同的数据信息，这些海量的数据信息经过互联网企业内部的云计算和数据分析处理，成为有价值的信息，这些信息又会一直为其自身的业务创新输血供能。

二、信息传递和价值交换的问题

随着信息技术的发展，移动互联网时代下信息传递和价值交换过程中出现了以下的种种问题，这些问题的出现从侧面反映了区块链技术诞生的必然性：

（1）区块链扩展信息传递的广度。在移动互联网时代，网络覆盖的终端都能接收到相关信息的发布，所以当前信息能够瞬间到达地球上的任何一个有网络覆盖的地方。用户的相关数据或行为痕迹，也能够跨越时间一直保存下去。从这个角度看，互联网让信息的传递和保留完全跨越了时间的限制。然而，信息传递的广度取决于整个传播网络中信用体系的广度，互联网不能让两个陌生人直接产生信任，区块链技术基于数学算法的共识机制让陌生人之间拥有了信任，产生了交易的条件，区块链技术大大扩展了信息传递的广度。

（2）区块链降低时间成本和财务成本。任何信息传递和价值转移都会产生机会成本和财务成本。在互联网时代，我们需要能够接入互联网的智能终端，需要发布信息，并且与潜在购买者进行信息交互，对双方的时间也有一定的限制。区块链网络中任何两个节点之间都能够直接发生交易，减少了通过中介产生的时间成本和财务成本。

（3）区块链提高交易的安全性。移动互联网时代的信息传递和价值转移面临很大的安全问题，黑客的恶意攻击会直接破坏交易数据的完整性；大多数现存的开放互联网平台信息不能保证真实性，网络虚假信息泛滥；基于移动互联网开发的价值转移的软件会因为软件漏洞被攻击，窃取用户的各种信息。区块链技术因为完全去中心化能够实现节点的匿名性，每一笔交易都能在全网节点更新，保证信息的安全和一致，也提升了交易的安全性。

（4）区块链提升价值交换的智能性。整个价值在交换的过程中，除了前期需要交易双方在移动终端进行一些沟通之外，很多时候都是进行下一项操作的确认，完全由平台进行相关的操作，整个操作过程中的人为参与主要是进行相关流程的确认，全程需要多方人为参与，会产生各种不确定性。区块链2.0版本以以太坊为代表，强调的是智能合约，比如通过智能合约可以实现一发工资就直接向债权人转钱，这样就减少了整个过程的不确定性，也提升了转移过程的智能性。

三、区块链技术的应用场景

（一）加密货币

数字货币的诞生与区块链技术是分不开的，比特币只是区块链技术下一种特殊的设计形式。比特币依靠非对称加密算法、点对点网络技术、散列算法、时间戳四种算法作为共识机制。截至2019年11月19日，全球范围基于散列算法的数字加密货币就已经有836种，总市值达15 849亿元人民币。其中比特币排名第一，占65.38%，第二名以太坊占8.50%。很多数字货币没有任何创新，只是对比特币系统的模仿，为"山寨币"。小部分的数字货币从不同角度进行了创新和突破，为"竞争币"，最广为人知的就是以太坊。

以太坊允许用户编写智能合约和去中心化的应用系统，并且允许用户在自己编写的应用系统中自定义所有权规则、交易格式和状态转换函数。以太坊的优势还在于代码的简洁性，用户也可以在以太坊平台上创建智能合约。以太坊相对于比特币来说，增加了图灵完备性、价值知晓、区块链知晓等功能，也解决了比特币挖矿机制存在上限等问题。

(二) 供应链金融

区块链技术应用于供应链金融，将整个核心企业和上下游的企业整合成为一个整体，通过智能地调节全部节点可用的授信额度，以智能合约将物流、商流、资金流、信息流统一起来。供应链金融强调全链的协调发展，很好地解决了整个供应链上下节点资金短缺等问题。供应链金融利用区块链技术去中心化、高度透明化、去信任化的优势构建开放式、共享式的信用框架，具有全方位、多层次、广角度的特点，跟踪系统中利益相关主体的实时信用变动轨迹。代表性的区块链＋供应链金融模式有：基于实物资产数字化的采购融资模式；基于核心企业信用的应付账款拆转融模式；基于多而分散的中小微再融资模式；基于历史数据/采购招标的订单融资模式。

(三) 跨境支付

传统跨境支付的中心化架构需要多个中转机构，成本较高。

区块链技术的应用能够省去第三方中转金融机构的角色，降低成本，减少中心化的风险，提升交易的安全性和隐私性。这种结合模式具有安全、低成本、高效率的优势。区块链技术利用分布式账本、数据不可篡改、可溯源等技术特性，快速地建立汇款人和收款人的信任路径，具有全天候支付、实时到账、便捷的特征。区块链＋跨境支付模式的代表性产品是 2018 年 8 月 16 日的全球首个基于区块链的跨界支付平台 EDT。

(四) 税收征管

在数字经济下，人们能够自由参与线上商业活动成为纳税主体，使得税务征收面临税务机关和纳税人之间不能信息对称、无法对纳税人的行为进行完全有效的监督等一系列问题。

区块链构建的分布式账本使得系统中各个节点同步接受更新的交易数据，数据被永久性保存，便于监管部门随时确认纳税主体；区块链自带的时间戳能够保证信息的真实性，减少了纳税人和监管部门的信息不对称行为。其具有的特征有：去中心化实时信息共享，业务可追溯难以篡改，可实现精准追踪、数据智能核验等。其代表性模式是基于智能合约的税务审批平台，包含工商部门、税务部门、金融部门、信用评级机构、海关等一系列国家机构和纳税主体等全部节点的税务征收确认网络系统。

(五) 商品追溯

近年来，消费领域频繁出现"假货""不安全食品"流入市场的现象，当下保证食品安全和防止消费者上当受骗等措施的作用有限。

区块链技术应用在商品溯源领域，第一个实例是丹麦航运巨头创建的一个商品溯源的区块链平台，目前已经应用的模式有对工业品在生产、批发、零售等物流全程进行信息采集，实时定位追踪物流信息和实现商品防伪；对农产品实现从种植、加工、零售的检疫信息全部录入，实现全供应链的溯源管理。区块链技术的应用能全程溯源，并且精确溯源到每一步；能实现全透明生产，实时监督生产记录；对产品在全供应链进行溯源查伪，防范风险。区块链应用在商品溯源的模式具有全周期、全方位、透明化的特点。

（六）版权公证

传统的版权公证业务具有认证流程烦琐、时间和人力成本高、用户维权难度大等问题。

借助区块链技术能够将公证业务的数据从产生到上链都能实现全程留证，主体全程参与能够增加公证结果的可信性；传统的线下流程能在线上远程进行，大大节约了时间和人力成本；利用区块链技术数据公开透明、不可篡改的特点能够有效防止证书伪造。

早在2017年，重庆的科技公司小犀智能用区块链技术开发了小犀版权链，基于这个区块链版权链，重庆市江北区公证处开出了第一张区块链公证书。用户在版权链上将自己的原创作品认证区块链版权证书并且实时进行在线存证。

扩展阅读 ....

比特币白皮书

2008年10月31日，中本聪在P2P Foundation这个网站上发布了比特币白皮书，注册这个网站时中本聪提交的自己的出生日期是1975年4月5日。大部分人认为这个日期是虚假的，但也认为这个日期是中本聪刻意设定的。4月5日在货币史上是一个重要的日子，1933年4月5日美国总统富兰克林·罗斯福签署了6102号总统令，规定所有美国公民持有的黄金都是非法的。罗斯福用美元和公民手中的黄金交换，使得黄金价格一路高歌，强制美元贬值了40%。他这么做的目的是让美国政府持有的债务贬值，从而有能力渡过经济大萧条的寒冬。但是对于美国民众而言，他们的财富被劫去近40%。在1975年，福特总统又签署了"黄金合法化"法案，推翻了6102号总统令后，美国公民可以合法的持有黄金。中本聪所提交的出生年份恰好是"黄金合法化"法案签署的年份，而日期恰好是6102号总统令签署的日期，这无法不让人怀疑这个日期没有任何意义。如果拜读过中本聪所发布的比特币白皮书以及代码，就会发现他对于货币知识的渊博学识和草蛇灰线的能力，我们可以从中探知他的生日或许是一个政治暗喻，他想要传达这些细节给能够理解的人群，例如"密码朋克"。

白皮书本身就是一个比特币应用的技术说明，它第一次向我们展示了什么是比特币、什么是比特币身后的区块链技术。白皮书宣告了比特币的正式诞生。在最初发表的白皮书上，中本聪依次介绍了：

（1）简介：如何不通过一个所谓权威的第三方金融机构来构建一个点对点的交易系统。

（2）交易：描述了一种通过密钥签名进行交易验证的方式，解释比特币如何靠现代计算机密码学技术来证明身份。

（3）时间戳服务器：提出区块和区块通过时间戳运算连接成链的概念，同时也介绍了比特币各种数据的存储方式。

（4）工作量证明：这就是共识算法，在点对点系统中如何对各自的数据进行一致性确认的算法。

（5）网络：介绍比特币网络体系中交易确认的过程，即为比特币网络的应用协议。

（6）激励：比特币网络体系的数据一致性认证是需要耗费大量计算机中央处理器（central processing unit，CPU）算力和时间的，系统奖励比特币给矿工以激励大家挖矿。

（7）回收硬盘空间：比特币网络从创世区块开始，大约每十分钟产生一个新区块，如果比特币系统一直存在，区块链账本的"体积"会不断增长。在不破坏区块的随机哈希值的前提下，可以删除一些过老的交易数据以压缩区块数据。

（8）简化的支付确认：提出一个为比特币的支付服务的简化模型，这个简化模型使得比特币支付功能只需要保留体积相对较小的区块头完成支付交易即可。

（9）价值的组合和分割：介绍比特币系统中的交易事务组成方式。

（10）隐私：这也是比特币系统非常重要的一点，介绍比特币系统维护用户隐私的原理，用户在比特币系统中无须登记身份证等信息，展示在众人面前的仅仅是一个地址。

（11）计算：站在概率统计的角度计算如果想要攻击比特币系统致其瘫痪的成功概率。

在此附上中本聪先生发布的比特币白皮书中的摘要部分，供大家感受一下其行文的冷静和智慧：

Abstract：A purely peer-to-peer version of electronic cash would allow online payments to be sent directly from one party to another without going through a financial institution. Digital signatures provide part of the solution, but the main benefits are lost if a trusted third party is still required to prevent double-spending. We propose a solution to the double-spending problem using a peer-to-peer network. The network timestamps transactions by hashing them into an ongoing chain of hash-based proof-of-work, forming a record that cannot be changed without redoing the proof-of-work. The longest chain not only serves as proof of the sequence of events witnessed, but proof that it came from the largest pool of CPU power. As long as a majority of CPU power is controlled by nodes that are not cooperating to attack the network, they'll generate the longest chain and outpace attackers. The network itself requires minimal structure. Messages are broadcast on a best effort basis, and nodes can leave and rejoin the network at will, accepting the longest proof-of-work chain as proof of what happened while they were gone.

译文如下：

摘要：本书提出了一种完全通过点对点技术实现的电子现金系统。它使得在线支付能够直接由一方发起并支付给另一方，中间不需要通过任何金融机构。虽然数字签名部分解决了这一问题，但是如果仍然需要第三方的支持才能防止双重支付的话，那么这种系统也就失去了存在的价值。我们在此提出一种解决方案，使现金系统在点对点的环境下运行，并防止双重支付问题。该网络通过随机散列对全部交易加上时间戳，将它们合并入一个不断延伸的基于随机散列的工作量证明的链条作为交易记录。除非重新完成全部工作量证明，否则形成的交易记录将不可更改。最长的链条不仅将作为被观察到的事件序列的证明，而且被视作来自 CPU 计算能力最大的池。只要大多数的 CPU 计算能力都没有打算合作起来对全网进行攻击，那么诚实的节点将会生成最长的、超过攻击者的链条。这个系统本身需要的基础设施非常少，信息尽最大努力在全网传播即可，节点可以随时离开和重新加入网络，并将最长的工作量证明链条作为该节点离线期间发生的交易的证明。

在白皮书发表了两年之后的 2010 年 12 月 12 日，中本聪在比特币论坛发布了他的最后一个帖子，其后，他在网络上的公开活动频率也逐渐降低。直到 2011 年 4 月，他发布了最后一项公开声明，宣称自己"已经开始专注于其他事情"。我们不知道这是暂时的休息还是彻底的落幕，我们依旧期待他在加密货币上的进一步发现。比特币无疑是区块链技术发展史中最为浓墨重彩的一笔，中本聪对于加密货币的功绩不可否认。

◄ **本章小结** ►

本章第一节主要介绍了区块链的定义。开头介绍了加密货币引入区块链技术，先介绍了最受广泛关注的比特币的诞生和发展现状，后续又进一步扩展介绍了最近具有代表性的两种加密数字货币，Facebook 发行的 Libra 和中国人民银行发行的法定数字人民币。之后具体给出了权威学者和业界专家们对于区块链技术的定义，最后介绍了区块链技术发展的现状和未来的战略性定位。

第二节介绍了区块链技术诞生的过程。首先，通过记账方式从传统的区块链 1.0 版本进化到区块链 3.0 版本。其次，切入区块链技术是如何一步步实现最高级的区块链 3.0 版本的"记账方式"。新型账本 1.0：如何挑选记账的"账房先生"并且实现信息安全。新型账本 2.0：解决承诺记账的后续执行问题。新型账本 3.0：如何解决去中心化下每个节点的信息存储负担和整个节点网络的系统信用背书问题。再次，介绍了在中本聪发明比特币前，密码学家对于数字货币的初步尝试和已经存在的一些研究成果，继而介绍中本聪如何站在前人的肩膀上，整合非对称加密、点对点技术和哈希现金算法，最终提出比特币系统。最后，介绍了区块链技术的发展历程，以及在逐步实现区块链 3.0 版本的过程中出现了什么代表性的技术和应用场景。

第三节主要介绍了区块链技术诞生的必然性：首先从信息演化角度介绍了其诞生的必然性，介绍了信息传播和价值转移的演化进程，又分析了互联网时代下形成的数字竞价的价值转移的现状；其次深入分析在互联网时代下信息传递和价值交换过程中存在哪些问题；最后引出区块链技术是如何一个个有针对性地解决这些问题的。

◄ **思考题** ►

1. 比特币系统作为加密数字货币的代表在"扩展阅读"中已经为大家详细介绍过

了，在比特币系统之后也有大量后起之秀试图改进比特币系统存在的弊端，其中杰出的代表就是以太坊。请大家查阅相关资料，基于对以太坊和比特币的了解，描述以太坊的基本架构和相对优势。

2. 比特币作为数字货币中的翘楚，在全球影响力较大，使用人群也较多。发行作为比特币产业链中的最上游，也就是中本聪所定义的"挖矿"，值得了解一下。请同学们查阅相关资料，了解并描述一下"挖矿"的历史和现状。

3. 随着比特币得到越来越多人的认可和使用，在比特币网络上发生的交易量也与日俱增。随着交易量的增多，兑换就成为一个刚性的需求，因此交易所是比特币产业链上不可缺少的重要一环。请同学们查阅相关资料，描述一下比特币历史中一些重要的交易所以及目前交易所的格局。

◀ ❖ **本章参考资料** ❖ ▶

[1] 穆长春. 人民银行支付司穆长春：中国央行数字货币采取双层运营体系，注重 M0 替代. 中国金融新闻网，2019 - 08 - 21.

[2] 孙博，刘浩天，等. 移动互联网产业链的转变与价值转移研究. 商业经济研究，2017.

[3] 王未卿，鹿瑶，牛红丽，张军欢. 区块链技术下央行数字货币的可行性研究. 自然辩证法研究，2020，36（7）.

[4] 习近平在中央政治局第十八次集体学习时强调把区块链作为核心技术自主创新重要突破口加快推动区块链技术和产业创新发展. 新华网，2019 - 10 - 25.

[5] 王小云. Hash 函数与区块链技术. 中国科学院信息技术科学部网站，2019 - 12 - 07.

[6] 中国人民银行数字货币研究所区块链课题组. 区块链技术的发展与管理. 中国金融，2020，1(4).

第二章
区块链的基础理论

新事物往往不是凭空而生的，其发展过程也并非一蹴而就。

我们去认识或是探究一个从未了解过的事物，通常都是先去了解它的来龙去脉，知其出身，方能知其然，知其所以然。区块链思想为人所知，是因为它是大名鼎鼎的比特币开源项目的基础设施。比特币项目在诞生和发展的过程中，借鉴了来自数字货币、密码学、博弈论、分布式系统、控制论等多个领域的技术成果，可谓是博采众家之长于一身，成功站在了巨人的肩膀上，作为比特币项目的核心支撑结构的区块链技术，更是皇冠上最耀眼的那颗钻石，一经问世，就引发了大量的关注和研究。

本章将从区块链的几个核心理念——点对点信息系统、信息加密及验证、信息回溯等几个方面来介绍区块链的思想理论框架，然后从区块链的基本概念和关键特征入手阐述区块链的基本原理，最后从三个角度对区块链系统进行一个分类总结，以便各位读者更为详细地了解区块链的具体情况。

第一节 先导概念

一、一个描述所有权的案例

根据定义，所有权是指所有人依法享有自己财产的占有、使用、收益和处分的权利。可是你是否想过，什么才能证明你是一些财物的所有者？在现实生活中，我们通过拥有多位独立证人来证明自己的所有权。引申到区块链中，区块链的核心设计思想即为拥有越多的独立见证人能够证明同一件事，这件事就越有可能是真实有效的。

一般来说，证明所有权需要以下三个要素：（1）对所有者的证明；（2）事物所有的证明；（3）事物与所有人存在联系的证明。在现实生活中，这些基础信息会被具有公信力的实体整理出的标准化文件信息所证明。比如我们日常生活中会通过身份证、驾驶证、房产证去了解一个人的身份信息，通过序列号、生产日期等去描述产品信息，这类信息一旦生成就不再变化，与人或者产品一一对应。

一个"账本"会记录所有者和被拥有的事物之间的关系，并且根据现实情况随时变动更新。一个实时更新的准确"账本"才拥有证实所有权的公信力。

总的来说，区块链和账本之间的关系可以表述为以下几点：（1）单个账本存储在一个点对点系统中的节点上；（2）区块链的运转模式保证了在每一次投票之后，单个节点能够同步运行；（3）区块链系统采用密码学来确保身份认证、鉴定和授权以及确保数据的安全性。

这一节主要通过一个所有权的例子描述所有权的重要特征，以及所有权和"账本"、所有权和区块链、区块链和"账本"之间的联系。下面我们将具体介绍中心化信息系统。

二、中心化信息系统

从前文可以看出，区块链的核心思想就是去中心化，在了解去中心化的概念之前，我们先了解一下中心化信息系统（见图 2-1）的概念。中心化的设计思想其实很简单，整个系统可以被简单分为两种角色，一种是中心节点，一种是其他节点。在中心化信息系统中，中心节点拥有大部分信息，大部分交易都通过中心节点完成，因此中心节点的地位天然高于其他节点。

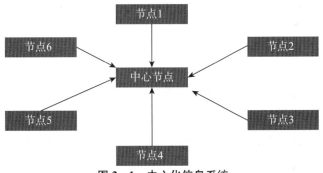

图 2-1　中心化信息系统

在很长的时间内，中心化信息系统很大程度地提升了信息交换的效率，中心化信息系统随处可见。例如，我国封建社会后期出现的一种金融组织——钱庄，其最初的业务主要是货币兑换，后逐渐增加存款、放款和汇兑业务。钱庄将资金进行再分配，促进了经济的繁荣发展。现在，钱庄的业务都由商业银行来实现，我们以中国现代化支付系统（China National Advanced Payment System，CNAPS）的简单流程和逻辑为例，体会一下在中心化信息系统中，中心节点的作用。

CNAPS 结算、清算流程：用户到商家购买商品，在收单行的 POS 机上付款→商家将消费报文发送给支付提供商→支付服务提供商将消费报文发送给结算、清算中心（央行或有结算、清算职能的银行），同时发送给商家开户银行→发卡行在用户卡中扣费，完成实时结算，并回复报文给结算、清算中心→结算、清算中心根据收到的结算、清算请求，拿到收支双方的银行信息，确认交易合法，完成清分→结算、清算中心通过大额支付系统，完成开户行与收单行清算账户的资金划拨（跨行清算）→通过小额支付系统或当地票据交换系统,完成收单行和商家结算账户的资金划拨。从 CNAPS 结算、清算流程中可以看出，结算、清算中心在流程中起到桥梁般的作用，连接了用户、商家、不同的商业银行，占据了支配性的地位。

在现实生活中，很多相关机构或是制度围绕一个需要实时更新的信息系统而产生，而这个信息系统的价值越高，管理账本的机构就越需要公信力，政府就越有可能参与进来。以政府出具的证明文件作为证明所有权的形式，是辨认很多重要信息的关键。因为信息系统上的内容必须是唯一且确定的，在通信不发达的情况下，记录行为成为一种中心化的行为，即使是在当下这个信息时代，中心化的信息存储模式依然是社会中的主流信息存储模式。实际上在目前以及未来的很长一段时间内，中心化信息系统应当还是信息系统的主流，商业银行、中国人民银行的中国现代化支付系统（CNAPS）、环球银行金融电信协会的国际资金清算系统，都是典型的中心化信息系统。然而，中心化的信息存储模式有着致命的缺点，就是一旦中心节点出现问题，例如中心系统被篡改、侵入或者销毁，整个信息系统就会面临严重危机甚至直接崩溃。这个缺点非常显而易见，政府出具的信息遭到破坏或销毁，或是证明信息未能实时更新，一旦出现这类情况，那么即使是政府出具的信息也不能反映真实情况。

有一个非常出名的例子来证实中心节点出现问题所带来的严重后果，即 21 世纪初的安然事件。安然公司作为曾经世界上最大的能源、商品和服务公司之一，2000 年披露的营业额达 1 010 亿美元之巨，由于深陷会计假账丑闻，于 2001 年 11 月申请破产，落得一个"身败名裂"的结局。如果这个账本系统记载的是整个货币体系，那么系统的中心化会面临中心管理人员滥发的风险。由于货币的滥发导致恶性通货膨胀在历史上也发生过多次，例如民国后期，国民党政府滥发钞票就曾形成过恶性通货膨胀，货币贬值达到无法统计的程度，许多商品价格 1 天之内能翻一番。苏联解体后，俄罗斯也出现了恶性通货膨胀，卢布价值大幅贬值。即使是当下，恶性通货膨胀的情况依旧在发生，比如津巴布韦在 1980 年到 2009 年间共发行了 4 代津巴布韦元，无一不陷入恶性贬值，津巴布韦元曾一度失去了流通资格，当地人民只能以美元、欧元等其他国家法定货币进行交易。以上的例子都说明了中心化信息系统对记账中心本身的能力、相配套的监督管理体系和法律法规以及参与者对中心化信息系统的信任度都有很高的要求，那么区块链就要抛弃只拥有并维护一个信息系统的想法，通过建立一个完全去中心化的信息系统来弥补这些缺陷。在这个完全去中心化的系统中，所有权和信息的确认是由绝大多数的节点共同完成认证的。

三、点对点信息系统

传统的网络服务架构大部分是客户端/服务端（client/server，C/S）架构，即通过一个中心化的服务端节点，对许多个申请服务的客户端进行应答和服务。C/S 架构也称主从式架构，其中服务端是整个网络服务的核心，客户端之间的通信需要依赖服务端的协助。C/S 架构应用非常广泛，例如当前流行的即时通信（instant message），就大多采用 C/S 架构，手机 APP 端仅仅作为一个客户端使用。如果两台手机之间相互收发信息，那么信息会先传至中央服务器，再由中央服务器转发至接收方的手机客户端。

另一个众所周知的例子就是超文本传输协议（hyper text transfer protocol，HTTP），HTTP 是基于 C/S 架构进行通信的，客户端向中心服务器通过传送请求方法和路径发起请求后，中心服务器回送响应。HTTP 现在依旧是文件系统的主流，它允许将超文本标记语言（hyper text markup language，HTML）文档从网络服务器传送到客户端的浏览器。它可以使浏览器更加高效，使网络传输减少。它不仅保证计算机正确快速地传输超文本文档，还能确定传输文档中的哪一部分，以及哪部分内容被优先显示（如文本先于图形）等。

HTTP 现存的主要问题有以下几点：（1）中心化的服务器很容易成为性能和流量瓶颈。例如，下载文件、观看视频等，当客户端连接数多了以后，很容易速度变慢乃至服务瘫痪。这些我们应当都有体会，比如高考出成绩的时候，大量客户端向中心服务器发起请求，导致系统崩溃。改进的方式无非就是增加更多的服务器以实现负载均衡，不过相应的成本也就增加了。（2）站点数据不能长期保存。尤其是对于长时间没什么访问量的内容，传统的 HTTP 服务器通常会将这些内容删除或是单独打包备份，基本不会对站点数据做版本历史管理。（3）文件地址定位不够平滑。因为我们在通过浏览器访问站点的时候，一般都要一级域名、二级域名，以及文件的锚点定位。也就是说，HTTP 支持的是一个层次目录结构，这种设计一方面要求站点服务者要将自己的内容在设计开发的时候就安排好目录层次，并设置好虚拟路径等。但是对于一个大型站点，其目录层次是很复杂的，用户的目的仅仅是希望快速查看内容，记住那些层次复杂的路径对于用户来说是非常不友好的。

四、签名技术与验证

签名技术由来已久，早到春秋战国时期，印章就已经出现。印章也被称为印信，通常被用以证明身份，印章通常以细如毫发的印文笔画来防止复刻。北宋年间，中国出现了世界上第一款纸币——交子，类似于银票，由于纸币有较大伪造的可能性，因此政府用使用特殊纸张、加盖印章以及定期更新模板等方法来保证交子的真实性。到了现代，随着纸币的大量发行，各国为了消灭假币也在制造纸币的工艺上下了很大工夫，如设置安全线、对印图、凹版印刷、珠光油墨和微型穿孔，用一系列复杂的工艺来杜绝假币。交子也好，纸币也好，都属于公共签名，有较为正式和易于获取的验证手段，比如验钞机。然而，生活中不仅有公共签名，个体签名也相当多，验证个体签名有时需要一些专业的手段。古代人们在签订契约时，为了保证交易的安全性和真实性，常有签字画押一说，人的笔迹、指纹通常都是独一无二的，古人验证合同上的指纹和笔迹来确认双方身份。即使是在现在的日常生活中，我们也常常需要在订立的书面合同或者公文上签字盖章，保证签字或者盖章的人认同所签合同的内容，在法律上证明这份合同的有效性。然而，随着互联网和电子商务的快速发展，合同或文件常常以电子文件的形式表现和传递。在电子文件上，传统的手写签名和盖章是无法进行的，这就必须依靠现代的科技手段来完成，识别交易双方的真实身份，以保证交易的安全性和真实性。这种起到和手写签名以及盖章同等作用的电子技术手段，被称为电子签名。从法律上讲，签名有两个功能，即标识签名人和表示签名人对文件内容的认可。联合国贸发会的《电子签名示范法》中对电子签名做出了如下定义：在数据电文中以电子形式所含、所附或在逻辑上与数据电文有关的数据，可用于鉴别与数据电文相关的签名人和表明签名人认可数据电文所含信息；在欧盟的《电子签名共同框架指令》中就规定：以电子形式所附或在逻辑上与其他电子数据相关的数据，作为一种判别的方法，被称为电子签名。而我国的《中华人民共和国电子签名法》对电子签名的定义为："指数据电文中以电子形式所含、所附用于识别签名人身份并表明签名人认可其中内容的数据。"实现电子签名的技术手段有很多种，但目前比较成熟的、世界先进国家普遍使用的电子签名技术还是"数字签名"技术。所谓"数字签名"就是通过某种密码运算生成一系列符号及代码组成电子密码进行签名，来代替书写签名或印章，对于这种电子签名还可进行技术验证，其验证的准确度是一般手工签名和图章的验证无法比拟的。"数字签名"是目前电子商务、电子政务中应用最普遍、技术最成熟、可操作性最强的一种电子签名方法。它采用了规范化的程序和科学化的方法，用于鉴定签名人的身份以及对一项电子数据内容的认可。它还能验证出文件的原文在传输过程中有无变动，确保传输电子文件的完整性、真实性和不可抵赖性。

目前，有许多技术手段可以实现电子签名，前提是在确认了签名人的确切身份即经过认证之后，电子签名承认人们可以用多种不同的方法签署一份电子记录。在科技迅速发展的当下，人们可以使用基于公钥基础设施（public key infrastructure，PKI）的公钥密码技术的数字签名，可以使用和生物识别技术结合的数字签名，也可以使用基于量子力学的计算机的数字签名。所谓生物识别技术是指通过计算机与光学、声学、生物传感器和生物统计学原理等高科技手段密切结合，利用人体固有的生理特性（如指纹、脸相、虹膜等）和行为特征（如笔迹、声音、步态等）来进行个人身份的鉴定。由于人体特征具有人体所固有的不可复制的独一性，这一生物密钥无法复制、失窃或被遗忘，利用生物识别技术进行身份认定是安全、可靠、准确的。但比较成熟的、使用方便的、具有可操作性的、在世界先进国家和我国普遍使用的电子签名技术还是基于 PKI 的数字签名技术。

五、信息加密与验证

信息加密技术是利用数学或物理手段，对电子信息在传输过程中和存储体内进行保护以防止泄露的技术。保密通信、计算机密钥、防复制软盘等都属于信息加密技术。通信过程中的加密主要采用密码，在数字通信中可利用计算机采用加密法，改变负载信息的数码结构。计算机信息保护则以软件加密为主。

在常规的邮政系统中，寄信人用信封隐藏其内容，这就是最基本的保密技术，而在电子商务中，有形的信封不再成为其代表性的选择。为了实现电子信息的保密性，就必须实现该信息对除特定收信人以外的任何人都是不可读取的。而为了保证共享设计规范的贸易伙伴的信息安全性就必须采取一定的手段来隐藏信息，隐藏信息的最有效手段便是加密。加密就是通过密码算法对数据进行转化，使之成为没有正确密钥任何人都无法读懂的报文。而这些以无法读懂的形式出现的数据一般被称为密文。为了读懂报文，密文必须重新转变为它的最初形式——明文。含有以数学方式转换报文的双重密码的就是密钥。

根据国际上通行的惯例，按照双方收发的密钥是否相同的标准可将加密算法划分为两大类：一种是常规算法（也叫私钥加密算法或对称加密算法），其特征是收信方和发信方使用相同的密钥，即加密密钥和解密密钥是相同或等价的。比较著名的常规加密算法有：美国的 DES 及其各种变形，比如 3DES、GDES、New DES 和 DES 的前身 Lucifer；欧洲的 IDEA；日本的 Skipjack、RC4、RC5 以及以代换密码和转轮密码为代表的古典密码等。常规密码的优点是有很强的保密强度，且经受住时间的检验和攻击，但其密钥必须通过安全的途径传送。因此，其密钥管理成为系统安全的重要因素。另一种是公钥加密算法（也叫非对称加密算法）。其特征是收信方和发信方使用的密钥互不相同，而且几乎不可能从加密密钥推导解密密钥。比较著名的公钥密码算法有 RSA、背包密码、零知识证明的算法、椭圆曲线等。公钥密码的优点是可以适应网络的开放性要求，且密钥管理问题也较为简单，尤其是可以方便地实现数字签名和验证，但其算法复杂，加密数据的速率较低。

第二节 区块链的基本原理

一、区块链的三个基本概念

区块链包含三个基本概念：交易、区块、链。我们先来解释交易，一笔交易即导致一次对账本的操作，发生一笔转账即添加一条转账记录，导致账本状态的一次转变。区块记录一段时间内发生的所有交易和状态结果，是对当前账本情况的一次共识。链则是指将区块串联起来，记录整个账本状态的变化。

二、区块链的关键特征

（一）系统高可靠

区块链系统相比于其他账本系统的优势也在于它的高可靠性，也就是我们通常所说的系统高容错性和不易崩溃，下面分开解释这两点。高容错性指的是即使系统中有节点出现故障，只要不是大面积发生故障，不会影响整个系统的正常运行，因为每个节点都对等地维护这个系统并且参与遵循共识机制。这类似于比特币的区块链系统中均可以自由地加入或者注销账号，而整个系统并不会受到影响。不易崩溃是因为区块链系统支持拜占庭容错。传统的分布式系统一旦被攻克或是节点的消息处理逻辑被修改都将导致崩溃，而区块链系统显得更为可靠，这主要是因为传统的分布式系统和区块链系统处理异常行为的容错系统不同。通常按照系统能够处理的异常行为可以将处理系统分为崩溃容错系统（crash fault tolerance，CFT）和拜占庭容错系统。崩溃容错系统是指可以处理系统中节点发生崩溃的系统，拜占庭容错系统是指可以处理系统中的节点行为不可控、存在崩溃、发送异常消息或是拒绝发送信息等行为的系统。区块链系统处理异常行为的是拜占庭容错系统，相比于传统的分布式系统所用的崩溃容错系统，区块链系统可以处理各类拜占庭错误。

这里要延伸说明的是，区块链是因为共识算法机制才有能力处理拜占庭错误的，并且不同的共识算法机制处理不同的应用场景。举个例子，超过51％的节点共同发生拜占庭行为时 PoW 共识算法就无能为力了，超过总数三分之一的节点共同发生拜占庭行为时 PBFT 共识算法机制就无法解决了，超过总数五分之一的节点共同发生拜占庭行为时 Ripple 共识算法就不能承担了。从上述情况来看，区块链系统也不能承担百分之百的节点发生拜占庭行为，可靠性也是有限的。只能说当错误发生在其共识算法机制的限度之内的情况下，区块链系统的可靠性有一定保障。例如在挖矿史上，就有一个名为 Ghash. IO 的矿池的算力占比短暂接近50％，虽然之后很多矿工自发离开了 Ghash. IO 矿池，但是不可否认的是任何单一矿池所占的矿池比例过高对系统来说都是潜在的威胁。包括现在中国的大型矿池的算力已占全网总算力的60％以上，按照理论来说，如果这些大型矿池达成某种合作，是可以实施51％攻击的，从而实现比特币的双重支付。[①] 我们在前文解释区块链系统的"防篡改可追溯"特性中提及了发生大量节点出现错误的概率非常小，所以我们可以认为区块链系统具有高可靠性的特性。

（二）开放性信息系统

如果将区块链看作账本系统，其最大的优势就是账本信息的公开和透明，每个节点都可以获取完整的信息。由于区块链系统是一个去中心化的系统，而去中心化的系统最大的特点就是没有中心节点，每一个节点都是对等节点。在这个系统中，从每个节点处都可以公开透明地看到全部信息，进而维护这个公共账本。这和中心化系统是完全不同的。生活中最为常见的中心化系统就是银行，我们以银行为例，就可以知道中心化系统通常依靠节点之间的信息不对称来赚取超额利润，而作为中心节点的银行，接收到几乎全部的信息，从而掌握绝对的话语权。中心节点自然不愿意将信息共享出去，其提供给其他节点的信息的可信性也只能依靠中心化系统之外的机制来监督。

保证区块链系统中信息的可信性的机制就是共识算法。节点共同参与决策过程，交易的最终结构也由共识算法保证了所有节点账本的一致性。所有节点掌握的信息都是一致的、透明的、可信的。所谓共识算法，是指让大家都对结果达成一致意见。生活中随处可见需要大家达成共识的情况，例如投票选举、多方签订合同等。回到区块链的情况中，共识机制就是保障每个节点的账本都和其他节点的账本一致。

---

① 又称一币多付，指的是同一个数位代币可以被用两次以上。

（三）信息匿名性

区块链最大的特点就是去中心化，这也就决定了区块链系统"去信任"的特点。由于区块链中的所有节点都遵从共识算法，所以任意节点都不需要其他节点的帮助去完成交易，也就是没有必要利用其他手段去额外地了解其他节点的信息来增强彼此之间的信任。区块链系统中的节点没有必要互相公开身份信息，这给用户的隐私提供了保护措施。

区块链系统通过一种密码算法来标识不同的使用者，具体来说这种密码算法名为公开密钥算法。对于一种算法来说，无论算法过程如何，一定有一个密钥。公开密钥的特点即为其拥有一对密钥，类似于中国古代的虎符，私钥和公钥配合使用、彼此证明，可以互相用来加密和解密。公钥是可以向外界公开的，私钥则需要像银行密码一般保管仔细。在区块链系统中通常利用公钥的最后 20 个字节或者通过一系列复杂的变化，将公钥转化为"地址"来代表用户的身份。因此，用户只需要掌管好自己的私钥就可以在区块链系统上实施交易行为，至于持有私钥的人，系统则不关心，也不会像支付宝那样要求人脸识别，将持有者现实生活中的身份信息和区块链系统中的身份信息进行匹配。系统只记录私钥的持有者在系统中的交易，从而保护了用户的隐私。这也是密码学作为区块链系统重要组成部分的原因。快速发展的密码学也为区块链系统的高速发展做出了重要贡献，同态加密、零知识证明技术等前沿密码学为链上数据以加密形态存在提供了技术支持，其余和交易无关的用户难以从密文中提取相关信息，而交易双方可以读取有效信息，这就是区块链系统对于用户隐私安全性的保障。

（四）信息的不可篡改和可追溯

区块链的不可篡改（又称防篡改）和可追溯的特性主要运用在物流信息、物品溯源方面，下面分开理解"防篡改"和"可溯源"两种特性。

"防篡改"是指一项交易记录一旦在全网范围内通过验证并且被大部分节点添加至自己的系统中，这条记录想要被修改或者抹除的可能性就非常小了。在此需要明确的是，"防篡改"不等于说在大部分节点验证通过之前不可以修改编辑系统上记录的内容，只是整个编辑修改过程会被记录下来形成"日志"，而这个"日志"是不得篡改的。由上述区块链的分类可知，区块链的类别不同，所用共识算法也有区别。如果是以 PBFT 算法作为共识算法的联盟链系统，从算法设计上就保证了交易记录一旦写入就没有篡改的可能。如果使用的是公有链系统通常使用的 PoW 类型的共识算法，篡改者需要控制全系统超过 51% 的算力才能进行篡改，无论是篡改的难度还是需要的花费都是极大的。如果我们将自然人都认为是理性的，那么这种情况就不可能发生，因为即使攻击行为成功，攻击过程也将被全系统的用户发现。当用户发现所使用的区块链系统已经遭到恶意攻击并且已经被控制时，用户便会放弃使用这套区块链系统，攻击者为了操纵系统而投入的大量资金无法再次利用，可以说是稳赔不赚，那么任何理性的自然人都不会做出这种损人不利己的行为。

"可追溯"的意思是区块链系统中发生的每一笔交易都有日志完整地记录下来，包括交易双方、交易时间、交易金额、物流变动等内容。以物品生产到销售的过程为例，从一件商品生产开始，到运输、存储，直至商品被售出，每一个状态在区块链系统中都有记录，可以进行追溯查询。这也是区块链系统大量运用于物流运输的主要原因。

区块链系统的"防篡改"特性保证了记录一旦被写入系统之后就很难被篡改，为区块链的"可追溯"特性提供了保障，这两种特性相辅相成。

第三节　区块链的分类

一、根据参与者分类

根据网络范围及参与节点的不同，区块链可以被划分为公有链、私有链和联盟链三类。这三类的区别可以简单地用表2-1表示。

表2-1　公有链、私有链和联盟链的特性对比

	公有链	私有链	联盟链
参与者	任何人任意使用	组织内部	企业或机构之间
共识机制	PoW/PoS/DPoS	分布式一致性算法	分布式一致性算法
记账人	所有参与者	协商决定	自定义
激励机制	需要	可选	可选
中心化程度	去中心化	多中心化	多中心化
特点	数据的公开透明	效率和成本优化	透明和可溯源
承载能力	3～20笔/秒	1 000～1万笔/秒	1 000～20万笔/秒
典型场景	加密数字货币	支付、清算	审计、发行

对上述几个名词进行简单的解释：

激励机制：是指鼓励参与者参与系统维护的机制，例如比特币系统对于矿工挖矿给予比特币奖励。

去中心化：不需要一个中心机构促成，每个节点高度自治，参与者之间可以任意自由交易，不需要依靠中心机构。

多中心化：参与者通过多个局部中心联系，多中心化是介于中心化和去中心化之间的一种组织结构。

（一）公有链

公有链中的"公有"指的就是完全对外开放，任何人都可以任意使用，可以参与区块链系统的使用和数据的读取，没有权限的阻拦，也没有身份认证，所有的数据都开放透明。

比特币系统就是一个典型的公有链，完全去中心化且不受任何机构控制。大家如果想要使用比特币系统，只需要下载相应的软件客户端、创建钱包地址、转账交易、参与

挖矿等功能都是免费开放的，可以自由使用。比特币首创了去中心化加密数字货币，并用事实证明了区块链技术的安全性和可行性。比特币实质上可以看作分布式账本和记账协议的组合体，这是由于比特币系统中只有比特币一种符号，难以扩展开来，比如用户无法自定义资产、身份等信息。以太坊相对于比特币系统来说，扩展性得到了极大的改善。以太坊利用图灵完备的智能合约语言，使得区块链的使用范围得到了延伸。

由于公有链系统完全没有第三方中心机构管理，因此公有链系统依靠一组事先约定的规则来运作。这个规则确保交易者能够在不可信的网络环境中发起可信的交易事务。通常来说，公有链需要公众参与，需要最大限度地保证数据的公开透明。例如，数字货币系统、金融交易系统和众筹系统等都属于公有链。这里同样涉及恶意节点的问题，在公有链系统中，节点的数量不固定，节点的实际身份不可知，节点的在线与否也不能控制，这种情况下节点是不是一个恶意节点当然也无从知晓了。那么在这种情况下，想要保证公有链系统的可靠可信最常用的方法还是共识算法，不断地互相同步以达成最终一致性。

公有链系统目前仍然存在很多问题，例如效率问题、隐私问题、最终确定性问题和激励问题等。

1. 效率问题

目前的各类 Po＊共识都存在一个共性问题，即产生区块的效率不高，无论是比特币的 PoW 共识机制还是以太坊的 PoS 共识机制产生区块的效率都较低，比特币的区块时间大概是 10 分钟，以太坊的区块时间是 14 秒，如果正巧碰上区块产生的高峰期，时间甚至会更长。相比之下，Square 和 Visa 等服务的交易是即时确认的。这里涉及区块的高生成速度和整个系统的低分叉可能性的矛盾，两者无法同时满足。系统分叉是什么意思？由于区块的传递需要时间，同时段内极有可能产生多个区块，这些区块被先后扩散到系统的不同区域，这就是系统分叉。由于存在潜在的分叉情况，在现实的公有链系统中，每个区块都会等待几个基于其本身生成的后续区块后才能以大概率认为此区块是足够安全的。例如，在比特币系统中，这个数量就被定成了 6，只有当此区块有 6 个基于其本身生成的后续区块时，此区块的安全才得以认证，这对于追求时间和效率的企业来说过于缓慢了。

之后是区块膨胀问题，区块链要求系统内每个节点下载存储并实时更新一份从创世区块至今的数据备份。如果每一个节点的数据都完全同步，随着数据量的日益增长，区块链数据的存储就极有可能成为一个制约区块链发展的关键问题。随着区块链存储空间的扩展，系统中各个节点所需要的存储空间、带宽和计算能力也会相应提高。当区块链的存储空间增长到某种程度时，只有少数节点才能提供资源来满足区块处理的需求，我们把这种情况称为中心化风险，或者用更为专业的名词说就是扩展性限制。为了解决区块膨胀问题，开发人员尝试了各种办法。通过消除不必要的临时文件来减少存储需求是一种治标不治本的方法，但是这种办法能够在一段时间内提高用户的使用体验。例如，两个最受欢迎的以太坊客户端 Geth 和 Parity 最近就通过消除一些不必要的软件存储的以太坊的历史记录来达到减少存储的目的。独立开发者阿列克谢·阿库诺夫（Alexey Akhunov）也一直在重写 Geth 客户端，试图通过编程实现去除客户端在处理以太坊状态过程中出现的不必要的重复信息的效果，他将这个项目命名为"Turbo Geth"。Geth 的开发人员试图纠正客户端在"快速"这种模式下与网络同步信息时会出现信息存储异常的问题。虽然优化客户端能够有效地改善用户的体验，但是客户端的优化毕竟不能解决根本的问题。总的来说，这是现有的公有链体系必须权衡低交易吞吐量和高中心化两个问题所出现的必然结果。因为去中心化必然导致区块链里可处理交易的节点数量下降，也就是说去中心化所带来的安全、政治中立都是通过牺牲扩展性得来的。我们想要系统既能每秒处理上千笔交易，又能保证去中心化。换句话说，我们想要一个系统，在保证系统中的每笔交易都是真实可信的同时，限制验证交易的节点数量。

在技术上解决可拓展性是非常困难的，下面简单介绍几种不同区块链开发团队正在研究的解决方案。第一种方案是链下交易通道（off-chain payment channel），这种方案的解决办法正如其名，大部分交易通过链下的微支付平台解决，区块链只作为清算层处理最终清算。由于交易是在微支付平台处理完成的，交易速度大大提升，吞吐量问题也得以解决，那么区块链处理交易的量级也可以更上一层。链下交易通道成功的例子就是 Raiden Network 和 Lightning Network。第二种方案是分片（sharding），区块链分片的基本思想和传统数据库的切片思想基本类似，都是将一个整体分割成不同的"片"，每一个"片"都由不同的节点存储和处理。各个分片可以做到并行处理，效率大大提升，唯一需要注意的就是如何在去中心化的节点集合里维持安全性和合法性。第三种方案是链下计算（off-chain computation），链下计算和链下交易通道有很多相似之处，但适用范围较链下交易通道来说更广。链下计算的主要思想就是能够安全可证地在链下平台处理一些在链上系统执行代价很高的计算，将代价较大的计算和证明处理通过链下的独立协议完成。链下通道成功的实例为以太坊的 TrueBit。第四种方案是有向无环图（directed acyclic graph，DAG）。有向无环图是一种有定点和边的图结构，它可以保证从一个顶点沿着若干边前进，最终不能回到原点。因为这个特性，我们可以给顶点进行拓扑排序。DAG 方案内部也有不同的执行理念。一种 DAG 协议被称为 SPECTRE 协议，它利用区块的 DAG 技术，使得并行挖矿成为可能，从而带来更大的吞吐量和更高的交易效率。另一种 DAG 协议，例如 IOTA 的 Tangle，其方案选择丢弃了全局的线性区块概念，使用 DAG 数据结构来维持系统状态。

2. 隐私问题

公有链系统需要公众参与，自然就要求最大限度保证数据的公开透明，因此传输和存储的数据都是公开透明的，对交易双方的隐私保护只有"地址匿名"这一点，通过对交易记录的分析，相关参与方可以获取一些本应隐藏的信息。一旦有些业务涉及商业机密或是金额巨大，隐私受不到保护的情况是交易双方不能接受的。

3. 最终确定性问题

特定的某笔交易能否最终被记载在区块链系统中，这就是交易的最终确定性。各类 Po * 的共识算法无法实时确定这一情况，即使交易已被写入区块，后续也有概率回滚。就现在的交易环境和法律环境而言，公有链的使用还存在较大风险。

4. 激励问题

公有链系统一般会通过激励机制来鼓励参与节点自发维护系统，例如比特币就将奖励作为一条交易包含在区块的交易事务中激励矿工。现行的大多数激励机制都是发行类似比特币或者代币来作为挖矿奖励的，不一定符合各个国家的现行政策。当触及国家的法律政策时，公有链系统能否合法、安全地运行下去就成了问题。

（二）私有链

私有链，顾名思义，是和公有链相反的一个概念。所谓私有，就是指不对外开放，仅仅在组织内部使用。相比于公有链的完全去中心化，私有链属于存在一定中心化控制的区块链。私有链也是联盟链的一种特殊情况，即联盟中仅有一个成员。通常来讲，企业的票据管理、供应链管理和账务审计等系统，或是一些政务管理系统，就是典型的私有链系统。在使用过程中，私有链系统通常要求用户实名注册、提交身份认证等，并且自身也具备一套完善的权限管理体系。看到这里大家可能会产生疑问，虽然说比特币、以太坊都算是典型的公有链系统，但是如果将这些系统搭建在一个局域网中，并且不与外网连接，那么这样可以将其看作私有链系统吗？从不同角度看我们可以得出不同的结论，如果从网络范围来看，搭建在局域网中的比特币系统可以看作私有链系统，因为这个系统一直与外网没有联系，不能给他人使用。从技术角度来讲，由于使用的系统没有身份认证和权限设置，搭建在局域网中的比特币系统只能看作使用公有链系统的客户端搭建的私有测试系统。举个例子，以太坊提供搭建私有链系统的环境，通常这种搭建行为是为了测试公有链的运行情况而进行的，也可以用于企业的商业行为。

在私有链环境中，节点数量和节点状态通常是确定的、可控的，且节点数目要远远小于公有链系统，因此私有链的效率相对公有链来说更为高效，同时在私有链环境中一般不需要通过竞争的方式来选择区块数据的打包者。在私有链系统中可以采用权益证明机制（Proof of Stake，PoS，以节点持有币的数量和时间来选择记账权）、委托权益证明机制（Delegate Proof of Stake，DPoS，类似于董事会投票，持币者投出一定数量的节点，代理其进行验证和记账）、实用拜占庭容错算法（Practical Byzantine Fault Tolerance，PBFT）等共识机制，也可以采用非拜占庭容错类、对区块进行及时确认的共识机制，例如 Paxos 算法、Rah 算法等。用上述算法可以在很大程度上缩短确认时间从而提升写入频率，效率可以与中心化数据库相匹敌。

从本质上来讲，私有链就是通过牺牲一部分去中心化，换取可以特殊控制区块链系统的权限。由于存在一定的中心化控制并且节点数目相对更少，私有链系统可以使用比公有链系统更为高效、灵活和低成本的共识机制。在现实生活中，私有链系统确实有很大的用武之地，有限制的中心化可以带来更快的交易速度和更高的确认效率，并且可以提供一些可控的功能，例如，在一些特定场景下的交易回滚。相比于公有链系统，私有链还有一个明显优势，就是隐私安全性。相对于公有链系统中数据的公开透明，私有链系统可以充分利用现有的企业信息安全防护机制，能够更好地保护隐私。相较于传统数据库系统，私有链系统也因为数据难以被轻易篡改而拥有更好的加密审计和自证清白的能力。了解了私有链之后，我们应该改变完全倒向中心化或者完全倒向去中心化的理念，因为去中心化和中心化本来就不是非此即彼的关系，而是一种可以共生共存、互相补充和结合的关系。在去中心化协议的基础上，可以适当增加中心化的特性，以满足不同行业及领域的个性化需求。举个例子，虚拟专用网络（virtual private network，VPN）就是在公用网络上建立私用网络，VPN 使得人们无须投入大量硬件资源重新构建底层基础设施，可以直接在互联网现有的基础设施上构建有限且开放的专有网络。还有很多基于去中心化系统提供中心化服务的例子，例如域名注册机构、电子邮件服务器等提供服务的网站。私有链是最近发展最为活跃及迅猛的区块链类型，R3CEV 是一家总部位于纽约的区块链创业公司，其主营业务就是构建私有链，由其发起的 R3 区块链联盟，至今已吸引了 42 家巨头银行的加入，其中包括富国银行、美国银行、纽约梅隆银行、花旗银行等，R3CEV 希望能够通过 R3 区块链联盟来制定银行间的清算规则。

（三）联盟链

联盟链的网络范围介于公有链和私有链之间，通常是应用在多个互相认知的成员角色的环境之中，例如银行之间的支付结算、企业之间的物流供应链管理、政府部门之间的数据共享等。由于这些环境下的参与人员通常是拥有不同权限的成员，因此联盟链也同私有链一样，要求严格的身份认证和权限设置，并且为了拥有更好的安全性，节点的数量往往也是确定的。联盟链的可控性对于企业或者机构之间的事务处理是一项非常大的优势，比如政府系统，可以部分对外公开，部分对内保密。联盟链的典型代表是 Hyperledger Fabric 系统。

相对于公有链来说，联盟链的效率有很大的提升。究其根本原因在于联盟链的参与方彼此之间相互了解，联盟链系统也为成员提供了身份验证和管理规则。另一个效率大大提升的原因是同一时间参与方节点数量远远小于公有链系统，因此联盟链系统采用的共识算法约束更少，可以采用类似 PBFT、Rah 等共识算法，实现毫秒级的确认时间。

联盟链系统提供了更为安全的隐私保护，数据仅在联盟内部开放，外界没有获取渠道。联盟链系统也可以做到将不同业务之间的数据进行隔离，即使作为联盟内部成员，也只能获取自己业务的数据。不同的公司根据自己的需求做了加强版的隐私保护，例如华为公有云的区块链服务对交易金额信息进行了加密隐藏，对交易双方进行了身份证明保护等。

二、根据部署环境与对接类型分类

（一）根据部署环境分类

区块链可以被划分为主链和测试链。主链是指部署在正式版客户端的区块链系统，是真正被推广使用的区块链系统，各项功能都设计得相对完善稳定；测试链是开发者提供的用于测试的区块链网络，方便大家学习测试使用，常见的有比特币测试链、以太坊测试链等。测试链中的功能设计与主链的功能设计还是有一定差别的，举个例子，主链中使用工作量证明算法进行挖矿，在测试链中可以由测试者自行设计更换算法进行测试使用。

(二) 根据对接类型分类

根据对接类型，区块链可以被划分为单链、侧链和互联链。单链的定义是能够单独运行的区块链系统，例如比特币、以太坊、莱特币的主链、测试链，这些区块链系统拥有完备的组件模块，自成体系。侧链属于一种区块链系统的跨链技术，将不同的链结合起来，相辅相成，形成良性互动。这个概念开始是由 Blockstream 公司提出的，目标是构建可以让数字资产在不同区块链间自由转移的系统。2014 年 Blockstream 公司发布了侧链技术的白皮书，并于 2016 年初发布了第一个商业化侧链系统。后来随着越来越多区块链系统的出现，侧链将不同的链结合起来，打通信息壁垒。侧链类似于一条条通路，将不同的隔断的区块链联系起来，使得信息可以在不同的区块链内流动，实现区块链的延伸拓展。无论区块链系统还是侧链系统都是独立的链系统，两者通过协议来进行互动，侧链辅助主链进行功能扩展，而侧链通过和主链进行数据交互来增加自身的可靠性。侧链白皮书提及了"楔入式侧链"这一项新技术，不同区块链间的资产可以通过楔入式侧链进行转移。由于侧链是独立于主链之外的，因此技术上的创新或是改动不会影响主链，即使侧链出现问题，一般也只是影响侧链本身，对主链不会有影响。互联链是指区块链系统之间的互相关联，形成技术和功能上的互补互助，区块链之间的相互联通将会给予社会发展更深层次的智能化。

扩展阅读 ....

Libra 的逻辑与野心

2019 年 6 月 18 日，市值为 5 395 亿美元、全球用户达 26.6 亿的社交巨头 Facebook 发布白皮书，计划于 2020 年推出新的全球数字货币 Libra。"Libra"被译为天秤座，象征公平与公正，同时也是古罗马的货币计量单位。在介绍 Libra 的白皮书中，可以看出其野心，它企图融合诸多全球数字货币探索的最新经验构建一套简单的、无国界的货币和为数十亿人服务的金融基础设施。Libra 的诞生具有深刻的时代、行业以及公司背景。Libra 诞生于一个数字经济深化、变革加速的信息时代，互联网、区块链、金融等行业都被裹挟于新一轮的数字浪潮之中，区块链作为一个涵盖计算机、金融、数学、法律、管理学在内的复合型技术，更易与其他行业产生共振联动。正如 2019 年 6 月习近平主席在 G20 大阪峰会上所言，数字经济发展日新月异，深刻重塑世界经济和人类社会面貌。Libra 受到广泛关注，具有深刻的时代、行业和公司逻辑。我们将从 Libra 的经济理论分析、潜在的经济影响和面临的潜在挑战三个方面来让大家系统地了解 Libra 项目。

2008 年国际金融危机爆发后，中本聪创建了比特币，想用一种去中心化的技术信任替代传统金融的信任模式，以反对中心化的货币政策和财政政策。然而，由于比特币数据吞吐能力低下、价格波动过大，导致了流通职能和价值尺度职能被限制。由于比特币等私人货币除支付外没有使用价值，也没有主权国家为其做信用背书，因此比特币难以被界定为传统意义上的商品货币或是信用货币。由于比特币不具有图灵完备性，因此不可拓展区块链分布式应用，投资比特币的逻辑在于政治避险性、投机性和共识凝聚。以太坊这种开源区块链具有图灵完备性，允许用户编写智能合约和去中心化的应用系统，并且允许用户在自己编写的应用系统中自定义所有权规则、交易格式和状态转换函数。以太币类似于以太坊生态中的股票。以太币的发行被称为首次代币发行（initial coin offering，ICO）、证券类通证发行（security token offering，STO）、首次交易发行（initial exchange offerings，IEO），以太币的发行和股票一级市场有类似之处，但是由于监管体系不到位，资产泡沫和资产欺诈还是频频出现。如果想要该数字货币价格稳定，一般有两种方式——基于抵押品和基于算法让央行使货币价格稳定，但主流方式还是基于抵押品的稳定币。基于抵押品的稳定币通过借助抵押品的价值或使用价值来实现币值的相对稳定，稳定币的发行和回收机制在该系统内相当于央行的货币政策，货币政策的传导渠道主要包括传统的资产价格渠道和信贷渠道。根据抵押资产存托方式是否基于区块链，稳定币可分为链外资产抵押型（如 USDT、TUSD、PAX 等）和链上资产抵押型（如 MakerDao Dai 等）。链外资产抵押型稳定币是发行机构将抵押资产存入中心化的第三方机构作为抵押，然后向市场发行与该资产价值相对应的稳定币，这种模式链上账本和链外资产是分离的，需要依靠现有金融基础设施与法律制度进行保障。链上资产抵押型稳定币的抵押资产在区块链上，通过智能合约保障其发行和赎回行为。Libra 属于链外资产抵押型稳定币，其储备资产将被分布式地托管在金融机构中。

在区块链诞生 12 年后，利用去中心化的技术解决信任问题的可行性和可靠性也遭到现实的挑战，Libra 的交易依靠区块链技术，是一个去中心化的过程，但是发行货币过程是半中心化的，就是本身有中心机构，但是不是一家中心机构，是一个根据利益关系相互制约的协会，形成一个有中心化但是整个中心化的程度被降低的交易过程。根据稳定币选择的抵押品不同，在 Libra 的白皮书公布前较为主流的有三种：第一，使用法定货币作为抵押品，大多数稳定币锚定的是美元（如 USDT、PAX），还有锚定欧元和日元等的稳定币（如 STASIS、NOS）。除了锚定单一法定货币外，还有锚定一篮子法定货币的稳定币（如 SAGA 锚定的是特别提款权）。第二，使用普遍接受的商品（如黄金）作为抵押品，则该稳定币实质上将商品通过数字技术进行货币化（如 DigixDAO、HelloGold）。第三，使用主流数字资产（如以太币）作为抵押品。这种模式基于智能合约构建开放式金融体系，市值仅次于基于法币抵押的稳定币。Libra 则进一步丰富了抵押品的种类，将传统金融资产纳入了抵押品范畴。Libra 使用一篮子银行存款和短期国债作为储备资产，采用 100% 储备金发行方式，其价格并不锚定某一特定法币，而是根据其储备池中的一篮子法币资产决定，以美元、欧元、日元和英镑为主。Libra 无独立货币政策，价格波动取决于外汇波动，机制类似于特别提款权（special drawing right，SDR）。SDR 作为国际货币基金组织（International Monetary Fund，IMF）的记账单位，篮子货币选取需与世界经济发展相一致。相关研究表明，人民币加入 SDR 篮子对于提高其代表性具有重要意义。与 SDR 不同，Libra 主要考虑储备资产的现金流稳定性、价格波动性、货币的可兑换性以及监管要求，全球经济的代表性成为一个次要因素。Libra 既不具备权益类资产的增值功能，也不具备投机属性，储备资产将被分布式地托管在金融机构中，投资收益将用于保持较低的交易手续费、覆盖系统运行成本以及向协会初始成员分红。Libra 用户不具有对储备资产投资收益的分红权，仅享受便利支付的权利。Libra 协会将选择一定数量的金融机构作为授权经销商，这些经销商可与资产储备池直接进行双向交易，使 Libra

价格参考一篮子货币保持相对稳定，但用户不具备与资产储备池交易的权利。在Libra内部经济系统中，Libra协会扮演央行的角色：只有协会具有制造和销毁Libra代币的权利，经销商用符合要求的储备资产向协会购买代币构成Libra的发行行为，经销商向协会卖出代币换取储备资产构成Libra的销毁行为。这种模式践行了芝加哥学派的货币理念：取消商业银行的货币创造能力，把货币创造的权力全部收归于央行，进而避免金融危机和经济衰退。

Libra提出了由许可链向非许可链过渡的中长期构想：在运营初期采用的是基于Libra BFT共识机制的联盟链，即使三分之一的验证节点发生故障，BFT共识协议的机制也能够确保其正常运行。许可型区块链包括联盟链和私有链，Libra采取的是联盟链的形式，只针对某些特定群体的成员和有限的第三方，内部指定若干预选节点为记账人，区块生成由所有记账节点共同决定，其他接入节点可以参与交易，但不参与记账过程。非许可链即为公有链，符合技术要求的任何实体都可以运行验证者节点。联盟链的治理机制和经济激励不同于公有链，更加偏向于传统公司治理，对于记账节点具有较高的门槛。Libra认为目前没有成熟的公有链方案可为全球数十亿用户提供稳定安全的金融服务，只能采取联盟链的方式，但健全完善的公有链是区块链的长期发展方向，因此Libra将逐步从联盟链向公有链过渡。这体现了Libra项目方的务实态度，根据客观情况在联盟链与公有链之间进行取舍，同时区块链工具属性逐步强化的趋势也日益清晰，这与"为去中心化而去中心化"的理念不同，利用区块链提高经济发展效率是目前各界共识的最大公约数，但在联盟链发展到一定程度之后能否顺利过渡到公有链存在较大疑问，联盟链下错综复杂的利益纠葛将增加向公有链转化的难度。Libra采用联盟链需满足以下要求：第一，安全可靠性，以保障相关数据和资金的安全。第二，较强的数据处理能力和存储能力，为十亿数量级的用户提供金融服务。第三，异构多活，支持Libra生态系统的管理及金融创新。然而，要实现上述要求仍然面临严峻的挑战，Libra协议最初仅支持1 000 TPS（transaction per second，表示每秒事务处理量），这显然达不到要求。如何在保证安全可靠和异构多活的情况下，提高数据处理能力、降低延迟是Libra在技术层面需要突破的重点。此外，Libra在技术上的一大创新点是采用了新型编程语言"Move"，用于实现自定义的交易逻辑和方式，与现有区块链编程语言相比，增强了数字资产的地位，使得开发者能够更加安全和灵活地在链上定义和管理数字资产。

Libra协会注册在瑞士日内瓦，协会成员由联盟链的验证节点组成，目前包括Facebook、MasterCard、PayPal等28个节点，涵盖了支付、电信、区块链、风险投资等多个领域，具有多中心化的治理特征。协会选取在瑞士注册有两个主要原因：第一，瑞士的数字货币政策较为宽松，瑞士金融市场监督管理局2018年颁布了《关于首次代币发行监管框架的查询指南》，具有较为明确的监管框架，瑞士城市楚格更是有"数字货币之谷"之称；第二，瑞士是历史上著名的中立国，注册在瑞士更有利于把Libra打造成一个全球性项目。协会的职能包括：继续招募成员作为验证者节点，预计数量为100个；筹集资金以启动生态系统，每个验证节点出资1 000万美元，享有1%的投票权，初期储备资金为10亿美元；设计和实施激励方案，包括向成员分发此类激励措施；制定协会的社会影响力补助计划等。Libra虽然最早由Facebook发起，但在协会中并没有特殊地位，只在早期负责筹备事宜，在 2020 年前决策权将被转移到 Libra 协会。Libra 协会的规章制度旨在保证成员平等性和开放性，每个成员享有 1‰ 的投票权。由于各成员在 Libra 协会框架之外，还可能存在合作和竞争，其关系更类似于"网络组织"。Libra 协会本质上是一种多中心化的治理结构，在区块链组织从去中心化向多中心化结构演进的同时，传统商业组织也在从中心化向多中心化演化，二者在历史的坐标上达到了相对平衡。

尽管从注册地、运作理念、操作模式等方面来看，Libra 是一个全球性的多中心项目，但是当前 28 个协会成员大多是美国企业。虽然投票机制设置较为公平，但美国企业已经掌握四分之一左右的投票权，可以预见的是继续吸纳的成员里美国企业仍然会占相当比例，这降低了 Libra 的全球化属性。自 2008 年国际金融危机以来，全球格局发生了深刻改变，单一法定货币主导的国际货币金融体系愈发难以适应世界经济发展的内在要求，以世界贸易组织（World Trade Orgnization，WTO）、IMF 和世界银行为代表的三大经贸组织同样存在发达经济体和发展中经济体权责不相匹配的问题，非美国企业加入 Libra 协会也很有可能会面临决策权被美国企业垄断而仅仅存在形式上民主的局面。

Libra 对各国法定货币的影响不尽相同，对美元的综合效应可能表现为信用增强效应，对欧元、日元、英镑的综合效应可能表现为信用减弱效应，而对币值不稳的小国的主权信用则可能具有摧毁作用。不管从市场因素还是监管因素考虑，Libra 采用的抵押资产都会以美元为主。当前 SDR 一篮子货币中美元权重为 41.73%，但全球央行外汇储备中美元占比远大于其在 SDR 中的权重。根据 IMF 的数据，全球央行美元外汇储备占比呈现长期下降趋势，从 2000 年的 72% 下降到 2018 年的 61.7%。鉴于 28 个 Libra 协会会员大都是美国企业，美国监管层对 Libra 保持较高程度的影响，预计美元资产占比也会高于 60%。整体而言，Libra 对美元存在两个维度的效应：从国际结算维度而言，Libra 与美元存在竞争关系；但从储备资产维度看，Libra 和美元则互相支持。存托在美国境外金融机构发行的 Libra 代币本质上是离岸美元。美国曾在过去较长时间内丧失了离岸美元的定价权，一度导致美元离岸市场同业拆借利率无法反映真实的融资成本，Libra 对于美国重新掌控美元离岸市场定价权具有积极意义。从美国国内视角来看，Libra 是以硅谷为聚积地的科技企业第一次以群体的形式染指华尔街的金融权力，在金融科技（Fintech）的金融和科技两个维度中，科技有渐强之势。

然而，对于美元外的法定货币，尤其是币值不稳的法定货币，Libra 可能会产生货币替代效应。在 20 世纪 70 年代的拉美国家和 20 世纪 90 年代的苏东国家都曾发生较大规模的货币替代，其中以"美元化"为主。进入 21 世纪后，尽管全球美元化的程度有所降低，但发生过严重通货膨胀国家（如委内瑞拉、阿根廷）的居民仍具有较强的持有美元资产的动机。同时，这些国家也已考虑利用数字货币对抗恶性通货膨胀，2018 年 2 月委内瑞拉以石油为价值支持的数字币正式对外发售。但从实际效果而言，非锚定型数字货币在价格稳定方面表现均不如美元等强势法定货币，Libra 会对 2008 年国际金融危机后再次流行的资本管制政策造成冲击，提高通货膨胀国家居民获得稳定货币的便利性，再次加剧货币替代，并对这些国家货币金融体系产生较大冲击，甚至有可能取代其主权信用。Libra 对于欧元、英镑、日元等国际化法定货币也具有一定的冲击，但作为 Libra 一篮子货币，对其冲击将表现为替代效应和增强效应的综合效应。

从 Libra 的设计机制来看，它可能会增大全球系统性风险：第一，Libra 本质是一个全球影子银行，存在货币错配和期限错配。用户倾向于将单一货币兑换成 Libra 代币，但 Libra 代币却基于一篮子货币计价，在资产端和负债端存在货币错配。此外，用户可随时向经销商双向兑换 Libra 代币，但 Libra 资产池具有一定的投资期限，经销商和 Libra 协会无法实现时时兑换，这导致了期限错配。同时，货币错配和期限错配可能会相互强化，加剧错配程度和金融不稳定性。第二，Libra 经济系统存在无风险套利的空间。用户持有 Libra 代币没有利息，Libra 的储备资产池被托管在金融机构中会产生投资收益，投资收益将被支付运营成本、确保低廉的交易费用以及为协会会员分红。存在剩余收益为资金加杠杆进入 Libra 体系进行套利提供了动机，Libra 没有发行规模限制，若规模过大可能会导致系统性风险。如果储备池资产为追求较高投资收益而采取相对激进的策略，那么当面临集中大额赎回时则可能无法完成兑付，进而折价出售储备资产，导致恶性循环，引发流动性危机。要避免这一情况须对 Libra 资产储备池按照类型、信用评级、期限、流动性以及集中度等进行审慎监管。第三，Libra 可能加剧跨境资本流动风险，并导致监管套利。Libra 基于区块链上的地址而不是银行账户进行转移，天然具有跨境属性。在美元进入降息周期时，美元为全球金融市场提供流动性，并不断加杠杆；在美元进入加息周期后资本发生反向流动，并有可能造成当地金融系统崩溃。在 2008 年国际金融危机后，经济学界一改 1998 年亚洲金融危机前对资本账户自由化一边倒的支持，重新思考资本管制的必要性。Libra 可能会削弱资本管制政策，增大跨境资本流动风险。此外，Libra 全球化运营的特征为其利用不同国家法律和政策进行套利提供了空间。第四，Libra 可能会导致洗钱、恐怖融资、偷税漏税和欺诈等方面的风险。Libra 用户接入的低门槛和代币流通的跨国界会带来此类风险，尽管金融机构可通过了解客户（know-your-customer，KYC）、反洗钱（anti money laundering，AML）、反恐怖主义融资（combating the financing of terrorism，CFT）等准则规避相关风险，但仍然无法杜绝冒名注册等问题，消费者保护及金融健全性规则亟待建立。

本扩展阅读从内涵和价格稳定方式、技术特征、治理机制等方面对 Libra 这一引起全球广泛关注的数字货币项目进行了经济学分析，Libra 基于开源区块链技术，试图将分布式、低成本的跨境支付清算带到现实中。并且 Libra 币值不与单一货币挂钩，而是以不同货币计价的一篮子资产为基准，这使得 Libra 币拥有一定超主权货币的特征。此外，Libra 以真实资产储备为支撑，参照法定货币稳定的设计，白皮书中规定每新创造一个 Libra 币一定要按 1∶1 的比例用法定货币购买，并将补上的法定货币转入储备资金中。Libra 还有一个兼顾了约束和效率的设计，就是"Libra 协会-授权商"双层运营架构，这个双层架构和"中央银行-银行"双层架构有一定的相似性。独立的 Libra 协会作为治理主体，协会中最新的 21 家初始成员包括 Lyft、Uber 等大型数字经济企业，同时 Libra 协会将主要加密货币商行和顶级银行机构设置为授权经营商，同样是按 1∶1 的比例"制造"和"销毁"Libra 币。考虑到 Facebook 以及 Libra 协会成员背后庞大的用户人群和纷繁复杂的数字经济生态，Libra 计划很有可能对全球经济金融系统产生巨大的影响。面对 Libra 带来的冲击与挑战，我国应积极应对，以求在数字经济的国际竞争中处于优势地位。

◀ 本章小结 ▶

　　本章作为本书的第二章，主要介绍了区块链的基础理论，从区块链的几个基础概念——中心化信息系统、点对点信息系统、签名技术和信息加密出发，详细阐述了这些基础理论实现区块链透明可信、防篡改、防追溯、隐私安全保障、系统高可靠等特性的原理。然后按不同标准将区块链分类，详细阐述了公有链、私有链和联盟链的特性。同时，在扩展阅读中增加了全球数字货币 Libra 的介绍，让读者了解到最新的数字货币趋势。

　　关键词：中心化信息系统、点对点信息系统、公有链、私有链、联盟链

◀ 思考题 ▶

　　1. 随着比特币得到越来越多人的认可和使用，发生的比特币交易数量也与日俱增。随着交易的增多，兑换就成为一个刚性需求，因此交易所是比特币产业链上不可缺少的重要一环。请同学们查阅相关资料，描述一下比特币历史中一些重要的交易所以及目前交易所的格局。

　　2. 比特币作为数字货币中的翘楚，其全球影响力较大，使用人数也较多。发行作为比特币产业链中的最上游，也就是中本聪所定义的"挖矿"，值得了解一下。请同学们查阅相关资料，了解并描述一下"挖矿"的历史和现况。

第三章

区块链核心技术

本章旨在解释区块链相关的重点概念并梳理整体逻辑框架。第一节将从宏观角度介绍区块链的各层概念构架以及相互之间的联系，随后我们将逐节介绍其中涉及的理论知识，尤其最底层数据层部分的概念。这对于我们理解整个区块链体系的知识构架极为重要。

第一节　区块链基础概念架构

区块链技术的概念模型由自下而上的六层基础架构组成，分别为数据层、网络层、共识层、激励层、合约层和应用层组成，如图 3-1 所示。

第一层是数据层，封装了底层数据区块的链式结构，以及相关的非对称公私钥数据加密技术和数字签名等技术，这是整个区块链技术中最底层的数据结构；第二层是网络层，包括 P2P 组网机制等，P2P 组网技术早期应用在 BT 这类 P2P 下载软件中，这就意味着区块链具有自动组网功能；第三层是共识层，封装了网络节点的各类共识机制算法，共识机制算法是区块链的核心技术，因为这决定了到底是谁来进行记账，而记账决定方式将会影响整个系统的安全性和可靠性；第四层是激励层，目的是刺激区块链网络平稳运行和发展的激励措施，包括发行机制和分配机制；第五层是合约层，是区块链技术的可编程实现，通过各类脚本、算法和智能合约，完成对区块链技术的个人独特改造；第六层是应用层，是建立在底层技术智商的区块链的不同应用场景和案例实现。接下来的几个小节将逐层讲解各层架构所涉及的基础概念，重点将放在理论名词的讲解上，具体应用到后续章节会再次涉及。

图 3-1 区块链知识框架

第二节 数据层基本概念

现有的区块链平台数据结构逻辑大致如下：时间戳服务器对新建文档、当前时间以及指向之前文档签名的哈希指针进行数字签名，后续文档又对当前文档签名再次进行签名，如此循环，就形成了一个基于时间戳的证书链。该链反映了文档创建的时间顺序。区块链中每个区块包括区块头和区块体两部分，区块体存放批量交易数据，区块头存放 Merkle 根、前一区块、时间戳等数据。具体结构如图 3-2 所示。

下面将逐个介绍相关概念，我们从最基本的哈希算法讲起。

一、哈希算法

哈希算法可以作为一个很小的计算机程序来看待，无论输入数据的大小及类型如何，它都能将输入数据转换成固定长度的输出。哈希算法在任何时候都只能接受单条数据的输入，并依靠输入数据创建哈希值。根据最终产生哈希值的长度不同，计算机专家们创

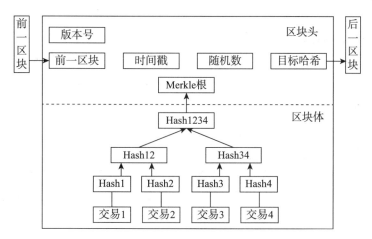

图 3 - 2　区块数据结构

建了多种哈希算法。其中一类重要的哈希算法被称为加密哈希算法，它能够为任何类型的数据创建数字指纹。

假设你打开一个可生成哈希值的网页工具，此时，你在输入框中输入"Hello World"时，点击计算哈希值的功能按钮，那么此时输出框会根据不同的哈希算法对输入值进行计算而后得到不同的哈希值（哈希值都是由 0 至 9 的数字和 A 至 F 的英文字母组合而成，即十六进制数）。我们假设"Hello World"这段文本在经过哈希算法处理后得到的值为"BAF278"。

现在，我们已经明白了哈希算法最基本的运行逻辑。然而，上述这个简单的例子只是一个独立的字符串产生一个对应哈希值的过程，在实际中，我们常常会遇到一组数据产生一个哈希值的场景。此时，我们会将以下模式运用到哈希值的生成中：

（1）独立哈希；

（2）重复哈希；

（3）组合哈希；

（4）顺序哈希；

（5）分层哈希。

（一）基本分类

现在，我们已经明白了哈希算法最基本的运行逻辑。然而，上述这个简单的例子只是一个独立的字符串产生一个对应哈希值的过程，在实际中，我们常常会遇到一组数据产生一个哈希值的场景。此时，我们会将以下模式运用到哈希值生成中：

1. 独立哈希

独立哈希指的是将哈希算法独立运用在这一组数据的每一个数据块上。上面的例子假设不变，将"Hello"和"World"分别以同样的哈希算法处理，得到二者对应的哈希值"18D26C"和"9EF832"。

2. 重复哈希

根据上面举的两个例子，我们可以充分地理解到，哈希算法可以将任意数据块转化成对应的哈希值，那么得到的哈希值也一样是可以被处理的数据，因而我们就有了重复哈希。重复哈希就是将哈希算法重复作用于数据块的结果。那么，对字符串"Hello World"的哈希值"BAF278"进行再处理之后得到的哈希值"15DFC4"即为原数据的重复哈希值。

3. 组合哈希

组合哈希的目的是使多个数据块组成的数据组生成单个哈希值。组合哈希的原理就是将所有数据按照合理的方式组合起来，生成一个新的数据块，而后对该数据块生成哈希值。在上例中，"Hello World"为单个单词连接起来，并在二者之间加上空格，对其生成哈希值。然而，"Hello"和"World"之间若是有"♯"或者"&"连接，那么生成的哈希值与用空格作为连接点时又是不同的。

4. 顺序哈希

顺序哈希是随着新数据的产生，将已生成的哈希值进行更新的哈希值生成方法，其实该方法可以看成是组合哈希和重复哈希的叠加。它的原理是将已有数据的哈希值和新的数据结合为一个数据块，而后计算出数据更新后的哈希值。顺序哈希的优点是，随着时间的推移，在每一个数据更新的时间节点上都有一个哈希值。那么，给定任意时间点，我们都可以追溯相应的哈希值，以及该哈希值对应的原数据。在上例中，"Hello"产生哈希值"18D26C"，等到新数据"World"到达，它将和现有的哈希值合并，然后再一次生成哈希值。哈希值"7AC24B619"即为新生成的"Hello World"对应的哈希值。

5. 分层哈希

分层哈希依然是组合哈希和重复哈希的叠加，但原理和顺序哈希有所不同。其原理是将一组数据中数据块单独进行处理，得到对应哈希值后，将哈希值进行组合再度生成哈希值。不过，分层哈希只在每个步骤中组合两个哈希值。

（二）哈希算法的特性

一个优秀的哈希算法要具备正向快速、输入敏感、单向性、强抗碰撞等特征。

（1）正向快速：正向即由输入计算输出的过程，对给定数据，可以在极短时间内快速得到哈希值。例如当前常用的SHA256算法在普通计算机上一秒钟能做2 000万次哈希运算。

（2）输入敏感：输入信息即使发生极其微小的变化，重新生成的哈希值与原哈希值也会有天壤之别，并且完全不能通过对比新旧哈希值的差异，再由经修改后的数据推测出原数据。正是因为如此，通过哈希值可以很容易地验证两个文件内容是否相同。该特性也使得哈希值被广泛应用于错误校验。在网络传输中，发送方在发送数据的同时，发送该内容的哈希值。接收方收到数据后，只需要将数据再次进行哈希运算，对比输出与接收的哈希值，就可以判断数据是否损坏。

（3）单向性：单向函数不能通过任何输出值来推导出输入值。该特性是哈希算法安全性的基础，也因此是现代密码学的重要组成部分。哈希算法在密码学中的应用很多，此处仅以哈希密码举例进行说明。当前生活离不开各种账户和密码，但并不是每个人都有为每个账户单独设置密码的好习惯，为了方便，很多人在多个账户中均采用同一套密码。如果这些密码直接以明文保存在数据库中，一旦数据泄露，则该用户所有其他账户的密码都可能暴露，造成极大风险。因此，一般网站在后台数据库都仅保存密码的哈希值，每次登录时，计算用户输入密码的哈希值，并将计算得到的哈希值与数据库中保存的哈希值进行比对。由于相同输入在哈希算法固定时，一定会得到相同的哈希值，因此只要用户输入密码的哈希值能通过校验，用户密码即得到了校验。在这种方案下，即使数据泄露，黑客也无法根据密码的哈希值得到密码原文，从而保证了密码的安全性。

（4）强抗碰撞性：即不同的输入很难产生相同的哈希输出。当然，因为哈希输出数量是有限的，而输入却是无限的，所以不存在永远不发生碰撞的哈希算法。不过，哈希算法仍然被广泛使用，只要算法保证发生碰撞的概率足够小，通过暴力枚举获取哈希值对应输入的概率就更小，代价也相应更大。只要保证破解的代价足够大，那么破解就没有意义。就像我们购买双色球时一样，虽然我们可以通过购买所有组合保证一定中奖，但是付出的代价远大于收益。优秀的哈希算法需要保证找到碰撞输入的代价远大于收益。

（三）常见的哈希算法

哈希算法的方式有多种，在大数据存储系统中主要是对文件名称和存储路径做哈希算法处理，由此来决定数据的存储方式。当下，主流的哈希算法有字符串哈希算法、MD4 算法、MD5 算法、安全哈希算法等。

1. 字符串哈希算法

常见的字符串哈希算法有 BKDRHash 算法、DJBHash 算法、RSHash 算法、SDBHash 算法、APHash 算法、ELFHash 算法、PJWHash 算法等。其中最著名的就是 BKDRHash 算法，也就是将字符串变成数值，并且最后变成的数值是一个 P 进制的数（一般取 131 或者 13331），一般来说 P 最好为素数。

2. MD4 算法

MD4 算法是哈希算法应用已经较为成熟的一种，它是罗纳德·L. 里韦斯特（Ronald L. Rivest）教授在 1990 年设计的用于快速计算的哈希函数。"MD"是"Message Digest"的缩写，是指消息摘要的意思。MD4 算法可以对任意长度不超过 264 比特的消息进行处理，生成一个 128 比特的哈希值。消息在处理前，应先进行填充，保证 Message Digest 的填充后比特位长度是 512 比特的整数倍。填充结束后，利用迭代结构和压缩函数来顺序处理每个 512 比特的消息分组。MD4 本身存在安全性的问题，曾有过被破译的情况，但是就整个 MD4 算法来说并没有完全被破译。在此之后罗纳德·L. 里韦斯特对 MD4 中存在的漏洞进行了改进。MD4 算法为之后的 MD5 算法、SHA-1 算法等提供了很好的理论基础。

3. MD5 算法

MD5 算法是 MD4 算法的升级版。相信参加过数学建模竞赛的同学对"MD5 码"这个名词应该不会陌生。这里的 MD5 就好比文件的"标签"。在上传论文时，为了保证论文未经莫名篡改，会先上传根据文件内容生成的对应的 MD5 码，随后，再将未经修改过的原稿上传至系统。倘若上传 MD5 码后又对文件进行过修改，那么等到上传文件时系统就会显示 MD5 码与文件无法对应。

MD5 算法也是罗纳德·L. 里韦斯特提出的，它与 MD4 算法相比，安全性有了很大的提升。在 MD5 算法中原始消息的预处理操作和 MD4 是完全相同的，都需要进行补位、补长度操作，它们的信息摘要的大小都是 128 比特。MD5 在 MD4 的基础上又增加了一轮计算模式，完善了访问输入分组的次序，从而减小其对称性和相同性。通过这些变化，使得 MD5 与 MD4 相比变得复杂很多，整个运转速度也要慢于 MD4，但是整体的安全性和抗碰撞性得到了增强。

4. 安全哈希算法

此处要介绍的安全哈希算法由美国安全局设计，目前主要有 SHA-1、SHA-224、SHA-256、SHA-384 和 SHA-512 等几种算法。这几个算法就好比不同型号的数据压缩机器，它们的内部构建有些许不同，主要表现在最后产生的散列值的长度不同，随着散列长度的增加，安全性是不断改善的，但是计算量也会随之增大。

SHA-1 算法是在 MD5 的基础上发展而来的，SHA 即为安全哈希算法（Secure Hash Algotithm，SHA）。SHA-1 算法是 1993 年由美国国家标准与技术研究院（National Institute of Standards and Technology，NIST）开发的，其主要功能是从输入长度不超过 264 比特的明文消息中得到长度为 160 比特的摘要值。SHA-1 算法通过计算明文消息得到固定长度的信息摘要，只要原始信息改变，摘要也随之改变，而且变化会很大，这种变化很难会从原始信息的变化找到对应关系。因此，SHA-1 算法广泛应用于互联网协议和安全工具中，包括 IPsec、PGP、SSL、S/MINE、SSH 和 TLS 等。SHA-1 的计算类似 MD4 的算法原理，它的填补和分组方式是和 MD5 算法相同的。不过，SHA-1 的安全性相对于 MD4、MD5 更强，且运算速度也有所提升。

2002 年，NIST 发布了 FIPS PUB 180-2，定义了 SHA-224、SHA-256、SHA-384 和 SHA-512，统称为 SHA-2。和 SHA-1 相比，SHA-2 具有更高的安全性。SHA-224 和 SHA-256 的消息块大小、内部操作位宽以及最大消息长度都和 SHA-1 一样；但是，SHA-224 产生的摘要长度是 224 比特，SHA-256 长度是 256 比特。SHA-384 和 SHA-512 把消息块大小增加到 1 024 比特，内部的运算变成基于 64 位的，运行的输入消息的最大长度也增加到 2128-1 比特。SHA-384 产生的摘要长度是 384 比特，SHA-512 产生的摘要长度是 512 比特。

（四）哈希引用

根据哈希值来检测数据变化，是哈希算法最直观的应用。计算并对比数据的哈希值，倘若数据的哈希值不同，那么相应地，原数据也就不同，当然这一切都建立在哈希算法的强抗碰撞性之上。在区块链技术中，检测证明类文件或者交易数据等重要数据是不应被轻易篡改的，而哈希算法主要被应用于检测这些数据在发给别人或者存储到数据库之后是否发生了改变。从具体原理上来说，计算前后两次数据的哈希值，若哈希值相同，则数据未发生改变，反之则数据被篡改。

哈希引用对应原数据，能证明数据自创建之后就没有发生过改变。如果数据发生改变，哈希引用就会阻止对数据进行引用，同时这些数据会被视为无效。哈希引用的作用就是防止用户使用系统误操作或者人为破坏后的错误数据。因此，哈希引用被应用在许多需要维持数据原貌的场景中。

哈希引用的原理就好比我们去超市时寄存东西。我们在将东西放入寄存柜后，会获得一张标记了条形码的小票，我们需要扫描这个条形码才能打开寄存柜取走我们的物品。那么，柜内物品相当于是原数据，小票上的条形码就相当于原数据对应的哈希值，哈希引用能证明原数据自创建之后就再没有发生改变。如果数据遭到篡改，那么哈希引用就会阻止你继续读取数据，并将此刻的数据视作无效。这就好比寄存柜打印出的小票所对应的柜子里已经没有你的物品了，那么寄存柜将无法返还你寄存的物品。

接下来，我们将详细地以图来展示哈希引用是如何维护数据原貌的。

图 3-3 左图中，灰色的圆圈 A_1 代表一个有效的哈希引用。白色长方形代表原数据 S_1。直箭头代表这个哈希引用此时还是有效的。

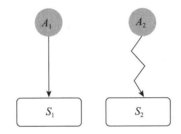

图 3-3　有效哈希和无效哈希引用的图示

在图 3-3 右图中，白色长方形内的数据遭到了篡改，变为了 S_2。此时弯折的箭头代表因数据遭到篡改而使哈希引用变得无效，用户将无法通过它读取数据。

这样，用户就可以及时发现数据遭到了篡改。

接下来我们来介绍两种经典的使用哈希引用的方式。

1. 哈希引用-链状结构

相互关联的数据形成的链又被称为链表，链表中的每份数据都包含其他数据的哈希引用。假设现有一个初始数据 D_1，后续还会获得很多数据 D_2、D_3 等。那么应该如何建立一个安全有效的数据结构去存储它们？这时链状结构就出现了。这种存储数据的结构尤其适用于不能一次性获取所有数据的情况。当需要存储新数据 D_2 时，可以建立一个哈希引用 R_1，通过 R_1 将数据 D_1 和 D_2 连接在一起。而后，当需要存储新数据 D_3 时，再建立哈希引用 R_2，将 D_2 与 D_3 连接起来……如此一来，就可以建立一个可延长的数据链条，并通过各个数据之间的哈希引用保证它们不会被篡改，且易查找。假设现在已有一条包含 10 个数据的链表，最后的 R_{10} 我们称之为链头，它对应着最新存储的数据 R_{10}。整个链表的数据结构如图 3-4 所示。

图 3-4　链状结构

2. 哈希引用-树状结构

该类数据结构是由科学家默克尔（Merkle）提出的，故我们将它称为 Merkle 树。如图 3-5 所示，我们先将底部的原数据分别进行哈希引用，得到 R_1、R_2、R_3、R_4。随后，我们对这些哈希引用进行分组，对这两组哈希引用再进行一次哈希引用，然后我们重复这个过程直到最后只有一个哈希引用，即 Merkle 树的根 R_0。我们在追溯数据时，就可以从 R_0 找起，根据相应的哈希引用一直找到底层对应的原数据。总结下来，就是我们通过哈希引用把所有数据连接到一起，这样，数据一旦被修改，对应的哈希引用就不再完整。因此，只要哈希引用被发现不再完整，那就说明树状结构中的数据被修改过。反之，我们就可以认为数据没有被修改。

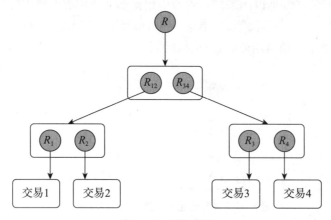

图 3-5 树状结构

总的来说，哈希引用将所有数据都连接到了一起，其连接机制保证了任何数据有所改变都会被及时发现。数据被修改后，对应的哈希引用就不再完整。因此，只要发现哈希引用遭到破坏就说明树状结构中的数据被修改了，反之，就可以判定数据在被存储好后没有遭到篡改和破坏。

二、非对称加密

密码学的应用是为了确保数据安全，防止未经授权的人非法获取数据甚至篡改数据。这就好比我们在家门上配锁一样，是为了保证家中财物的安全，那么相应地，与钥匙类似，在密码学中密钥是我们确保数据安全的关键。

在密码学中，数据上锁叫作加密，开锁即为解密。我们就是通过数据加密和解密的对应关系来阻止数据遭到非法访问的。经过加密后的数据与原数据没有区别，只有掌握密钥的人才能以正确的方式获取加密数据。

（一）对称加密与非对称加密

提到加密方式，人们最先想到的，可能是数据上传者和数据访问者掌握同一种密钥。那么，在数据被上传并加密后，如果想访问数据，就用同一种密钥进行解密从而访问加密数据。这种加密方法就是对称加密。

然而，对称加密的方法仍不够安全，尤其是当需要限制不同群体的读取写入权限时，这种加密方式就显得有些简单了，于是就有了非对称加密。

非对称加密的核心逻辑就是加密和解密采用不同的密钥。具体来讲，如果我们采用密钥 A 来加密数据，那么解密的时候就必须采用密钥 B 进行解密，仍使用密钥 A 解密是不行的。反之，如果使用了密钥 B 对数据进行加密，就只能用密钥 A 解密数据。这里密钥 A 和密钥 B 就构成了一种非对称加密。

（二）具体原理

由上一小节我们可以看出，非对称加密的优点在于将加密数据和解密数据的人分开，严格限制不同群体的访问权限。在现实中使用非对称加密时，我们一般会发放两种密钥，这两种密钥分别为公钥和私钥。公钥是人人都可备份的，而私钥是非公开的。目前有两种使用公私钥的方法，它们的区别在于数据流通的方向：（1）由公开到私密；（2）由私密到公开。接下来我们将展开介绍。

（1）由公开到私密。在通过这种方式匹配公私钥时，数据的写入权限是由公钥支配的，而数据的读取权限是由私钥支配的。举个例子，投票时大家都根据指示将选票投入箱中，但只有负责公证的人员才有打开票箱的钥匙，从而获取选票信息。在这里，票箱位置为公钥，票箱钥匙即为私钥。总结一下，就是人人都可以用公钥创建加密数据，但能够读取数据的人只有私钥的拥有者。

（2）由私密到公开。在通过这种方式匹配公私钥时，数据的写入权限是由私钥支配的，而数据的读取权限是由公钥支配的。举个例子，论坛的公共信息栏的消息发布是由论坛的管理员负责的，而他写入的消息是可以被全论坛看见的。在这里，论坛消息栏地址为公钥，管理员 ID 密码即为私钥。也就是说，私钥的拥有者掌握了可以写入数据并加密的权限，而大家通过公钥只能读取加密数据。

（三）优点与缺陷

公钥密码采用的加密密钥和解密密钥是不同的。因为加密的密钥是向所有人公开的，密钥的分配和管理就很简单，而且能够很容易实现数字签名，因此最适合于电子商务的需要。其主要优点有：（1）密钥分配简单；（2）密钥保存量少；（3）可以满足互不相识的人进行私人交流时的保密需求；（4）可以完成数字签名。

不过，在实际应用里公钥密码并未完全取代私钥密码，是因为公钥密码存在如下缺陷：（1）公钥是针对大数进行操作的，计算量较为庞大，计算速度远远不及私钥密码制；（2）公钥密码中有相当一部分信息需要对大众公开，这会对系统产生一定的影响；（3）公钥文件一旦被更改，那么公钥就会被攻破，失去其保护文件安全性的作用。

（四）非对称加密在区块链中的技术应用

非对称加密在区块链中主要用于实现以下两个步骤：（1）确认账户；（2）授权交易。区块链需要确认用户的账户信息，这样才可以保证每位用户与其所有财产之间的对应关系。用户账号即为公钥，系统各个用户可以使用公钥来确认账户以向其中转移财产。这个逻辑类似于现实生活中的转账。我们掌握某人对应的银行账号后，就可以直接通过银行系统对其进行汇款，但我们并不要知道该用户银行的账户密码，那是私钥，是该用户用来登录从而查看自身账户情况并进行转账等操作的。掌握公钥在这里只能用作发送操作。

用户只有授权交易，才能转移资产的所有权。这样的信息传递需要告知系统里的所有人以记录账本，而这样的过程就需要用到非对称加密技术。用户利用私钥加密交易数据，任何拥有与之对应公钥的人，都可以确认这笔资产所有权转移的交易已发生。上述过程就是数字签名的简要内容，我们在后面会详细讲解。

（五）混合加密机制

混合加密机制同时混合了对称加密和非对称加密。

混合加密机制的原理如下：先用计算复杂度高的非对称加密协商出一个临时的对称加密密钥（也称会话密钥，一般相对于所加密内容而言要短得多），然后双方再通过对称加密算法对传递的大量数据进行加密解密处理。典型的应用案例是现在大家常用的 HTTPS 协议。

采用 HTTPS 协议建立安全连接的基本过程如下：

（1）客户端浏览器发送消息到服务器，包括随机数 A_1、支持的加密算法类型、协议版本、压缩算法等。该过程为明文。

（2）服务端返回信息，包括随机数 A_2、选定加密算法类型、协议版本以及服务器证书。该过程仍为明文。

（3）浏览器检查带有该网站公钥的证书。该证书需要第三方 CA 来签发，浏览器和操作系统会预置权威 CA 的根证书。若 CA 的证书遭人篡改（中间人造假），很容易就可以通过 CA 的证书验证出来。

（4）如果证书没问题，那么客户端就把服务端证书中的公钥加密随机数 A_3 发送给服务器。此时，只有客户端和服务器都拥有 A_1、A_2 和 A_3 信息。基于随机数 A_1、A_2 和 A_3，双方用伪随机数函数来生成共同的对称会话密钥。

（5）后续客户端和服务端的通信主要通过对称加密算法来保护。

这个过程的主要目的是在防止中间人篡改和窃听的前提下完成会话密钥的协商。为了保障前向安全性，对每个会话连接都可以生成不同的密钥，避免某次会话密钥泄露后影响其他会话的安全。

（六）对称加密算法的代表——DES 算法

DES 算法是迄今为止最典型的对称加密算法，在许多领域都有广泛的应用，是分组密码的代表之一。DES 算法是对称密码的一种，由美国 IBM 公司研制，对于密码学的理论发展具有巨大的推动作用，它包含 64 位明文、64 位密钥，不过实际参与运算的只有 56 位数据，其中 8 位被用于奇偶校验，明文和密钥进行一系列的置换等运算后，最终加密数据。然而，自从该算法被提出以来，各方面的安全性威胁也接踵而至，比如穷举攻击、选择明文攻击等。接下来我们将详细讲解 DES 算法的原理。

1. DES 算法的原理

DES 算法主要分为三个步骤：（1）明文变换。先对输入的 64 位明文进行初始的置换步骤，得到置换后的明文 X。X 仍为 64 位，只不过是将信息的排列顺序进行了改变，随后，将 64 位置换后的明文等分为左右两个部分 L 和 R，分别表示 X 的左 32 位以及右 32 位。（2）迭代输出。将输入的 64 位明文分为两组后，进行多轮加密。每一轮加密的算法都是相同的，将上一轮的 L_{i-1} 和 R_{i-1} 作为下一轮的输入，输出 32 位的 L_i 和 R_i，迭代规则为 $L_i = R_{i-1}$，$R_i = L_i \oplus f(R_{i-1}, K_i)(i=1,2,\cdots,16)$，这里 f 是一个置换函数，其中包括 E 变换、S 盒和 P 变换等。符号 $\oplus$ 代表异或。（3）经过逆置换表 IP^{-1}，得到密文 Y。

此处有几个细节要着重说明一下，首先是 IP 置换和 IP^{-1} 逆置换，这些置换只是改变了明文信息的排列顺序。在迭代 16 轮解密后，对输出的结果进行 IP^{-1} 逆置换，这样才能得到最终的密文。具体使用的置换表如表 3-1 所示。这里的置换其实没有很强的加密效果，主要还是为了防止仿真攻击。

表 3-1 IP 置换表

58	50	42	34	26	18	10	2	60	52	44	36	28	20	12	4
62	54	46	38	30	22	14	6	64	56	48	40	32	24	16	8
57	49	41	33	25	17	9	1	59	51	43	35	27	19	11	3
61	53	45	37	29	21	13	5	63	55	47	39	31	23	15	7

由上面的置换表可以发现，明文的顺序都被打乱了，比如，第 58 位的明文变成了第 1 位，第 50 位的明文变成了第 2 位，依此类推。L_0、R_0 分别为换位输出后的左 32 位和右 32 位，即原本的 64 位明文 $A_1 A_2 \cdots A_{64}$，在经过初始置换后，左 32 位为 $A_{58} A_{50} \cdots$，右 32 位为 $A_{57} A_{49} \cdots A_7$。

就这样，经过了 16 次的迭代运算，我们得到了 L_{16} 和 R_{16}，将其作为输入值对照逆置换表进行 IP^{-1} 逆置换。该逆置换即为初始 IP 置换的逆运算，那么，则 IP^{-1} 逆置换表如表 3-2 所示。

表 3-2 IP^{-1} 逆置换表

40	8	48	16	56	24	64	32	39	7	47	15	55	23	63	31
38	6	46	14	54	22	62	30	37	5	45	13	53	21	61	29
36	4	44	12	52	20	60	28	35	3	43	11	51	19	59	27
34	2	42	10	50	18	58	26	33	1	41	9	49	17	57	25

其次是关于置换函数 f 方面的细节。f 函数先将 32 位的 R_{i-1} 进行 E 变换，所得结果与 48 位子密钥进行异或运算，而后再送入 S 盒进行压缩输出，压缩后的数据经过 P 变换后得到 32 位的输出结果。其中，E 变换对应的 IP 置换表如表 3-3 所示。

表 3-3 E 变换 IP 置换表

32	1	2	3	3	5	4	5	6	7	8	9	8	9	10	11
12	13	12	13	14	15	16	17	16	17	18	19	20	21	20	21
22	23	24	25	26	25	26	27	28	29	28	29	30	31	32	1

E 变换的运算是将 32 位的 R_{i-1} 进行位的扩展,转化成 48 位的数据,方便与后面 48 位的子密钥进行异或运算。输入 S 盒这一操作:经过 E 变换后的数据与子密钥进行异或运算,得到的 48 位数分成 8 组,每组 6 位,再送入 S 盒,S 盒对数据进行压缩输出。

再次是子密钥如何产生的细节。DES 算法共需 16 个 48 位的子密钥。假设原来的密钥为 K_1,K_1 的实际长度为 56 位,其中有 8 个奇偶校验位,56 位的密钥经过一系列变换形成所需要的 48 位密钥。

最后是 S 盒的工作原理。S 盒以 6 位作为输入,而以 4 位作为输出。现在我们以一个 S 盒——S_0 盒为例来说明这个过程。我们假设有 S_0 盒如表 3-4 所示。

表 3-4 S_0 盒

14	4	13	1	2	15	11	8	3	10	6	12	5	9	0	7
0	15	7	4	14	2	13	1	10	6	12	11	9	5	3	8
4	1	14	8	13	6	2	11	15	12	9	7	3	10	5	0
15	12	8	2	4	9	1	7	5	11	3	14	10	0	6	13

S_0 盒可以看成是一个 4×6 的矩阵,将本来输入的 6 位数据变成 4 位数据。S 盒共有 8 个,数据的首位和末位组成的二进制数为 S 盒的行,中间 4 位组成的二进制数为 S 盒的列,这样便可以得到一个矩阵的坐标,从而完成数据的压缩输出。

总而言之,DES 算法的解密过程就是加密的逆过程,在迭代时,使用子密钥的顺序与加密时恰好相反,算法本身并没有任何变化。

2. DES 算法的特点

(1) DES 算法加密速度很快,可以被应用于大量数据的加密。

(2) DES 算法的密钥长度只有 56 位,相对较短,因此算法是否保密对 DES 影响较小,主要还是要注意密钥保密。

(3) DES 算法对明文攻击抵抗性较差,具体来说,攻击者可以选择一些特定明文,让算法对选定的明文进行加密从而得到加密后的密文,而攻击者再通过密文反向推出关于算法的一些操作规则,甚至通过这种手段破解算法。

(4) DES 算法的实现目前主要还是在 S 盒上。S 盒是数据压缩转化的关键,一旦 S 盒的安全性无法得到保障,那么整个算法的安全性都将面临严峻考验。

(七)非对称加密算法的代表——RSA 算法

RSA 算法是传统的最流行的非对称算法。RSA 算法于 1978 年出现,是一种密钥保密、算法公开的加密方法,它是第一个既能用于数据加密又能用于数字签名的算法。算法的命名是由其发明者而来,罗纳德·L.里韦斯特、阿迪·萨莫尔(Adi Shamir)和伦纳德·阿德曼（Leonard Adleman）三人姓氏的开头字母组成了 RSA。迄今为止，要破解 RSA 算法只能采用暴力破解方式，且是在 RSA 密钥较短的情况下。当 RSA 算法的密钥长度达到 1 024 位时，它的安全性在实际应用中来说应该是足够的。在实际应用中，大部分 RSA 算法采用的都是 1 024 位的密钥，只有个别安全系数要求极高的系统才会采取 2 048 位的密钥。

1. RSA 算法的原理

第 1 步：RSA 产生公私钥对。具体思路如下：（1）选择两个不相等的质数 p 和 q；（2）计算 p 和 q 的乘积 n；（3）计算 n 的欧拉函数，称作 L；（4）随机选择一个整数 e，即公钥中用于加密的数字；（5）计算 e 对于 $\varphi(e)$ 的反元素 d，即密钥中用于解密的数字；（6）将 n 和 e 封装成公钥，n 和 d 封装为私钥。

第 2 步：RSA 加密。先对明文进行比特串分组，使得每个分组对应的十进制数小于 n，然后依次对每个分组做一次加密，所有分组的密文构成的序列就是原始信息的加密结果。

第 3 步：RSA 解密。解密算法为：$m=D(c)=d^d[mod(n)]$。

其中，m 表示明文，c 表示密文，e 表示加密密钥，d 表示解密密钥，$E(m)$ 表示加密函数，$D(c)$ 表示解密函数。

RSA 算法的安全性建立在大数的因数分解是困难的这一事实基础上，若 $n=p \times q$ 被因子分解，那么 RSA 加密算法也将被击破。因为若 p、q 已知，则 $\varphi(n)=(p-1) \times (q-1)$ 便可以求出，加密密钥 d 和解密密钥 e 也将因此被破解。因此，RSA 算法的安全性依赖于大数因子分解的困难性。

2. RSA 算法的特点

（1）RSA 算法需要大素数 p、q 来产生密钥，密钥产生速度较慢，因此对信息的加密速度也不会很快，故不适用于大量数据的加密。

（2）RSA 算法的安全性依赖于大数因子分解的困难性。不过，目前还没有什么可行性较高的办法来对大数进行可重复、可批量的快速分解，因此在实际应用领域，RSA 算法的安全性可以说是很高的。

（3）RSA 算法使用了公钥和私钥两把密钥。因为彼此之间没有什么联系，所以用户只需保护好私钥即可，因而 RSA 在数字签名方面适用性较高，消息接收方可以用私钥来验证信息是否被伪造和篡改。

三、数字签名

前面我们介绍了底层理论基础，接下来讲解其常见应用。本小节内容主要围绕数字签名和数字证书展开。我们先来介绍数字签名的相关内容。

（一）设计理念

数字签名是一种利用非对称加密技术进行交易授权的方法。

　　手写签名之所以在日常生活中被我们用作证明协议签署的有效性，是因为每个人的笔迹都是独一无二的，所以，我们可以通过以本人特定手写方式书写的签名判断出此人同意该协议的内容条款。那么，接下来，我们要介绍的区块链中的交易安全性保障就来源于此。

　　数字签名存在的意义是确保只有账户所有者才能转让账户资产所有权。数字签名可用于识别某一个特定账户，表明其所有者同意对特定交易数据进行授权，并允许对交易数据块进行添加操作。

（二）具体原理

　　数字签名的本质是通过特定算法对数据内容进行处理，获取一段用于显示该段内容的对应字符。一套数字签名算法要包括签名和验签两个过程。签名和验签的算法应当是配套的。

　　数字签名通常采用非对称加密算法。我们先要有一对公钥、私钥密钥对。私钥是消息发送者本人才有的，公钥是所有人都可以获得的。不同的私钥对同一段信息加密得到的数字签名也是不同的。接下来，我们将展开来讲一下数字签名的具体运作机制。

1. 创建数字签名

　　假设我想要向 A 发送一条内容为"Hello World"的信息，那么，我会创建这条问候语对应的哈希值，并使用我的私钥对其进行加密，这个问候语所对应的哈希值的加密文档即为我所发消息的数字签名。信息和数字签名都被放在一个文件中，构成了我向 A 发送的全部信息。

2. 验签

　　在这个包含我的"Hello World"信息以及对应数字签名的文件被发送至 A 手中后，A 可以使用我的公钥来验证该条信息是否真的来自我、内容是否有被篡改。注意，这里 A 使用的是公钥，也就是说，能否解锁我发的信息与对方是不是 A 没有关系，因为公钥是人人可以获得的。接下来，A 使用我的公钥解密数字签名，即问候语对应的哈希值加密而成的那个文档，得到一个哈希值；而后 A 再自己计算出看到的信息对应的哈希值。两个哈希值进行比较，如果一样，说明其看到的信息就是我要发送的信息"Hello World"；如果不一样，说明发送给 A 的信息中途被篡改了。

（三）数字证书

　　互联网数字证书是在互联网通信中证明网络使用人身份的字符串，网络用户在互联网上验证身份时会用到它。数字证书从本质上来说是一种标识，它的发行机构是证书授权中心（Certificate Authority，CA），授权后生成一个带有授权中心数字签名的、包含公开密钥和密钥使用者信息的文件。如果用户在电子商务的活动过程中安装了数字证书，那么即使其账户或者密码等个人信息被盗取，其账户中的信息与资金安全仍然能得到有效的保障。

　　数字证书一般采用公钥体制，即对一对相互匹配的密钥进行加密与解密。运作流程如下：（1）每个数字证书用户设定一把私钥，这把私钥将被用于信息解密与签名步骤中。同时再设定一把公钥，用于加密和验证签名步骤；（2）第三方 CA 介入，确定公钥的合法身份，并对数字证书进行签发操作，以防证书被伪造或者篡改；（3）发送方发出加密文件（已被公钥加工过的），随后接收方使用私钥对文件进行解密。

　　数字证书的作用类似于生活中的身份证。以身份证来类比，我们每个人都有身份证。本来从简单的角度来考虑，可以自己制作身份证，上面贴好自己的姓名、照片和户籍信息，这样就可向人证明自己的身份了。然而，一旦有人仿制身份证，身份便有可能被冒充，潜在的风险是难以估量的。因此，就需要一个具有足够权威的第三方来统一制作身份证。

第三节　P2P 网络

　　P2P，即 peer to peer，常被直译为点对点。是一种没有中心服务器、依靠用户群交换信息的互联网体系。与有中心服务器的中央网络系统不同，对等网络的每个用户端既是一个节点，又有服务器的功能。

　　传统的网络服务器大多是客户端/服务端（client/server，C/S）架构，即通过一个中心化的服务端节点，对多个申请服务的客户端进行应答服务。C/S 架构的优点就是结构简单、实现容易。然而，其缺点也很明显，由于中心节点需要存储所有节点的路由信息，当节点规模扩展时，就很容易出现性能瓶颈，而且也存在单点故障问题。那么，消除中心化的网络系统 P2P 就应运而生了。

　　P2P 的历史最早可以追溯到 1979 年杜克大学的汤姆·特拉斯科特（Tom Truscott）和吉姆·埃利斯（Jim Ellis）开发出的新闻聚合网络 USENET。到了 20 世纪 90 年代，世界上第一个大型的 P2P 应用网络 Napster 出现了，它被用于共享 MP3 文件。Napster 采用了一个集中式服务器提供所有文件的存储位置，而 MP3 文件本身仍存于个人电脑上。该网络系统内的用户可以通过集中式服务器查询目标文件的位置，再通过 P2P 网络中的对等节点进行下载。

一、　P2P 网络的运行原理

　　对等计算机网络（peer to peer networking，P2P 网络）中的每一个网络节点，所具有的功能，在逻辑上是完全对等的，全网无特殊节点，不存在谁是服务端、谁是客户端的问题；每一个节点在对外提供服务的时候，也在使用别的节点为自己提供类似的服务；在 P2P 网络中，每个网络节点具有相同的数据收发权限，也就是每一个节点都可以对外提供全网所需的全部服务；也正因如此，任何一个节点垮掉，都不会对整个网络的稳定性构成威胁。

　　而在区块链网络中，并不存在中心节点来记录并校验交易信息，这项工作是由网络中的所有节点共同完成的。当其中一个节点需要发起交易时，须明确目标网络位置、交易金额等信息，并将此交易信息随机发送到网络中的邻近节点，邻近节点在收到交易信息后，则会继续转发直至网络中所有节点均收到该笔交易信息。

因此，区块链系统之所以选择 P2P 作为其组网模型，就是因为两者的出发点都是去中心化，可以说具有高度的契合性。

二、 P2P 网络的特点

（1）可扩展性。在 P2P 网络中，用户可以随时加入、离开网络。而且随着用户节点的加入，系统整体的服务能力也在相应提高。例如，在 P2P 下载中，加入的用户越多，则 P2P 网络中提供的资源就越多，下载速度就越来越快。

（2）健壮性。由于 P2P 不存在中心化服务器，天生就具备耐攻击和高容错的特点。即使网络中某个节点被攻击或下线，也不影响整个系统的正常运行。因为 P2P 网络中每个节点都可以充当服务端的角色。

（3）高性价比。采用 P2P 结构的网络，可以有效地利用互联网中大量分散的普通用户节点。充分利用这些普通节点中闲散的中央处理器（central processing unit，CPU）、带宽、存储资源，从而达到高性能计算和海量存储的目的。

（4）隐私保护。在 P2P 网络中，由于信息的传输分散在各个节点之间，而无须经过中心服务器。这样就降低了用户隐私信息被窃听和泄露的风险。

（5）负载均衡。由于在 P2P 网络中，资源分散存储在多个节点上，每个节点又都可以充当服务器的角色，当某个节点需要获取资源时，只需要向相邻节点发送请求即可，这很好地实现了整个网络的负载均衡。

三、 P2P 网络的技术应用

（1）文件内容共享和下载。利用 P2P 技术可以使计算机之间不通过服务器直接进行内容共享和数据分发，使得互联网上任意两台机器间共享数据成为可能。例如 Napster、Gnutella、BT，以及现在的各大视频网站客户端等采用的 P2P 流媒体技术，使得播放速度更加流畅。

（2）计算能力和存储共享。基于 P2P 网络的分布式结构构造出分布式的存储系统实现存储共享，提供高效率、高性价比、负载均衡的文件存取功能，例如外国的 Sia、Storj 等分布式云存储平台，不依赖第三方大型集中存储空间，避免了数据泄露、保证了安全性。同时由于任何人的主机都可以提供存储服务，降低了门槛，大幅降低了存储的成本。

（3）基于 P2P 的即时通信。例如，Skype 通话软件就是采用 P2P 实现连接建立和数据传输的，保证了良好的越洋通话质量。

第四节 共识算法

一、共识算法简介

共识算法问题是计算机科学等领域的经典问题，目前有文献记载的可追溯至 1959 年埃德蒙·艾森伯格（Edmond Eisenberg）和戴维·盖尔（David Gale）发表的《主观概率的一致性：共识算法》，主要研究针对某个特定的概率空间，一组个体各自有概率分布时，该如何形成一个共识分布的问题。

计算机科学领域的早期公式研究一般聚焦于分布式一致性，即如何保证分布式系统集群中所有节点的数据完全相同并且能够对某个提案达成一致的问题，这是分布式计算的一个根本性问题。虽然说共识性和一致性在许多场景下可以近似为一样的概念，但二者还是有着细微差别的：一致性偏向于各个节点在共识过程最终达到的稳定状态；而共识研究则偏重于各个分布式节点达成一致的过程及相关算法。另外，传统的分布式一致性研究大多不考虑拜占庭容错问题，即初始假设里不存在恶意节点篡改和伪造数据的现象。

二、传统分布式一致性算法

早期的共识算法一般被称为分布式一致性算法。与目前主流的区块链共识算法相比，分布式一致性算法主要面向分布式数据库操作，并且大多不考虑拜占庭容错问题，即假设系统节点只发生宕机和网络故障等非人为问题，而不考虑恶意节点篡改数据等问题。

1975 年，纽约州立大学石溪分校的 E. A. 阿克云卢（E. A. Akkoyunlu）、K. 埃卡纳德汉姆（K. Ekanadham）和 R. V. 胡贝尔（R. V. Huber）在论文中首次提出计算机领域的两军问题及无解性证明，著名的数据库专家吉姆·格雷（Jim Gray）正式将该问题命名为"两军问题"。"两军问题"表明，在不可靠的通信链路上试图通过通信达成共识是不可能的。"两军问题"对计算机通信研究产生了重要的影响。

1980 年，马歇尔·皮斯（Marshall Pease）、罗伯特·肖斯塔克（Robert Shostak）和莱斯利·兰伯特（Leslie Lamport）提出了分布式计算领域的共识问题。该问题的主要内容是，在一组可能存在故障节点、通过点对点消息通信的独立处理器中，非故障节点如何能够针对特定值达成一致共识。1982 年，他们在另一篇文章中正式将该问题命名为拜占庭将军问题，提出了基于口头消息和基于签名消息的两种算法来解决该问题。此后，分布式共识算法可以分为两类，即拜占庭容错算法和非拜占庭容错算法，早期共识算法一般为非拜占庭容错算法，比如广泛应用于分布式数据库的 Paxos，目前主要应用于联盟链和私有链。

1985 年，迈克尔·费舍尔（Michael Fisher）、南希·林奇（Nancy Lynch）和迈克尔·帕特森（Michael Paterson）共同发表了论文《一个错误的过程不可能实现分布式共识》。这篇文章表明，在含有多个确定性进程的异步系统中，只要有一个进程可能发生故障，那么就不存在协议能保证在有限时间内使所有进程达成一致。该定理被命名为 FLP 不可能定理，是分布式系统领域的经典结论之一。FLP 不可能定理同时指出了存在故障进程的异步系统的共识问题不存在有限时间的理论解，因而必须寻找其可行的"工程解"。为此，研究者们只能通过调整问题模型来规避 FLP 不可能定理，例如牺牲确定性、增加时间等；加密货币则是通过设定网络同步性（或弱同步性）和时间假设来规避 FLP 不可能性的，例如网络节点可以快速同步，且矿工在最优链上投入有限时间和资源等。

三、共识算法的运作机制

共识过程的核心是"选主"和"记账"两部分，在具体操作过程中每一轮可以分为选主（leader election）、造块（block generation）、验证（data validation）和上链（chain updation，即记账）4 个阶段。共识过程的输入是数据节点生成和验证后的交易或数据，输出则是封装好的数据区块以及更新后的区块链。4 个阶段循环往复执行，每执行一轮将会生成一个新区块。

第 1 阶段：选主。选主是共识过程的核心，即从全体矿工节点集 M 中选出记账节点 A 的过程。我们可以使用公式 $f(M) \rightarrow A$ 来表示选主过程，其中函数 f 代表共识算法的具体实现方式。一般来说，$A = 1$，即最终选择唯一的矿工节点来记账。

第 2 阶段：造块。第一阶段选出的记账节点根据特定的策略将当前时间段内全体节点 P 生成的交易或者数据打包到一个区块中，并将生成的新区块广播给全体矿工节点 M 或其代表节点 D。这些交易或者数据通常根据区块容量、交易费用、交易等待时间等多种因素综合排序后，依序打包进新区块。造块策略是区块链系统性能的关键因素，也是贪婪交易打包、自私挖矿等矿工策略性行为的集中体现。

第 3 阶段：验证。矿工节点 M 或者代表节点 D 收到广播的新区块后，将各自验证区块内封装的交易或者数据的正确性和合理性。如果新区块获得大多数代表节点的认可，则该区块将作为下一个区块更新到区块链中。

第 4 阶段：上链。记账节点将新区块添加到主链，形成一条从创世区块到最新区块的完整的、更长的链条。如果主链存在多个分叉链，则需根据共识算法规定的主链判别标准来选择其中一条恰当的分支作为主链。

第五节　激励机制

此处以比特币的发行机制举例说明。中本聪设计比特币总量为 2 100 万枚，那么，如何公平地分发这些比特币？如何激励人们来参与比特币系统的记账？分布式的记账方式如何保障账本的一致性？创始人中本聪是这样制定规则的：要想获得比特币，就要参与挖矿。挖矿就是不断地进行哈希运算，去寻找符合比特币系统要求的答案。谁最先找到符合要求的答案，谁就挖出了新的区块，他就能得到对应的比特币奖励，这个过程被称为挖矿。比特币系统会根据所有参与者计算能力的大小，每隔一段时间自动调节挖矿难度。这样的挖矿过程，解决了三项问题：

（1）如何公平地分发比特币的问题。挖矿需要投入矿机，矿机数量越多、性能越好，单位时间计算速度就越快，也就有更大的概率获得比特币奖励。这也就是人们常说的工作量证明机制，付出的工作越多，得到的奖励也就越多。此外，比特币挖矿是无须许可的，任何人都有参与和退出挖矿的自由，这也体现了比特币挖矿的公平性。

（2）如何激励矿工的问题。挖矿能得到比特币奖励，矿工因此有动力去挖矿。

（3）明确了记账权，保证了所有矿工记账信息的一致性。谁最先挖出新区块，谁就获得这个区块的记账权，其他矿工都会同步该矿工所记的账，这就保证了账本的一致性，方便对账、查账。

第六节　智能合约

一、智能合约相关概念

智能合约是部署在区块链上的可执行代码，可自动化代表签署方执行合约。1994年，计算机大师尼克·萨博首次提出了智能合约的概念：智能合约就是一个能够执行自动合约条款的计算机化程序，即一个预先编好的程序代码，将从外部获得的数据信息进行判断识别，当程序设定的条件满足时，就触发系统自动执行相应的合约条款，以此完成交易和智能资产的转移。1997年，萨博将智能合约定义为一套以数字形式定义的承诺，包括合约参与方可以在上面执行这些承诺的协议。承诺包括用于执行业务逻辑的合约条款和基于规则的操作，这些承诺定义了合约的本质和目的。数字形式意味着合约由代码组成，其输出可以预测并可以自动执行。协议是参与方必须遵守的一系列规则。

二、智能合约分类

以区块链为技术基础的智能合约大致有两类：智能代码合约（smart code contract）和智能法律合约（smart legal contract）。智能代码合约中的代码指在区块链中存储、验证和执行的代码。由于这些代码运行在区块链上，因此也具有区块链的一些特性，如不可篡改性和去中心化。该程序本身也可以控制区块链资产，即可以存储和传输数字货币；智能法律合约更像是智能合约代码的一种特定运用，是使用区块链技术补充或替代现有法律合同的一种方式，可以说是智能合约代码和传统法律语言的结合体。

三、智能合约的运行机制

一个基于区块链的智能合约生成，大致有如下几个环节：①合约各方协商；②制定合约；③合约验证；④执行合约代码。其具体过程为：首先由各个合约参与方进行协商，明确各方权利与义务；其次确定标准合约文本并转化为具体程序，经验证后获得标准合约代码。其中制定合约、合约验证和执行合约这几个环节我们展开介绍。

用户必须先注册成为区块链的用户，区块链系统给用户一个公钥和私钥，公钥为用户在区块链中所拥有的账户地址，私钥为用户登录自己账户的唯一钥匙；随后，两个及两个以上用户会根据自己的需求进行协商，最终制定一份合约，合约中包含了各方的权利与义务；接着，合约将被翻译为机器语言，并以合约各方的私钥作为签名，确保合约的有效性；经过签名后的合约将会被传入区块链网络中。以上是制定合约的具体内容。

而合约验证的具体操作如下：首先，合约通过 P2P 的方式在全网中扩散，每个节点都会收到一份，区块链中的验证节点会先将收到的合约内容保存起来，等待下一个共识时间点的到来；其次，共识时间到了，验证节点就会把最近一段时间收到的合约，打包成一个合约组，并计算出这个合约组的哈希值，而后将这个哈希值存入一个区块扩散到整个网络（该区块包括当前区块的哈希值、前一区块的哈希值、达成共识的时间戳等）；再次，网络中的其他验证节点收到该区块的信息后，会将自己保存的合约组与传过来的合约信息相比较；最后，通过多轮发送与比较，所有的验证节点最终会在规定时间内对最新触发共识时间的合约达成一致。只有验证通过的合约才能被写入区块链中。

智能合约的执行都是基于事件触发机制的。基于区块链的智能合约都包含事务处理和保存机制以及一个完备的状态机，用于接收、处理各种智能合约。智能合约会定期遍历每个合约的状态机和触发条件，将满足触发条件的合约推送至待验证队列。待验证的合约会扩散至每一个节点，与普通区块链交易一样，节点会先进行签名验证，以确保合约的有效性，验证通过的合约经过共识后便会成功执行。整个合约的处理过程都由区块链底层内置的智能合约系统自动完成，公开透明，不可篡改。

智能合约的实现，本质上是通过赋予对象（如资产、市场、系统、行为等）数字特性，即将对象程序化并部署在区块链上，成为全网共享的资源，再通过外部事件触发合约的自动生成与执行，进而改变区块链网络中数字对象的状态（如分配、转移）和数值。智能合约可以实现主动或被动接受、存储、执行和发送数据以及调用智能合约，以此控制和管理链上的数字对象。目前已经出现的智能合约技术平台，如以太坊、超级账本（Hyperledger）等，具备图灵完备的开发脚本语言，使得区块链能够支持更多的金融和社会系统的智能合约应用。

四、智能合约的优点

（1）确定性。这指的是，即使智能合约在不同的计算机或者在同一台计算机上的不同时刻多次运行，对于相同的输入依旧能够保证输出结果相同。对于区块链上的智能合约，确定性是必然要求，因为非确定性的合约可能会破坏系统的一致性。

（2）一致性。智能合约应与现行合约文本一致，必须经过具备专业知识的人士制定审核，不与现行法律冲突，具有法律效应。

（3）可终止性。智能合约会在有限的时间内运行结束。区块链上的智能合约保证可终止性的途径有非图灵完备（如比特币）、计价器（如以太坊）、计时器（如 Hyperledger Fabric）。

（4）可观察和可验证性。智能合约通过区块链技术的数字签名和时间戳，保证合约的不可篡改性和可溯源性。合约各方都能通过一定的交互方式来观察合约本身及其所有状态、执行记录等，并且执行过程是可验证的。

（5）去中心化。智能合约的所有条款和执行过程都是预先制定好的，一旦部署运行，合约中的任何一方都不能单方面修改合约内容以及干预合约的执行。同时，合约的监督和仲裁都由计算机根据预先制定的规则来完成，大大降低了人为干预的风险。

（6）高效性和实时性。智能合约无须第三方中心机构的参与，能自动地实时响应客户需求，大大提升了服务效率。

（7）低成本。智能合约自我执行和自我验证的特性，使其能够大大降低合约执行、裁决和强制执行所产生的人力、物力成本。

五、智能合约的主要技术平台

以太坊和 Hyperledger Fabric 是目前较为成熟且极具代表性的智能合约技术平台。本小节将以以太坊和 Hyperledger Fabric 为例介绍智能合约技术平台。

（一）以太坊

以太坊是一个基于区块链数据结构的、可实现智能合约的、开源的底层系统，在 2013 年由布特林（Buterin）在他的文章《以太坊：下一代加密货币和分散应用平台》中提出。以太坊的目标是基于脚本语言、数字加密货币和链上元协议概念进行整合和提高，使得开发者能够创建任意的基于共识的、可扩展的、标准化的、特性完备的、易于开发和协调的分布式应用。

以太坊虚拟机（ethereum virtual machine，EVM）是在以太坊智能合约及其应用的运行环境，提供了一种图灵完备的脚本语言，这使得任何人都能够创建智能合约及其去中心化应用，并在其中自由定义所有权规则、交易方式和状态转换函数。以太坊智能合约的核心要素如图 3 - 6 所示，主要包括账户、交易、Gas、日志、指令集、消息调用、存储和代码库 8 个部分。

账户是以太坊的核心操作对象，主要分为两类：外部账户和合约账户。外部账户类似于一般区块链电子货币账户，并且外部账户有能力创建并部署智能合约。合约账户由外部账户创建，其地址由合约创建者的地址和该地址发出过的交易数量计算得到。合约账户既含有货币余额状态还含有合约存储状态。EVM 的指令集被刻意保持在最小规模，以尽可能避免可能导致共识问题的错误出现。指令集具备常用的算术、位、逻辑和比较操作，以及条件和无条件跳转。

以太坊智能合约旨在实现 4 个目的：（1）存储对其他合约或外部实体有意义的值或状态；（2）作为具有特殊访问策略的外部账户；（3）映射和管理多个用户之间的关系；（4）为其他合约提供支持。基于这 4 个目的，以太坊智能合约有着广泛的应用，如储蓄

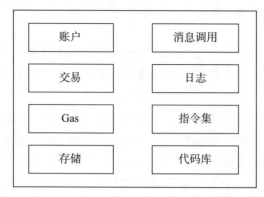

图3-6 以太坊智能合约的核心要素

钱包、云计算、版权管理系统、身份和信誉系统、去中心化存储以及去中心化自治社会（decentralized autonomous society）等。

（二）Hyperledger Fabric

Hyperledger 是 Linux 基金会在 2015 年 12 月发起的旨在推动各方协作、共同打造基于区块链的企业级分布式账本底层技术、用于构建支撑业务的行业应用平台。Fabric 是 Hyperledger 的一个子项目，目标是实现一个通用的许可链（permissioned chain）的底层基础框架，其采用模块化架构提供可切换和可扩展的组件，包括共识算法、加密算法、数字资产、智能合约等服务。超级账本的设计原则是"用例驱动"，目前，Fabric 项目主要支持 5 种用例：数字支付、金融资产管存、供应链、主数据管理和共享经济。

Fabric 智能合约代码的执行过程如图 3-7 所示，分为 6 个步骤：①客户端发送执行请求给任意一个验证节点；②验证节点收到请求后，向本地账本发送启动智能合约的指令；③验证节点创建隔离的运行环境，启动合约代码；④在合约执行过程中，更新本地账本的状态；⑤合约调用完成后，验证节点向本地账本确认交易；⑥验证节点向其他验证节点广播交易。

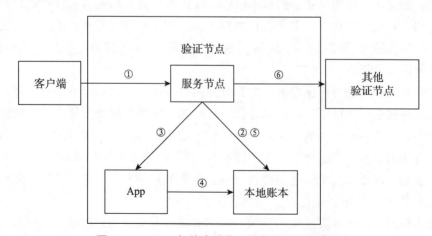

图3-7 Fabric 智能合约代码的执行过程示意图

与以太坊不同，Fabric 虽然也是开源的，但是 Fabric 主要是为联盟链服务的，其更加强调商业需求和实际应用需要。

扩展阅读

常见的共识算法

一、大体分类

共识算法是实现共识机制的方法，目前常见的有 PoW、PoS、DPoS、PBFT、PAXOS、RAFT 等，主流共识算法可大致分为三大类：

（一）挑战证明

简单地说，挑战证明（proof of challenge）就是给所有参与者一个有挑战性的问题，谁能在最短的时间内找到答案，那么他就是这轮公认的决策者。PoW 是一个典型的例子，每个参与者都必须计算一个区块的哈希值，这个哈希值需要由 N 个前导 0 组成，谁找到了这个哈希值，那新的区块就属于谁。

（二）权益证明

简单地说，权益证明（proof of stake）就是根据参与者所拥有的某种资产或授予的权利，标记在转盘上，然后开始转动转盘，转到对应位置的那个参与者，就是该轮公认的决策者。现在的系统，有的根据拥有币的数量，有的根据贡献的储存空间，有的根据积分奖赏的额度等区分，千奇百怪，虽然披着不同的羊皮，但它们都是狼，本质都是权益证明。在现实生活中，民主选举领导人依据的就是这种逻辑，但权益证明有一定的随机性。

（三）协商证明

简单地说，协商证明（proof of negotiation）就是所有参与者坐在一起，通过多轮对话，协商一个新的决策者。例如 PBFT、PAXOS 都是属于这种类型，需要多轮交互协议，以及形式化证明协议的可靠性和安全性，但是交互的次数太多引入了复杂性，给网络宽带资源带来了很大负担，这算是一个缺点。现实生活中的民主协商制依据的就是这种逻辑。

因此，为了避开这一缺点，人们引入了代表（delegated）机制。该机制不需要所有人都参与最后的决策，而是先选出一些代表，每个代表代理一部分参与者行使权利。在现实生活中，广大人民群众选出人民代表，召开人民代表大会依据的就是这种逻辑。

接下来，我们将列举多个常见的共识算法并详细讲解其算法原理。

二、著名算法

（一）工作量证明

工作量证明（proof of work，PoW）机制是一种通过工作量适用于比特币系统的共识机制。通过设计与引入分布式网络节点的算力竞争，保证数据一致性和共识。所有参与"挖矿"的网络节点都在遍历寻找一个随机数，保证使当前区块的区块头的双 SHA256 运算结果小于或等于某个值。一旦某个节点找到符合要求的随机数，该节点就获得当前区块的记账权，并获得一定数额的比特币作为奖励。此外，还引入动态难度值，目前求解该数学问题所花费的时间在 10 分钟左右。PoW 机制将比特币的发行、交易和记录联系起来，还保证了记账权的随机性，实现比特币系统的安全和去中心化。

该算法的优点是易实现，节点间无须交换额外的信息即可达成共识，破坏系统需要投入极大的成本。缺点是浪费能源，区块的确认时间难以缩短。PoW 机制一直以来遭人诟病的是耗费算力，所有的节点都来求解，最终只有一个节点解出来，其他节点的努力都将作废，浪费大量电力计算资源。

（二）权益证明

权益证明（proof of stake，PoS）本质上是采用权益证明来代替 PoW 机制的算力证明，记账权由最高权益的节点获得，而不是最高算力的节点。

在 PoW 机制流行的时候，从 CPU 挖矿到专用集成电路（application specific integrated circuit，ASIC）挖矿，各种专业矿机形成强大算力，理论上有超过 51% 的算力攻击最长链，那么区块链就会受到威胁，是一个隐患。有趣的是，当时据说 80% 的算力集中在中国。众人试图改善算法缓解算力中心化的现象，但做了很多努力还是徒劳。在 2011 年 Bitcointalk 论坛上，量子力学专家提出了 PoS 机制，这个机制通过验证证明了其可行性，于是人们换了一种思路，开始考虑新的共识机制。

PoS 机制可以简单地理解为：在网络节点中打开自己的钱包，登录上线增加自身权重参与挖矿。权益代表节点对特定数量的货币的所有权，称作币龄或币天数。币龄等于货币数量乘最后一次交易的时间长度。例如，在交易中某人收到 10 个币，持有 20 天，则获得 200 币龄，如果又花去 5 个币，则消耗掉 100 币龄。采用 PoS 共识机制的系统在特定时间点的币龄是有限的，长期持币者有更长的币龄，所以币龄可以视为其在系统中的权益。共识过程的难度与币龄成反比，这样累计消耗币龄最高的区块将被链接到主链。仅依靠内部币龄和权益而不再需要大量消耗外部算力和资源，解决了 PoW 消耗算力的问题。

纯 PoS 机制的加密货币只能通过 IPO 方式发行，这导致了少数人获得大量成本极低的加密货币，如果大量抛售会导致雪崩效应。PoS 机制最开始应用在点点币上，桑尼·金（Sunny King）提出一种混合挖矿方案 PoW&PoS，PoW 机制用于挖矿而 PoS 机制用于维护系统。PoS 机制也存在 51% 的攻击隐患，但对比 PoW 机制，掌握 51% 的币量比掌握 51% 的算力要难得多，随着币种的发行时间越久，被攻击的可能性越低。

PoW 机制依靠计算算力决定区块的产生，而 PoS 机制通过虚拟币的数量作为抵押，从而有一定概率产生区块，就像在银行中存钱获得利息一样。PoS 机制的优点是比 PoW 机制消耗的算力少，缺点是拥有权益的参与者未必希望参与记账，还是需要挖矿。

（三）委任权益证明

随着币圈的发展，比特币提出的"去中心化"变成了一个遥不可及的假想，ASIC 等矿机的发明使得算力和设备均为精良的高级用户和普通用户在算力上的差距相差十万八千里，PoW 机制这种最为"去中心化"的设计反而在现实里慢慢变得最为中心化。而 PoS 机制因为 IPO 发行和利滚利等原因，使得一些早先拥有代币的持币者，在币的数量和币龄上让后来者有着几乎无法超越的可能。同比特币一样，点点币和未来币等 PoS 机制的币种也在走向中心化。记账权被少数人所支配了。

这时，委任权益证明（delegated proof of stake，DPoS）机制出现了。其代表是 EOS 币，特点是出块时间短，效率很高，几乎不会分叉。

DPoS 的运行机制如下：区块链项目发起方组织若干个见证人，一般是 101 个。任何用户都可以参与竞选见证人，然后用户用自己的持币量投票，持币量多的投票权重大。每一轮选举结束后，得票率最高的 101 个用户将成为项目的见证人，负责打包区块、维持系统的运作并获得相应的奖励。这些见证人的权利是完全相同的，他们的职责是：

（1）提供一台服务器节点，保证节点的正常运行；

（2）节点服务器收集网络里的交易；

（3）节点验证交易，把交易打包到区块；

（4）节点广播区块，其他节点验证后把区块添加到自己的数据库中；

（5）带领并促进区块链项目的发展。

见证人的节点服务器相当于比特币网络里的矿机，在完成本职工作的同时可以获得区块奖励和交易的手续费。

总的来说，DPoS 机制的实质也是 PoS 机制，但不会像 PoS 机制那样因为一个人的持币量过大而出现支配记账权。101 个见证人会被随机排列，每个见证人有 2 秒的权限时间生产区块，如果见证人算力不足或计算机宕机，用户可以随时投票更换见证人。因此，DPoS 机制也是去中心化的。DPoS 机制的优点是大幅缩小参与验证和记账节点的数量，可以达到秒级的共识验证。缺点是整个共识机制还依赖于代币，很多商业应用是不需要代币存在的。

（四）实用拜占庭容错算法

实用拜占庭容错（PBFT）算法是一种基于消息传递的一致性算法，算法经过三个阶段达成一致性，这些阶段可能因为失败而重复进行。

2015 年，比特币已经流行了好几年，以太坊也逐渐壮大，区块链开始进入广大人民的视野中。人们已经发现，区块链的应用远不止发行虚拟币玩一玩那么简单，它还可以用作记录重要的内容，这个内容是不可篡改的，而且因为去中心化的思想，还能大大降低运营成本。如果把身份证、学历文凭、发票证明等以区块链的形式记录下来，那就无人能造假了。于是，区块链技术开始迅速向这个方面发展。

那么问题来了，以往的区块链项目都以虚拟币为内核，而记录数据的应用并不需要机制模型。这个时候，HyperLedger 应运而生，它是由 Linux 基金会牵头的项目，是一个旨在推动区块链数字技术和交易验证的开源项目。这个分布式账本技术是完全共享、透明和去中心化的，非常适合金融行业的运用，以及例如制造、银行、保险、物联网等无数个其他行业。而 PBFT 算法正是超级账本使用的共识算法。PBFT 算法的过程如下：

客户端向主节点发送请求调用服务。客户端 c 向主节点发送 $<\text{REQUEST}, o, t, c>$ 请求执行操作 o，这里时间戳 t 用来保证客户端请求只会执行一次。每个由副本节点发给客户端的消息都包含了当前的视图编号，使得客户端能够跟踪视图编号，从而进一步推算出当前主节点的编号。客户端通过点对点消息向它自己认为的主节点发送请求，然后主节点自动将该请求向所有备份节点进行广播。视图是连续编号的整数。主节点由公式

$p=\text{vmod}|R|$ 计算得到，这里 v 是视图编号，p 是副本编号，$|R|$ 是副本集合的个数。副本发给客户端的响应为 $<\text{REPLY}, v, t, c, i, r.>$，$v$ 是视图编号，t 是时间戳，i 是副本的编号，r 是请求执行的结果。主节点通过广播将请求发送给其他副本，然后就开始执行三个阶段的任务。

（1）预准备阶段。主节点给收到的请求分配一个序列号 n，然后向所有备份节点群发预准备消息，预准备消息的格式为 $<<\text{PRE-PREPARE}, v, n, d>, m>$，这里 v 是视图编号，m 是客户端发送的请求消息，d 是请求消息 m 的摘要。

（2）准备阶段。如果备份节点 i 接受了预准备消息 $<<\text{PRE-PREPARE}, v, n, d>, m>$，则进入准备阶段。在准备阶段时，该节点向所有副本节点发送准备消息 $<\text{PREPARE}, v, n, d, i>$，并且将预准备消息和准备消息写入自己的消息日志。如果看预准备消息不顺眼，就什么都不做。

（3）确认阶段。当 (m, v, n, i) 条件为真时，副本 i 将 $<\text{COMMIT}, v, n, D(m), i>$ 向其他副本节点进行广播，于是就进入确认阶段。所有副本都执行请求并将结果发回客户端。客户端需要等待 $f+1$ 个不同副本节点发回相同的结果，作为整个操作的最终结果。

如果客户端没有在有限的时间内收到回复，请求将向所有副本节点进行广播。如果请求已在副本节点处理过了，副本就向客户端重发一遍执行结果。如果请求没有在副本节点处理过，该副本节点将把请求转发给主节点。如果主节点没有将该请求进行广播，那么就会认为主节点失效，如果有足够多的副本节点认为主节点失效，则会触发一次视图变更。

从上述流程可看到，PBFT 通信量的复杂度是 $o(N^2)$，所以很难适应全球性的业务流程，适用场景是少量节点的政府和大型企业。

（五）Paxos 共识算法

Paxos 共识算法是莱斯利·兰伯特提出的，最初是为了解决 ECHO 的容错文件系统问题，是一个在分布式系统上应用广泛的算法。区块链作为分布式系统的典型代表，自然少不了用 Paxos 进行共识算法。该算法出现在拜占庭算法之后，拜占庭算法适合在联盟链中使用，而 Paxos 共识算法适合出现在私有链中。因为都是兰伯特提出的，所以 PBFT 和 Paxos 会有一些相似之处。

我们需要先引入一些关于 Paxos 的基础概念。

在 Paxos 共识算法中，有三种角色：提出者（Proposer）、接受者（Acceptor）、学习者（Learner）。在具体的实现中，一个进程可能同时充当多种角色。比如一个进程可能既是 Proposer 又是 Acceptor 和 Learner。

此外，还有一个很重要的概念叫提案（proposal）。最终要达成一致的价值（value）就在提案里。

在讨论该问题时需要有两项假设前提：

（1）"提案=value"，即提案只包含 value。我们在接下来的推导过程中会发现若提案只包含 value，会有问题，于是我们再对提案重新设计。

（2）Proposer 可以直接提出提案。我们在接下来的推导过程中会发现如果 Proposer

直接提出提案会有问题，需要增加一个学习提案的过程。

各个角色的行为逻辑如下：Proposer 可以提出提案；Acceptor 可以接受提案；如果某个提案被选定（chosen），那么该提案里的 value 就被选定了。Proposer 可以提出提案；Acceptor 可以接受提案；如果某个提案被选定（chosen），那么该提案里的 value 就被选定了。

回到刚刚说的"对某个数据的值达成一致"，指的是 Proposer、Acceptor、Learner 都认为同一个 value 被选定。那么，Proposer、Acceptor、Learner 分别在什么情况下才能认为某个 value 被选定？

Proposer：只要 Proposer 发的提案被 Acceptor 接受（刚开始先认为只需要一个 Acceptor 接受即可，在推导过程中会发现需要半数以上的 Acceptor 同意才行），Proposer 就认为该提案里的 value 被选定了。

Acceptor：只要 Acceptor 接受了某个提案，Acceptor 就认为该提案里的 value 被选定。

Learner：Acceptor 告诉 Learner 哪个 value 被选定，Learner 就认为该 value 被选定。

Paxos 共识算法分为两个阶段。具体如下：

阶段一：（a）Proposer 选择一个提案编号 N，然后向半数以上的 Acceptor 发送编号为 N 的 prepare 请求；（b）如果一个 Acceptor 收到一个编号为 N 的准备（prepare）请求，且 N 大于该 Acceptor 已经响应过的所有 prepare 请求的编号，那么它就会将已经接受过的编号最大的提案（如果有的话）作为响应反馈给 Proposer，同时该 Acceptor 承诺不再接受任何编号小于 N 的提案。

阶段二：（a）如果 Proposer 收到半数以上 Acceptor 对其发出的编号为 N 的 Prepare 请求的响应，那么它就会发送一个针对 $[N，V]$ 提案的 Accept 请求给半数以上的 Acceptor。注意：V 就是收到的响应中编号最大的提案的 value，如果响应中不包含任何提案，那么 V 就由 Proposer 自己决定；（b）如果 Acceptor 收到一个针对编号为 N 的提案的 Accept 请求，只要该 Acceptor 没有对编号大于 N 的 Prepare 请求做出过响应，它就接受该提案。

在选定 Value 后，则 Learner 该开始学习选定的 value 了。Learner 学习（获取）value 共有如下三种方案：

方案一：Acceptor 接受一个提案，就将该提案发送给所有 Learner。该方案的优点是 Learner 可以快速获取被选定的 value，而缺点是通信次数高达 $M \cdot N$ 次，过于烦琐，对通信设备的处理能力有一定的要求。

方案二：Acceptor 接受了一个提案，就将该提案发送给主 Learner，随后，主 Learner 再将该提案发送给所有 Learner。该方案的优点是通信次数较方案一减少（$M+N-1$）次，但缺点是存在单点问题，一旦主 Learner 出现故障，即使 Acceptor 选出了一个提案，本次学习也会失败。

方案三：Acceptor 接受了一个提案，就将该提案发送给 Learner 集合，随后，Learner 集合再将该提案发送给所有 Learner。该方案的优点是集合中 Learner 的个数越多，本次学习的可靠性就越高，但缺点是各 Learner 间的通信复杂度较高。

总结一下，Paxos 算法公认有两大缺点：①难以理解；②工程实现更难。但不管怎样，Paxos 在分布式计算领域还是有着很重要的地位的。

（六）Raft 共识算法

Raft 共识算法是一个用于管理日志一致性的协议。它将分布式一致性分解为多个子问题：Leader 选举（leader election）、日志复制（log replication）、安全性（safety）、日志压缩（log compaction）等。同时，Raft 共识算法使用了更强的假设来减少需要考虑的状态，使之变得易于理解和实现。

1998 年，莱斯利·兰伯特正式发表了前文中提到的 Paxos 共识算法，然而由于算法难以理解而没得到重视。之后，他用更容易接受的方法重新发表了一篇论文，为 Paxos 的简化版本。但论文发表了多年后的今天，依然难以实现它的开源库。反观 Raft 共识算法，它设计之初就以更易理解为目标。它于 2013 年被发表，但网上已能找到十几个不同语言版本的开源库了。

在一个由 Raft 协议组织的群集中，每个节点有三种状态：领袖（Leader）、群众（Follower）、候选人（Candidate）。各个角色的行为逻辑如下：系统初期，所有节点都是 Follower，节点通过领袖选举策略会自荐成 Candidate，成功被选举的是 Leader，而其余节点会变回 Follower。在每个共识过程中，只能有一位 Leader。接下来，我们将详细解释一下 Leader 的选举策略。

Leader 选举有两个阶段，第一个阶段选举一位 Leader，第二个阶段该 Leader 维持自己的统治。若 Leader 宕机则返回第一个阶段重新开始。

第一个阶段选 Leader：刚开始无 Leader 时，节点需要选举 Leader。规则就是，每个节点会随机等待 150～300 毫秒的选举超时（election timeout），而先完成等候的节点会争取做 Leader。由于节点的选举超时各不相同，最先完成的节点会马上向其他节点自荐当 Leader，此时它的角色应该算 Candidate，而其他节点收到信息可以选择回复同意，也可以选择拒绝。若能获得大多数的节点支持，那该节点就正式成为了 Leader。若碰巧有多个节点有相同的超时，并都得到了相同数量的节点支持，那所有节点会重置超时时间，直到唯一的领袖产生。在这个过程中，每个节点都有机会做 Candidate。

第二个阶段 Leader 维系：选举完毕后，Leader 需要定时发送心跳包给各其余节点，而其余节点会进入心跳包超时（heartbeat timeout）模式。此处，每个节点的心跳包超时也不相同，若节点在心跳包超时内没能收到领袖的心跳包，那么它会认为 Leader 已宕机并马上进入自由选举模式（即第一个阶段）。被多数节点认同的会成为 Leader，宕机节点恢复 Follower 身份。

在两个阶段中，均有一个随机超时协助过程进行下去。这两个超时非常重要，因为节点的超时各不一样，最先完成超时等待的节点有成为 Leader 的机会。

那么，选举出 Leader 后，Leader 节点在保障系统数据传输稳定性时会有如下情况：（1）数据到达 Leader 节点前，该节点宕机。系统会重新选举出领袖，不影响过程。（2）数据到达 Leader 节点，但未复制到 Follower 节点。此时，Leader 节点突然宕机，数据处于未提交状态，客户（Client）长时间没收到反馈会重新提交数据。Follower 长时间没收到 Leader 节点发来的心跳包，会通过 Leader 选举策略选新 Leader，新 Leader 重新接收 Client 数据。旧 Leader 恢复后变回 Follower，保持和新 Leader 数据一致。
（3）数据到达 Leader 节点，成功复制到 Follower 所有节点，但还没向 Leader 接受响应，Leader 节点宕机。虽然数据在 Follower 节点处于未提交（uncommitted）状态但保持一致，重新选出 Leader 后可完成数据提交，此时 Client 由于不知到底是否提交成功，可重试提交。针对这种情况 Raft 共识算法要求实现幂等性，也就是要实现内部去重机制。
（4）数据到达 Leader 节点，成功复制到 Follower 部分节点，但还未向 Leader 响应接受，Leader 宕机。数据在 Follower 节点处于未提交状态且不一致，Raft 协议要求投票只能投给最新数据的节点，所以拥有最新数据的节点会被选为 Leader，再强制同步数据到 Follower，数据不会丢失并最终一致。（5）数据到达 Leader 节点，成功复制到 Follower 所有或多数节点，数据在 Leader 处处于已提交状态，但在 Follower 处处于未提交状态。Leader 节点宕机。重新选出新 Leader 后的处理流程和阶段（3）一样。（6）数据到达 Leader 节点，成功复制到 Follower 所有或多数节点，数据在所有节点都处于已提交状态，但还未响应 Client，Leader 节点宕机。系统内部数据已经是一致的，Client 重复尝试基于幂等策略对一致性无影响。（7）网络是分区导致的节点分区情况，出现双 Leader。网络分区将原先的 Leader 节点和 Follower 节点分隔开，Follower 收不到 Leader 的心跳将发起选举产生新的 Leader。这时就产生了双 Leader，原先的 Leader 独自在一个区，向它提交数据不可能复制到多数节点，所以永远提交不成功。向新的 Leader 提交数据可以提交成功，网络恢复后旧的 Leader 发现集群中有更新任期（term）的新 Leader 则自动降级为 Follower 并从新 Leader 处同步数据达成集群数据一致。

◀ **本章小结** ▶

本章主要从区块链的底层数据结构入手，帮助读者理解其运作机制，先通过哈希算法、非对称加密、数字签名等全面剖析区块结构；再通过对 P2P 网络、共识算法的介绍，阐述在网络层以及共识层的基础上，系统内的全部区块是如何存储、记录并校验信息的；之后，介绍了激励机制保证整个数字货币挖掘系统的公平性；最后介绍的智能合约是区块链去中心化仍能达成全系统信任的基础。

关键词：哈希算法、非对称加密、数字签名、P2P 网络、共识算法、智能合约

◀ **思考题** ▶

1. 在区块链系统中，每发生一笔交易都需将此消息同步至全部网络节点，这会带来一定的性能问题。随着交易量和数据量的剧增，区块链从全量存储到部分存储是一个必然的发展趋势。请你自由地设想一下，改进后的存储系统可以是怎样的结构。

2. 事实上，许多数字货币系统在早期开发时都存在"预挖矿"现象，即开发人员为了该代币的普及程度更高，会先行挖矿，这就会造成一定的道德风险。某些项目甚至会假装并没有预挖矿，但实际上有人通过开发人员手中的代币获得特权为自己牟利，对此

你可以想到什么样的分配机制去进行约束？

3. 智能合约利用计算机代码在合约方之间阐述、验证和执行合同，用代码来表述，而典型合同是用自然语言起草的。当智能合约执行和典型合同之间出现相应纠纷时，涉及法律责任界定就不明确了。在解决这方面的问题上，你有什么好的设想吗？

4. 请你总结一下什么样的场合适用对称加密，什么样的场合适用非对称加密。

◀ **本章参考资料** ▶

[1] Daniel Drescher. Blockchain Basics——A Non Technical Introduction in 25 Steps. 北京：中国工信出版集团，人民邮电出版社，2018.

[2] Rivest R. RFC1321 The MD5 Message-digest Algorithm. 1992.

[3] 陈传波，祝中涛. RSA 算法应用及实现细节. 计算机工程与科学，2006，28（9）.

[4] 黎琳. MD4 算法分析. 山东大学学报，2007，42（4）.

[5] 王李笑阳，秦波，乔鑫. 区块链共识机制发展与安全性. 中兴通讯技术，2018，24（6）.

[6] 王宇洁，张晓丹，徐占文，等. 一种新的组合快速算法. 沈阳工业大学学报，2001，23（3）.

[7] 袁勇，倪晓春，等. 区块链共识算法的发展现状与展望. 自动化学报，2018，44（11）.

[8] 张斌，徐名扬. SHA-1 算法及其在 FPGA 加密认证系统中的应用. 中国集成电路，2011，20（6）.

[9] 张邵兰. 几类密码哈希函数的设计和安全性分析. 北京：北京邮电大学，2011.

[10] 朱岩，甘国华，等. 区块链关键技术中的安全性研究. 信息安全研究，2016，2（12）.

[11] 卓先德. 非对称加密技术研究. 四川理工学院学报，2010，23（5）.

第四章

区块链技术应用的主要问题

2018 年 3 月 25 日，维基解密的官网公布了一个比特币地址，这是官方网站公布的第二个接受捐赠的比特币地址，不久之后，便逐渐有捐赠汇入这个账户。采取比特币捐赠的方式相比了传统的捐赠方式而言能够实现匿名化，理论上这样能够使得那些不想公布自己身份的捐赠者实现匿名捐赠，保护自己的账号和身份信息。然而实际上，因为本身区块链内部的交易信息是针对全网公开的，所以每一笔捐赠的地址和金额也会被全网的节点知道，根据某些已知身份信息地址的交易数据，我们能对捐赠的地址进行画像分析，从而临摹出来该节点的身份信息，从而失去了传统区块链匿名的特性。这是一个典型的区块链技术应用的隐私保护问题。

当前区块链 2.0 的时代已经成熟，业界正在全力向区块链 3.0 的时代迈进，区块链技术的开发应用前景是有巨大潜力的，但这不是将区块链技术纳入神坛的原因，我们应该时刻保持清醒，现在的区块链技术不是一把万能钥匙，整个技术的开发应用还是处于比较稚嫩的阶段，区块链相关的技术公司在进行应用开发的时候还是会遇到各种各样的问题，这些问题产生的原因、发展现状、当前尝试解决的办法都是值得我们进行探索的。

第一节　隐私保护问题

一、隐私保护问题的危害

随着整个区块链行业被各行各业高度关注，整个技术在各行各业都处于一个广泛应用的状态，但是随着其广泛应用，应用的安全问题变成了一个亟待解决的问题。大量的安全问题是在 2017 年开始浮出水面的，并在 2018 年爆发。2018 年爆发的区块链技术安全问题有138起，同比增长820％。因此，有一个可靠、稳健、安全的防护机制对整个区块链行业应用的后续发展具有长远的好处。

在这个数据为王的时代，对于一些特殊行业的公司来说，自己掌握的保密数据是自己能够在行业内保持竞争力的关键，这类公司在应用区块链技术的时候，单单依靠匿名特性进行数据的保护是薄弱的，竞争企业完全能够通过观察和跟踪网链的信息，利用地址交易数据推出，最后追踪到账户和交易之间的关系，对特定的交易人进行分析临摹，一旦账户和相关的核心消息泄露，会造成巨大的损失。

从这个角度看，这类公司在应用区块链技术的时候，区块链技术为了实现去中心化而自带的数据透明共享的特性就变成了一种缺陷。比如区块链平台Fabric，该平台主要广泛地应用于价值转移领域，一些金融领域的公司想应用它，但是需要将自己的账本变成完全公开透明的，这样会导致自己用户的信息和交易明细被全部泄露。

现阶段区块链技术的安全问题防治主要是确保自己系统用户的隐私信息得到有效保护。安全的方向主要包含系统安全和信息安全两个方面，共有网络层、共识层、智能合约层三个不同的层次。

（1）网络层：网络层安全问题是最底层的点对点网络的安全，网络层常见的问题是"女巫攻击"，操作手法是伪造多个节点与特定的一个节点进行通信，最后使得该特定节点不能正常进行相关工作。

（2）共识层：共识层安全问题是共识机制本身的安全问题，典型例子就是在工作量证明的区块链体系中会存在51％攻击的问题，恶意节点只需要控制整个系统内部超过51％的算力，就能随意控制这个系统区块的诞生与打包。

（3）智能合约层：智能合约层的安全问题是区块链上智能合约的代码出现了漏洞，比如以太坊的The DAO事件，损失了数千万美元加密货币就是因为智能合约存在一定的漏洞。

二、隐私保护问题的原因

为什么在区块链技术进行不同场景应用的时候，会出现这么多隐私保护的问题？有时候这不仅是技术本身的缺陷，而且与当前的时代背景和区块链技术应用的场景有关。当前区块链技术出现隐私保护问题的主要原因是：

（一）大数据时代数据的重要性上升

在互联网快速发展的今天，我们无疑进入了一个大数据的时代，在数据的重要性逐步上升的同时，个人数据逐渐透明化的趋势是不可逆转的。也许在不经意浏览网页时，我们就在网上留下了自己的用户使用信息，这些信息对于互联网公司来说是一种珍贵的资源，在搜集这些信息并且进行一定的分析学习之后，它们就能得到很多有价值的信息。因此，在数据信息资源的可利用价值变得如此重要的今天，区块链技术有不同的应用场景，总会有一些群体想要找出技术本身的漏洞来得到不同地址的有用数据，加以整合和数据挖掘之后提取出有用的信息。

（二）匿名性能保护隐私但是远远不够

我们经常会听到说区块链技术是匿名的，能够保护用户的隐私，区块链技术提供的是一个公开透明的账本，能依靠这个全网公开的账本实现整个体系完全的去中心化。这两者并不是互相矛盾的，区块链技术实现的是地址匿名，账目公开透明。地址匿名对于隐私的保护是远远不够的，我们能够从账户地址信息和交易账目数据这两个方面进行相关的分析。

1. 账户地址信息

一方面，一个账户通常是由一个地址来标定的，在一段时间内，该地址一直是由同一个身份的人来使用的，一个地址身份的同一性很难被掩盖。另一方面，不同的地址之间一旦出现一些趋同交易，比如两个特定的节点之间会出现交易行为的趋同性，这种趋同性产生的原因是个人在交易过程中会生成一些个人的手法和如同个人密码一样的痕迹，就如一个人留下的指纹，尽管每一个人的地址都是匿名的，但是这个"指纹痕迹"还是很容易被别有用心的人追查。因此，即使账户和地址信息都是匿名的，但是强监管下一定会出现隐私暴露。

2. 交易账目数据

当前业界对于交易账目数据信息的发展方向存在一定的分歧。一方面，一些人想继续向完全去中心化的方向发展，完全去中心化就需要这个网络体系的账目数据是公开透明的。另一方面，账户的公开化就一定会产生侵犯个人隐私权利的风险，发生隐私数据泄露的可能，不想将账目信息向无关者开放，但是不开放就意味着无法实现区块链技术的共识机制，没办法实现去中心化。这也说明账目数据的公开化与否是一个权衡的过程。

三、隐私保护问题当前的解决方法

当前业界存在一些解决隐私保护问题的办法，但是现存的一些办法都具有一定的缺陷：

（1）混币技术。混币技术的原理是，整个体系的节点不再是平等的，会存在一些相对比较重要的节点，其他节点产生的交易信息会先发向主要节点，这个节点会将交易的地址进行混合，最后不能将每一个交易和交易的地址进行一一对应。这种机制无疑会将整个体系的隐私保护功能大大地提升，但是这样我们中心化的程度也被大大降低了，试想一旦混合地址的主要节点发生问题出现信息泄露，就相当于整个网络体系交易信息和交易地址全部失守，必将对整个结点网络的隐私产生重创。

（2）环签名技术。环签名技术的核心是公钥和私钥技术，整个技术的运行机制是：节点甲向节点乙进行转账时，需要节点甲用自己的私钥向该网络所有其他的节点账户的公钥进行签名，才能完成交易，并且整个交易信息都是不透明的。后续想要对该交易进行验证的时候，只需要其他节点的公钥对这个交易进行环签名，不需要甲节点的私钥，所以就能保护甲节点的地址信息。这种机制存在的潜在缺陷是：如果整个节点网络的恶意节点数量偏多，在进行交易验证的时候多数节点不提供自己的公钥进行签名，该交易就不能被验证。

（3）Paillier 算法：Paillier 算法是一种性能优越的加密算法，其优越的性能使得区块链的隐私保护力度被大大提升了，但是这个算法的缺陷在于，它不能和传统的验证技术兼容，如利用 Paillier 技术加密的数据不能被零知识证明技术所验证。

四、隐私保护问题未来的解决方法

上述三种技术和应用方法在区块链隐私保护领域被应用已经取得了一定的进展，但是技术也在不断更新换代中，未来比较乐观的解决办法是依靠零知识证明技术。

零知识证明技术本身就是在 Paillier 算法的基础上进行改进去验证一方承诺的技术，重点在于验证者根本不用知道该项承诺本身的具体值，但是承诺者能够通过零知识证明技术去验证这个承认的数值所属一维空间的具体范围，同时也能够验证承诺里面的两个独立值是不是相等。将上述的思想应用到一个价值转移的区块链应用之中，就能直接在不知道具体的交易信息时直接判断出这个交易的一些性质，比如交易是否具有真实性。并且它能够保证在整个验证完成之后除了交易者本人外，其他人也不能得知具体的交易信息，这样就能很好地保证交易数据的隐私。

零知识证明技术的特点有：（1）完整。如果验证人和被验证人是诚实的，验证过程是按照规则进行的，并且是正确的，那么验证一定会成功。（2）合理。没有人能够冒充验证人，也就是说，只有验证人才能证明它。（3）零知识。认证过程完成后，验证人只能获得验证前所拥有的信息，而不是有关知识本身的信息。

零知识证明技术保证了安全性，对于任何验证人，甚至是恶意认证人，在交互过程中看到的信息只能用于验证信息的真实性，换个说法就是，假设你验证自己拥有的一个数据，经过验证之后，你只是知道了这个数据的一些性质，没有揭示这个数据。然而，应当指出这样做的缺陷是，零知识证明技术会带来更高的计算复杂性，导致一定程度的效率降低。

一方面，零知识证明技术可以保护数据的隐私，并在不泄漏数据的情况下证明数据的存在。另一方面，零知识证明技术可以通过对少量的数据证明来完成对大量数据进行证明，这对于压缩数据量以提高性能具有重要作用。

基于零知识证明技术的区块链隐私保护算法的大致流程如下：（1）一个区块链技术在应用端进行交易的过程中，直接对交易信息进行加密生成密文，同时生成在后续需要零知识证明技术所需要的证据，比如交易过程中金额相等的证据，交易金额大于 0 和交易余额大于 0 的证据。（2）将上述一个交易的加密密文和一系列相关证据发送到节点网络的各个节点。（3）各个节点根据一系列证据对加密的交易数据进行零知识证明，验证整个交易合法，再记到自己的区块链上。

理论上，整个流程在满足中心化的基础上也很好地保证了交易的隐私。实证上，对于不同数量级的交易数据输入进行相关的验证，最后发现上述基于零知识证明技术的算法，能够完美地对隐私进行保护，也能保证运行的高效，能够被广泛应用于需要对区块链进行隐私保护的场景。

在以太坊有一个名词叫作准二层协议，本身就是利用零知识证明技术实现交易性能优化的。它的思想是通过智能合约来构造一个虚拟的区块链，然后在链下的一个节点利用零知识证明技术进行交易业务的处理，然后定期线下的节点就会将交易业务的状态和这个交易的零知识证明的证书提交到智能合约中，最后形成一个区块链。在这个过程中，因为零知识证明技术有压缩计算的功效，所以能够将很多链下的业务压缩成一个个数据量级很小的证明，这样，智能合约构成的在区块链上主要验证的证书即可保证每一个节点的真实性。这就相当于实现了一个去中心化的设备，同时这个设备还兼顾强大的储存空间和强大的交易性能。

第二节 信息传递速度问题

一、信息的传递速度问题

我们在上一章已经做了相关的介绍，当中本聪第一次提出区块链时，他只为比特币建立了一个点对点的现金交易网络，最初的目的是在对电子货币感兴趣的圈子里推广它。数字货币的交易规模和用户量都很小，所以当时设计的数字货币，每个区块的容量只有1兆字节。我们假设一个正常事务数的大小是 500 字节，而一个 1 兆字节的块＝1 024 千字节。这样一个块只能存储大约 4 000 个事务记录。每 10 分钟确认一次，然后打包。这样，这一个块在 1 秒内可以处理的事务数约为 7。数字 7 表示每秒处理 7 个事务，后续事务以每秒 7 个事务的速度处理。同时，如果事务数据的数量级大于 500 字节，每秒处理的事务数将减少，整个系统的瞬时处理速度将更慢。

当我们第一次介绍区块链的时候，我们曾经介绍过区块链的运作机制。这种分布式账本可以在匿名的情况下产生共识机制。也就是说，整个网络中的每个节点都可以同步更新每个事务记录，并且这些记录不能被篡改。每个新节点都需要更新以前的所有记录，之后就可以加入网络了。与集中存储相比，区块链的速度问题非常突出：

（1）保证一定的交易处理速度极大地限制了区块链的发展和应用；

（2）每个节点都是信息的存储中心，需要存储每一笔交易，这对每个节点来说都是一笔巨大的存储成本；

（3）每个存储节点需要存储大量的数据，能够快速高效地存储和更新事务数据。因此，与集中化系统相比，分散化对参与节点有更高的要求。

二、信息传递速度问题的解决方法

（一）双层结构：应用双层结构改变分布式存储为多中心化存储

采用双层结构光链技术，将分布式存储转变为多中心化存储，是一种能够快速获得优异性能的双层链技术。光链不仅可以保证账本的核心功能记录不被篡改和破坏，而且可以达到 10 万每秒查询率（queries-per-second，QPS）的系统性能。

在双层结构中，子链的硬件和软件资源只在子链内部使用，避免了不同服务对单链结构资源的恶性竞争。这种子链之间的隔离模式也为系统架构级别的业务治理提供了有效的保障。理论上，光链的分布式结构决定了子链的数量可以无限扩展，这使得系统的可扩展性无限。另外，当父链的吞吐量有限时，系统可以调整子链的同步频率，以容纳无限多的子链访问父链，从而实现系统的快速大规模扩展。这种无限扩展模式在未来的大数据交易模式中扮演着重要的角色。在激励机制方面，光链也对传统区块链技术进行了改进。我们知道，在传统的区块链设计中，主动机制是去中心化、分布式运作的制度基础。在光链的双层结构中，父链仍然保留了这种激励机制，以确保参与者能够被激发出更大的热情，建立自己的节点。将子链转化为其控制，可以有组织地部署节点，而不需要建立新的激励机制来创建新的节点。可以说，光链的速度优势完美地弥补了目前区块链的不足，可以被应用到越来越广泛的应用场景中。随着研究的深入，区块链技术发展越来越快，而光链只是区块链领域的一大步。

（二）侧链技术

侧链技术起源于区块链的局限性，中本聪在第一次发布关于区块链的白皮书的时候，只是为了创建一个关于点对点的现金转移体系，换句话说，就是为了生成和交易比特币产生的一个底层技术。后续区块链技术被逐渐应用于其他场景时，应用的需求提高了，比如在价值转移领域，想要数字资产能够在不同的链上进行互相转移的需求被提出。为了解决问题，侧链技术进入人们的视野。

侧链的侧，已经能够很形象地说明侧链和区块链主链之间的关系：独立于主链但是两者之间仍然存在交叉关系。从某种程度上说，区块链本质是一种价值载体，但是侧链就是一个通路，能够将很多链连在一起。比如两个对不同数字货币进行交易的区块链账本，侧链就是实现这两个账本相互操作的基础。

在学习什么是侧链时，我们应该对在区块链技术中怎么对存储数据的链进行分类有所了解。实际上我们之前在没有特殊标注下经常说的都是主链。

按照不同的分类标准，我们进行如下分类：

1. 根据部署环境不同分

（1）主链。主链为部署在生产环境中的真正的区块链体系，在发布之前有许多内部测试版本，用于发现一些可能的运行错误，并用于内部演示，以查看最终发布之前的效果。主链，也可以说是官方版本的客户端链网，只有主链才能真正普及使用，其各种功能的设计也比较完善。此外，有时由于各种原因，如在采矿过程中整个链条出现分叉，我们一般将最长的链称为主链。

（2）测试链。开发人员使用测试链来检验整个链条使用节点网络的状态，例如，比特币测试链。测试链和主链在生产环境中的功能设计存在一定的差异，例如，使用工作量证明算法对主链进行挖掘，以及在测试链中替换该算法以方便测试使用。

2. 根据对接类型不同分

（1）单链。单链能够单独运行，如比特币主链、测试链、试用链、超级账本搭建的联盟链等，这些块链系一定具有完整的组件、模块、系统。

（2）侧链。侧链技术是一种跨链技术。随着技术的发展，除了比特币之外，还有越来越多单独的链式系统，每一个系统都有自己的优势，我们当然希望各个链式系统都能够整合在一起，这样就能实现主链的扩容。侧链就是这样的一种能够将不同的链式系统整合到一起的技术。

侧链技术最先发布于2014年，一家科技公司宣布将侧链技术发展成为一个开源的代码库和测试环境。就比特币而言，比特币系统的设计是为了加密数字货币，其业务逻辑僵硬，因此它不适用于其他应用场景，比如区块链很难在金融领域创造智能合约、实现小额高频快速的支付场景。毫无疑问，比特币的交易平台是目前最大的加密货币交易的公共平台，它可靠并且完全的去中心化，那么如何利用比特币网络的优势来运行其他链式系统？如果我们考虑在现有的比特币块链上建立一个新的链式系统，它可以具有比特币所没有的许多功能，如秘密交易、快速支付、智能合约，并且可以与比特币的主链相连接。

值得注意的是，侧链本身是一个区块链系统，而侧链不一定只能将比特币的交易主链作为参照物。侧链只是一种技术概念。区块链系统和侧链系统本身是两个独立的链式系统，但是二者可以按照一定的协议进行交互，通过这种协议，侧链可以在主链功能的扩展中发挥作用，假如需要扩展相关的功能并且主链的空间有限时我们就能够将特定的功能在侧链实现。

对于侧链，由于其长度没有主链长，整体系统的稳健性肯定没有主链强，现在将侧链的数据信息与主链进行交互，本身就是对侧链稳健性的一种增强。侧链的设计和运行的设计是和主链完全无关的，所以说功能实现的思路和细节都是完全不受主链的影响。独立性的好处就是，两个链能够进行相互的信息数据交互，但是一旦侧链受到攻击或者出现什么损害，对主链的安全性和一致性不会有什么影响。

因为侧链技术的核心是与主链搭建桥梁，所以这种技术也被称为楔入，根据楔入的方式不同我们可以将其分为几种类型，下面主要介绍两种：

（1）双向楔入。双向楔入是一种机制，通过这种机制，主链上的资产通过固定汇率在侧链间转移或输出。其核心机制是锁定主链上资产的一部分，在侧链生成或解锁价值相当于主链被锁资产的价值。双向楔入要求主链和侧链都支持简单的付款验证。

（2）联合楔入。另一种常用的楔入类型是联合楔入，这种机制类似于比特币的多重签名，它沿着链转移资产，由多个控制权锁定资产、转移资产。

其中，在双向楔入中比特币从主链移动到侧链，比特币必须先冻结在主链上，然后激活在侧链上，又称双向锚定。实现双向锚定最简单的方法是将比特币主链上的资产发送给单个托管人，并在侧链上激活它们。事实上，这种机构站在主链一边冻结资产，类似于真正的数字资产交易所，因此明显的问题是，这是一个完全中心化的解决方案。

我们使用的比特币钱包就是侧链技术。它确保资产被冻结在一个节点上，以便保存或应用。整个操作如下：（1）由比特币持有人发起特殊交易，比特币持有人将比特币锁定在一个特定的比特币主链地址上，并将其发送到一个特殊加工的侧链地址，侧链地址需要提供工作量证明并得到主链的承认；（2）一旦主链比特币锁定，它就不会从主链中移除。锁定交易通常有一个特定的等待期，能更有效地防止伪造和攻击；（3）由于比特币的侧链协议已经被确定，该侧链将产生一个与从主链转移的资产相对应的侧链资产，并将完全按照侧链共识规则的交易确定适当的所有权。我们在这个步骤中用到简单支付验证即可，因为我们在侧链中没有必要去验证全部区块信息，主要利用简单支付验证，以较小的代价去验证这个交易是否合理。我们直接对区块头验证工作量，验证哈希难题的答案即可。（4）逻辑通常是等价的，资产可以从比特币主链转移出去，或者以同样的原理退出。这就是双向挂钩的精髓，可以随时互换主链和侧链的角色，主链上的资产就是及时被锁，侧链上的资产就是进行简单支付验证，实际上双向挂钩是侧链设计的一个难点，现在我们能够得到结论，解决比特币扩张和性能问题的最佳途径是建立一个和主链相比完全不同的结构、技术和共识机制的新的侧链，然后将资产转移到这个侧链上。

简单来说，联合楔入就是对比特币主链上被冻结的资产通过一个多签名地址进行控制，类似于一个双方或多方当事人都同意保管的智能合同。这提高了安全性，并使侧链协议比第一个单一托管协议更加迅速和便捷。

区块链技术本身是为比特币的交易创建的，本身交易标的是比特币，如果想要进行其他相关资产的交易，需要将原来的系统升级。然而，我们之前讲过区块链技术构建的是一个去中心化的点对点的交易体系，去中心化意味着本身系统想要升级就会变得异常艰难。这就是侧链技术目前存在的局限性。

侧链技术局限性现存解决办法为：升级系统，形成创新币。但目前存在的创新币没有很成功的范例，本身就因为去中心化系统升级的难度上升，难以成功实现，创新出来的系统和创新币存在很多问题。

常见的问题包含系统本身在竞争记账权力的时候没有足够强大的算力进行保护，这样竞争得到的记账权力没有很高的质量，可能这种工作量证明的可信度就会下降，最初的环节质量欠缺，就会衍生出很多其他的后续问题，例如，历史记录不能保证完全的一致性，这样整个账本可信度会下降，整个去中心化系统的信任共识减弱，创新币的币值就会下降并且不稳定。同时假设我们的升级系统是简单和高效的，升级系统能够解决分叉问题，但是我们不能保证全部节点一起升级，这样一旦升级的状态出现差异性，也会直接对区块链体系造成重创。

（三）扩容

容量扩张一直是热点话题。围绕如何在较短时间内完成更多的事务，人们提出了许多解决方案。许多区块链公司致力于构建可扩展的基础设施，使区块链平台在未来成为主流。在解释扩容问题之前，我们必须先解释吞吐量的概念。假设每个人只能在火车站等10个小时，一旦火车满载，第11位乘客就要等下一班了。比特币或以太坊等常见区块链平台平均每秒可处理约10笔交易。相比之下，像维萨（Visa）这样的支付公司目前平均每秒处理5 000～8 000笔交易。处理任务的速率被称为吞吐量。与维萨等支付平台相比，区块链平台的吞吐量非常低。现在假设你在同一个车站，但是这次还有100个人想坐这趟火车。火车来了，售票员看着人群说："10 个人中交钱最多的可以上车"，因此，扩容也是解决区块链速度问题的重要途径。

第三节　信息扩容问题

一、区块链扩容问题产生的原因

扩容问题可能是速度问题造成的，但从根本上说，是新的共识规则造成的。例如，可以通过增加块的大小来增加系统吞吐量。然而，这种扩容方案有一个上限，这受到网络延迟和其他因素的限制。

如果提高某个参数就可以提高系统吞吐量，即使在实验环境下，吞吐量的提高也远远不能满足需求，因此比特币系统的可扩展性较差。为了使区块链系统承担大量的交易和去中心化的应用，需要在兼顾去中心化和安全性的同时，实现一个可伸缩、高性能的区块链系统，关键技术是区块链共识机制。区块链的本质特征是在多方协作的环境中达成共识。现有的共识机制难以满足大规模网络节点高吞吐量、低延迟的需求，因此有必要对区块链的共识机制进行创新研究。

随着区块链的发展，尽管新的共识机制存在缺陷，很多人还在考虑升级，但是，我们发现升级的同步性无法保证。不同的人对升级有自己的看法。事实上，分歧已开始出现。

分叉根据相容性的缺乏可分为硬分叉和软分叉：硬分叉意味着时间维是永久的。一般来说，新的共识规则（如比特币交易数据格式或区块格式）已经发布。在这之后，升级后的节点可以验证任何节点贡献的块，但有些节点未能成功升级，因此无法验证新块。因此，我们知道升级后的节点链上会有相同的历史交易数据，没有升级节点的链上的信息是一致的，但会逐渐丢失一些交易记录。升级节点链包括：升级节点提交的块＋未升级节点提交的块。未升级节点链包含：未升级节点提交验证的块。这就逐渐开始演化出两条不同的链条，其分叉被称为硬分叉。硬分叉的特性为：不兼容，未升级的节点需要强制升级，同时有两条链交叉。

软分叉是指在时间维上的暂时分歧，即一些节点没有及时理解新发布的规则（如事务数据的结构），从而导致一些非法的块提交验证。然而，在这个软分叉中，所有节点都可以验证所有节点提交的块。软分叉的特性为：兼容性好，即使有些节点没有升级，也可以正常使用，整个系统只有一个链条。然而，这个链上的区块分为两类：旧的和新的，但它们可以长期共存。

一旦系统链条分叉，就会给系统带来很多不良影响，这也是扩容带来的问题之一。我们以比特币的交易链为例。如果要弥补原有主链的硬分叉，需要将所有节点转移到信息区块链系统中重新开始。此外，对于区块链创建的一些数字货币，数字资产的价值在分叉时可能会波动。

二、区块链扩容问题的现状

以太坊（Ethereum，简称 ETH）是货币圈最有价值的公有链。随着 COMP 币主导的流动性挖掘和 Uniswap 协议的普及，大家发现它受到 ETH 1.0 网络性能的限制，导致了严重的交易拥堵，交易成本较高。可以说，ETH 的表现严重制约了以 DeFi 协议为代表的 ETH 生态经济的发展，导致 DeFi 协议在推出之初就遭遇了底层网络的瓶颈。连锁扩张再次成为热门话题。

根据官方计划，ETH 2.0 于 2020 年 12 月 1 日启动信标链，完成 POS 和碎片链技术，接入现有的 ETH 1.0 网络，正式投入使用。区块链行业快速发展的 DeFi 生态等不了那么久。因此，为了缓解 ETH 现有网络的压力，在此期间比较可行的方案就是采取 layer 2 扩容方案。

现阶段能够选择的扩容方案，即以太坊 layer 2 扩容技术方案如下：

1. 侧链方案

侧链协议是跨链的一种解决方案，通过此解决办法，数字资产可从第一区块链转换为第二区块链，并在随后的一段时间内安全返回第二区块链，从而使第一区块链得以安全。第一区块链通常被称为主链，而在两个区块链之间的每个区段被称为侧链。

侧链网络是独立的高级网络，通常来说只有一个达成共识的底层，它通过双向连接钩与一个基础的高级网络协议相互连接。在完全没有第一层系统设计的成本负担下，侧链系统能够同时支持具有超越其基本功能层的更多功能，例如可用性扩展和互操作性，而第一层的数据存储管理功能不再是必需的。其缺点就在于主链不安全。

其代表项目是 XDAI 稳定币。XDAI 是以太坊侧链，采用 POA 网络上突出的跨链桥接技术，以桥接 XDAI 稳定币为通证，具有可伸缩性，使用方便，由最初的 POA 团队开发。XDAI 稳定币应用提供快速的交易平台，并且仅须收取很低的费用。由于 XDAI 稳定币与以太坊兼容，数据和信息可以无缝地传输到以太坊的主网，提供了后端安全和无限的扩展机会。

2. 状态通道方案

状态通道（state channel）的灵感来自比特币的闪电网络。状态通道是一组固定的参与者（通常是两个参与者）之间的协议，用于安全的下行交易，其中一个支付通道专门用于支付。

具体的情况是，两个参与者通过交易链锁定了该链上的保证金。锁定后，双方可通过轮次、金额、签名等方式互相传送状态，实现转账，不需要和主链交互，只要两方的主链都是正确的就可以了。一旦支付参与者不被要求停止使用下次支付时的通道，就仍然可以直接进行"退出"支付操作：最后一个停止状态下的更新被自动提交支付到主链上，结算时的余额被自动退还提交到主链启动下次支付时的通道上。主链通过用户签名和最后支付余额等来验证支付更新通道是有效的，从而可以防止任何参与者无效地直接退出更新状态下的支付通道。

该方案的优势在于交互延迟达到毫秒级，是目前唯一能够接近当前互联网用户体验的区块链扩展技术。其交易费用非常低，基本上低于所有其他 layer2 技术；增加节点可以增加系统总容量，具有较强的横向可扩展性。每秒事务处理量（TPS）没有上限，彼此之间不是孤立的，不需要交叉分片、交叉链等复杂操作。然而，其"退出"模式存在的问题是，主链无法验证支付通道是否提交了所有交易，也就是说，在提交状态更新之后没有更新状态。此外，状态通道的另一个缺点是它只能在两个参与者之间打开。

其代表项目是 celerra network。它是区块链首个致力于建立基于国家频道技术的网络规模应用平台，使每个人在该平台上都能方便、快捷、高性能地开发和使用分布式的区块链应用。它不是独立的区块链，而是可以广泛地在现有和将来的区块链中运行的一个网络系统。它通过其离线扩展技术以及加密经济等方面的突破，为区块链平台带来了前所未有的性能和灵活度。

3. plasma 方案

plasma 是由维塔利克·巴特林（Vitalik Buterin）和潘志豪（Joseph Poon，闪电网络的创始人）于 2017 年联合提出的一种链下交易技术，它从新的方向上实现状态通道，并允许在以太坊的主链上创建一个附加子链，这些子链还有自己的子链，也可以生成子链。其结果是，我们能够在子链级别上执行大量复杂的操作，运行数千个用户的全部应用程序，并且与以太坊主链的交互尽可能少；子链能更快地运行，而且交易成本更低，因为其操作无须在整个以太坊区块链上保留副本。

与其他状态数据通道不同的地方是，plasma 通道可以同时运行智能交易合同，如果一个状态数据通道本身是一个可以扩容的最大交易计算吞吐量，那么它本身就是一个交易计算系统功能的重大扩展。

plasma 将计算和数据存储全部迁移到 layer2，再将 Merkle 根形式的"状态承诺"发送到主链。如果执行者提交无效状态，用户就可以对主链中的智能合同提供错误证明（fraud proof）；一旦执行人确认有欺诈行为，智能合同将对其罚款。尽管我们能够使提供无效承诺的行为者在主链中受到惩罚；但是，如果 plasma 的执行人拒绝公开主链中的数据，那么使用者就不能获得构造错误的承诺，也不能获得错误的数据。plasma 无法提供正确的证明，因此 plasma 面临的最大问题就是交易数据的可用性。对此 plasma 衍生了一些相应的办法，如延长资产退出 layer2 的时间：当发生作恶行为时，plasma 链可以允许大量的资产退出 plasma 链。但经历了这些年的磨炼，可行方案并未真正实施。

其代表项目是 omg network。它以品牌名 omisego 创建于 2017 年，基于以太坊 plasma 扩容方案，用于主流的数字钱包，可以在跨国司法管辖区或组织机构实时点对点地使用法定货币或加密数字货币，进行价值交易和付款服务。它建立了一个区块链网络。

4. rollup 方案

rollup 方案可以被认为是一种压缩技术，多笔交易可以被压缩在一起（几千笔交易可以被打包到一个 rollup 区块中），这样就可以减少交易的数据规模，也可以减轻交易验证的负担，因此使用以太坊区块链可以处理更多的交易，TPS 可以达到 3 000 左右。它是将所有 layer2 上的交易数据，即 rollup 区块的快照发送到主链上的智能合约中，并用主链上的一个合约保管所有资金，而 rollup 通过在主链上公开一些数据，让任何人都能通过观察区块链上的 calldata 来保管每一笔交易，（交易输入数据）获得 layer2 的所有资料。

rollup 区块的状态是由用户以及链下运营者来维护的，因此不会占用主链的存储空间。所有交易的收据都存储在以太坊区块链上，这就提升了 layer2 交易的安全性。

三、解决区块链扩容问题的方法

扩容是区块链社区讨论的焦点话题，围绕着如何在"更短的时间内完成更多交易"提出了几种解决办法，包括分片和闪电网（雷电）、分片等。

区块链的扩容解决方案主要可以分为两种：链上扩容和链下扩容。此处我们只介绍链上扩容。在通常情况下，链上扩容指的是直接发生在区块链上，通过改变区块大小或数据结构从而达到提高处理交易能力的解决方案，比如隔离见证和增加区块容量；而链下扩容则指的是在加密货币的主链之外，建立外围或第二层交易网络。

链上扩容 layer1 为第一级扩容技术，layer1 实际上是针对协议层进行的扩容，是底部区块链自己进行的"改造"，对区块链本身的扩容进行改造，使区块链本身变得更快，容量也变得更大。如果说区块链是个项目，那么它本身就包含了许多部分。从下到上分别为 P2P 网络、共识机制、虚拟机和区块链编程语言，每一个部分都具有很大的发展和进步空间。第一级扩容技术实际上就是通过共识对这一部分进行了改善。具体扩展方案如下。

1. 隔离见证

现在的比特币区块限制是 1 MB，当时中本聪设计的区块的最大限制是 32 MB，但之后又担心，大区块会导致一般计算机无法在有限的时间内完成验证区块，只有几个高性能的机器或专用计算机才能完成，导致中心化算力的过程违背了去中心化的初衷，因此将区块限制在一定的范围内，制成 1 MB。在不改变区块尺寸限制的情况下，比特币社区建立了隔离见证（segwit）计划，即软分叉计划。比特币的交易记录中包含两种信息：交易信息（由 a 转至 b）、非交易信息（私钥签名等）。如果从原来的区块中剥出非交易信息，则可以提高每一区块可容纳的交易量。

2. 扩块（以 2MB 区块为例）

每个区块内都包含一个时段的数据，这是一个特定时段的数据。拿比特币而言，每个区段都包含了全球 10 分钟的所有比特币交易。当区块的大小为 1 MB 时，最多仅包含超过 2 000 笔交易。早在 2010 年，就有人发帖提出将区块扩容到 7.1M 的建议，但中本聪以"我们可以等以后需要的时候再改"进行了回绝。在之后的两年里扩容之事便再无人提及。

在中本聪自 2010 年退隐后，比特币的开发工作就移交给了 Bitcoin Core，从 2013 年到现在，比特币社区经历了不断争吵和互相敌视，Bitcoin Core 却是坚决抵制扩块的，在信仰与金钱的双重刺激下，这便促使了一系列分裂币的诞生。

人们通常提及比较多的是 2MB 区块，比特币社区的另外一部分人希望硬分叉直接把区块大小限制从 1MB 改为 2MB，基本想法很简单，提升单个区块内的交易数，每秒打包的交易就会增加，从而提升每秒交易量。举个例子：公交车从一层变成两层，提升了容量，载客量就变大了。

3. Casper 协议

以太坊的 Casper 协议是基于 PoS 协议的。PoS 协议存在无利害关系（"nothing at stake"）攻击，该攻击产生的原因是挖矿没有成本，矿工为了以大概率胜出，会同时基于多个分叉进行挖矿，可能出现频繁分叉，主链状态无法确定。

Casper 协议通过保证金和投注解决了这个问题，每个挖矿节点需要投入一笔保证金才能挖矿，每次挖矿都是一种投注行为，矿工对最可能成为主链的区块进行投注，如果猜中可以得到挖矿奖励，猜错或随意更改投注将扣除一定的保证金。

所有的功能由 Casper 智能合约来实现，包括加入、投注、取款、获取共识信息等。

4. DPoS 算法

号称区块链 3.0 的 Canony 宣布其可以达到 100 万 TPS，而在主网上线测量的极限 TPS 是 3 000，虽然不能达到百万级，但主网可以达到几千 TPS 的进展也很大，至于 100 万 TPS 可能会通过子母链或其他扩展方案来实现。能够达到这种结果，DPoS 与其选用的共识算法有很大关系，比特币和以太坊都使用 PoW 共识算法，所有节点都需要计算规定难度的哈希值然后广播给其他节点，而且节点众多，广播时间也比较长。

DPoS 通过投票选出 21 个超级节点，每个节点轮流出块，而且不需要计算规定难度哈希值而直接出块，只需要这 21 个节点达成共识就可以了；通过经济惩罚机制保证链的正确性，每个超级节点都需要提供一笔保证金，拜占庭节点会被扣保证金。DPoS 的优势是能耗低，不需要浪费电来计算规定难度的哈希值；缺点是垄断性高，普通人无法参与节点竞选。

第四节　51% 攻击问题

一、 51% 攻击问题产生的原因

51% 的攻击可以通过控制网络算力来实现，如果攻击者控制网络中超过 50% 的算力，那么就可以在控制该算力时逆转区块，进行反向交易，实现双花。上述机制可以实现的理由是：在 PoW 共识协议中，区块链系统允许多条分叉连接，并且每一个链都能对外声明自己为正确的，但在区块链设计理念中，有一条最长效率原理：无论在什么时候，最长的链都会被认为是工作最多的主链。

51% 的攻击流程大致如下：

一个攻击者刻意将第一个交易广播到一个网络，将第二个交易广播到另一个网络，两边都有两名矿工可以同时获得记账权，并将各自的账目广播到大家身上，此时在网络节点中选择任何一个账目都可以，原来的统一账目出现分叉。

接下来，矿工们选择继续在 a 的基础上记账，那么 a 分支将比 b 分支要长，根据区块链规则，最长分支将被认可，短的分支将被放弃，账本仍然会回到一个状态，交易只有 1 笔。现在 a 分支已经认可了，相应的交易也得到了确认，如果攻击者取得商品后，立即变身为矿工。争取连续两次的记账权，然后将 b 分支连接到一个区块中，于是 b 分支被认可，此时 a 分支已被舍弃，而在 a 分支中的交易已不再成立，攻击者在 a 分支中的支付货币又重新成立，但攻击者已拿到了商品，至此完成了双花袭击。

在一个 b 分支落后时，强行攻击强迫我们让它快速超越一个 a 分支，在现实中难度大、成功率很低，但一个攻击者自己若能够掌握一个全网速度超过 50% 的网络计算时间能力，即使落后许多，他们要追上的只是一个计算时间上的问题，这也就是前面提到所谓的"51% 攻击"。

二、 51% 攻击问题的现状

在区块链的现实世界中，发生了许多双花攻击事件，比如 Bitcoin Gold 所发生的攻击事件，就属于 51% 攻击。

攻击的过程是：攻击者控制了超过 51% 的算力，在控制该算力时，他将一定量的 btg 发给了自己的交易所，这个分支被我们称为 a。同时，他又向另一家公司发了这些 btg，并将其分支命名为 b。a 被确认后，攻击者马上卖掉 btg，拿到了现金。然后，攻击者在 b 分支上挖矿，由于它控制着超过 51% 的算力，因此攻击者有可能获得记账权，很快 b 分支的长度超过了 a 分支的长度，这样 b 就成了主链，a 分支的交易将被回滚，并使数据重新恢复到原来的正确状态设置。也就是说，分支中的 btg 恢复了以前攻击者刚刚开始第一次货币交易前的所有状态，攻击者以前所交换来的分支 btg 又重新回到自己的手中。最后，攻击者将这些卡的 btg 发送到另一张卡的钱包上。因此，攻击者通常可以通过 51% 的自动算力函数来自动控制数笔支付，实现了数笔双花。

据报告，攻击者已经成功地逆转了 22 个金币区块，涉及接受此次攻击的每个比特币用户的黄金交易地址已经收到了 388 200 个金币 btg，假设这些黄金交易与 1 亿双花资金有关，攻击者很有可能从双花交易所中获取了一笔高达 1 860 万美元的交易资金，价值甚至可能已经超过了 1 亿双花。

三、解决 51% 攻击问题的方法

解决 51% 攻击问题的方法非常多，现在已经有的一些手段包括：

1. 六次验证

为了避免双花造成的损失，人们普遍认为，在六个大板块被确认之后，比特币的交易基本没有什么变化。也就是说，如果把小黑送给白色的 666btc，那么它就会被包裹在第 N 个块里（第一个块被确认），等待直到第 $N+5$ 个块出现（第六个块被确认），则这件事情基本上是不可改变的。

一般来说，被确认的块越多，它们就越安全，并且在受到 51% 攻击后被篡改或重组的可能性越小。我们经常说在六个块被确认后就是安全的比特币交易，六个块的数量并不是强制性的，但是在六个块被确认后，比特币被篡改的可能性非常低，因为黑客或攻击者目前很难掌握大量的比特币计算能力来作恶。然而，这种方法目前存在的缺陷是：信息鉴定的时间太长。目前比特币的平均数据块每 10 分钟就能打包，六个块的确认需要 60 分钟。每笔比特币交易我们都要等 60 分钟。

一般来说，对于低于 1 000 美元的比特币交易，一个区块就足以进行确认。对于 1 000 美元和 10 000 美元之间的比特币交易，一般交易平台将需要至少三个块进行充值和取款确认。对于 1 万美元和 10 万美元的比特币交易，基本上需要六个块进行确认。对于超过 100 000 美元的交易，确认的区块越多越好。

2. 提高 PoW 共识机制的运算难度系数

PoW 共识机制的中心内容是强迫攻击者做一定数量的操作，从而使攻击者在无形的情况下增加攻击成本。自然，攻击者需要完成的任务可以根据消耗计算机的资源类型分为三大类：（1）CPU 导致资源大量消耗。例如，哈希现金解决方案主要被用于反垃圾电子邮件，以及由此算法启发的滥用比特币。（2）消耗大量内存的存储资源算法。例如，为了有效防止 51% 的黑客攻击，而这可能不会发生在新的比特币上，以及以太坊现在主要使用的算法是一种新的 PoW 算法，它通常需要占用大量的内存资源。（3）网络消耗的资源攻击者必须获得多个远程服务器发出的命令，以拒绝服务器的攻击。

PoW 作为一种数字货币，在 1998 年由 BKIND 设计提出。2008 年，中本聪发布了比特币白皮书，使用 PoW 共识，通过计算得出了哈希问题的数值（两个哈希 256）。保证系统内只能提出少数合法建议，并保证一段时间。同时，这些小的合法建议将在网上广播，收到用户验证后将根据最长的链仍然存在难题进行计算。

哈希问题有不可逆性的特征，因此除了用暴力计算之外，目前还没有一种有效的算法来解决哈希问题。相反，如果得到符合要求的数值，则说明概率对于算力的作用，谁的计算能力越大，谁就有可能越早解决问题。当掌握了超过一半的全网算力时，从概率上讲就能控制中链网络的走向。这也就是所谓的 51% 攻击发生的原因。

现在如果单纯依靠计算难度的提升来防止 51% 攻击的发生，就会导致现有的资源被白白浪费。

3. 改变现有的共识机制

当前用于解决 51% 攻击问题的共识机制有 PoS 权益证明和 DPoS 代理权益证明。它们相比传统的 PoW 共识机制的计算难度可能降低了，节省了大量的算力资源，但是本身计算难度的降低会导致恶意节点进行 51% 攻击的成本降低。

（1）PoS 权益证明。

PoW 算法要靠大量资源的消耗来保证共识的达成，那么有完全不需要靠计算机资源堆砌来保证的共识机制吗？PoS 就是这样的一种相关的共识机制，但是当共识机制的计算难度下降之后，虽然省了很多算力资源，但本身恶意节点进行 51% 攻击的难度大大下降了。

如果 PoW 主要比拼算力，计数量越大，挖到块的可能性就越大，PoS 则是拼余额，通俗地说就是自己手中的币多，挖到块的可能性就越大。PoS 共识算法存在一个漏洞，那就是其无利害关系攻击十分有名。假设一个系统出现两个支链，最佳的运作策略是同时对两个支链进行"挖矿"，这样无论哪一支分链胜出，对于币种拥有者而言，都会得到本属于他的利益，也就是不会造成利益损失。由于避免了算力消耗，PoS 共识机制中也可以同时对两个分支挖矿。

这也是 PoS 存在缺陷的原因：由于能够同时对两个分支挖矿，一旦出现分叉，"矿工们"就会同时挖矿。因此，在某种情况下，发动攻击的分叉链极有可能获得成功，因为大家也在这一分叉链上达成共识；甚至可以不用 51% 的货币，就能成功地发动分叉袭击。而这种做法在 PoW 共识的机制下是不可行的，因为挖矿需要消耗算力，而且矿工只能从一个部门挖矿。因此，在实际 PoS 算法中，还需要添加一些惩罚机制，如果发现矿工对两个支线同时开采，则需要添加一些惩罚机制，如果发现矿工在两个支线同时开采就进行惩罚。PoS 的本质就是比谁的钱多，钱越多越容易挖到区块，这将会造成富者越富，资源越来越集中，从而使整体变得更中心化。

（2）DPoS 代理权益证明。

相对于 PoW，PoS 的效率较低并且会变得更加中心化，BM 于 2013 年 8 月开始启动比特股 BIT 树 S 项目，采用 DPoS 代理股权证明。

DPoS 很容易理解，与现代企业的董事会体系相似，比特股制度将代币持有人称为股东，由董事会投票产生 101 名代表，并由这些代表负责生成区块。需要解决的核心问题主要是：如何选出代表？如何自由地退出董事会？如何在代表中进行协作生成区块？持币人须先取得公钥到区块链上注册，获得长度为 32 位的特殊身份标识符，用户可投票以交易形式选择该标识符，得票前 101 位为代表。代表生成区块，收益（交易手续费）平分。如果代表们不老实地生产这个区块，很容易就被其他代表和股东发现，他就会立即被赶出董事会，空缺的位置则由票数为 102 的代表自动填补。从某种意义上讲，DPoS 可以被理解成多中心体系，兼具去中心化和中心化的优势。

第五节　信息孤岛问题

一、区块链信息孤岛问题产生的原因

目前，不少大企业都积聚了大量数据，并且各大企业都在积极布局区块链，在这种各自为战的区块链发展状况下，会不会出现区块链本身所带来的信息孤岛？

按照现在的趋势，肯定会形成信息孤岛，甚至这个信息孤岛可能比之前发展数据库所形成的更大。在传统的数据库里存储的是明文数据，有了区块链之后，为了做好数据的确权和隐私保护，需要对数据进行加密处理，信息本身的不可见性或者不可用性，会使得数据形成一个更大的信息孤岛。

针对这种可能的信息孤岛的诞生，业界普遍认为应该先加强区块链基础设施建设。与此同时，应在基础设施建设的基础上形成一些强制标准，对区块链的下一步发展、应用产生更好的约束，比如跨链标准、信息格式标准、信息共享标准以及身份标准等。只有如此，才有可能避免由区块链所引发的信息孤岛的形成。

二、区块链信息孤岛问题的现状与危害

信息孤岛信息是一种相对独立的人力资源利用信息管理系统，它们相对独立，不能进行任何信息上的流通，相互间仿佛完全是相对独立的。区块链中的"信息孤岛"一词意味着，各链之间的数据不能形成无缝隔离的"信息流"。

在这一速度最快的时代，互联网上无所不有，企业要建立自己的供应链或者加入提供链，必须通过信息化技术来实现。这无疑宣告了信息化供应链使用时代的到来。然而，在利用信息系统进行供应链竞争时，我国企业却发现自己面临更大的信息孤岛，企业和企业之间的信息是更不对称的！企业和企业之间若不打通由不同信息系统构成的隔阂就寸步难行了。

如今，在我国金融行业普遍存在这种企业和企业之间的信息孤岛问题，可以说严重阻碍了我国企业发展成为世界级企业的步伐。以供应链金融为例，一是提供链金融资产还不能覆盖所有供应链的连接。二是供应链信息的数据很零碎，存在信息孤岛的现象。供应链金融以核心企业的授信为主，向整个供应链的中小企业提供资金。然而，全球工业垂直分工越来越明显，促使核心企业信息系统不能整合所有的交易信息，导致不同企业的交易信息分散，整个链条产品的流转信息完全分裂，没有相关信息平台进行收集和处理，限制信息的访问和流动速度。当企业在进行供应链融资时，还需要对相关的交易资料进行整理、验证，以确保交易真实度，增加服务主体的信息审查烦琐度和有关成本，也增加了还账费用。比如一个公司可以同时在不同区块链平台上进行抵押贷款，因为区块链之间的信息并不能流通。

第六节 上链数据真实性问题

一、上链数据真实性问题产生的原因

近年来，各个行业的各个企业都在积极布局，其中以智能区块链最具技术价值、最快速可落地，其最新应用的产品溯源在越来越多的行业领域中得到应用。那么，区块链技术可以为生物溯源行业带来什么？区块链的溯源流程有哪些常见问题？信息真实性是其中的难点。

自区块链技术兴起开始，各大企业便纷纷对区块链进行布局。阿里巴巴还加入了区块链溯源队伍，建立了基于区块链的跨界贸易追溯系统，并推出了基于天猫奢侈品频道（Luxury Pavilion）的支持正品追溯功能，该系统是基于区块链技术的。

区块链追溯服务仍处于开发阶段，市场也对其操作过程中存在的一些问题提出了质疑。那么，基于区块链技术的防伪溯源也同样存在问题，那就是某个链上的厂商（节点）

故意以假货代替正版的商品，这样溯源效应也会失去。

二、上链数据真实性问题的危害

近几年，"假货""食品安全"等网络问题频繁被人们推上风口浪尖，如何有效确保居民饮食安全、避免消费者被骗或者上当，是目前人们正在研究的热点问题。然而，由于区块链溯源技术的公开透明、不可随意篡改、可追踪等几大特点似乎给电子商品的安全溯源应用带来了一个新的发展希望。

区块链可以解决链上的数据真实性问题，而不是防篡改，这是因为篡改费用很高，导致其无法进行篡改。但数据在上链前的精确性并不能解决，这是区块链技术面临的问题，也是所有技术面临的问题，因此不能仅靠区块链来解决。

此外，还有一个问题是：数据在上链的过程中如何确保各个环节的数据不丢失？如果存在人为因素，则很容易发生错误、失效或被篡改。这就需要将其他技术方法结合起来，以帮助我们准确地将数据传送到区域中。例如，食品溯源流通环节多，可以与制度规范相结合，在每个节点都可以使用诸如 usb、rfid 等辅助我们收集数据，从而在数据传输过程中避免人为遗漏、错误记录等问题。

三、解决上链数据真实性问题的方法

上链数据的真实性问题很难通过平台算法的升级换代来处理，更多是利用线下的一些方法来解决，目前可能的解决思路有：提高区块链参与者的门槛，减少人为因素导致的上链数据不真实的问题；根据智能合约构建一个惩罚项，设置很高的惩罚因子，最大可能地提高造假成本，并且对违规成本进行自动赔付。

扩展阅读

Bitfinex 交易所事件

Bitfinex 交易所多方支持签名被破解，120 000 多个比特币从一个用户银行账户上被快速转移。官方迄今未正式透露具体原因。2016 年 8 月初，黑客成功袭击并窃取了价值约 6 500 万美元的比特币之后，比特币产品价格发生了大幅跳水。

根据 Bitfinex 的公告，该交易所在发现了一个安全漏洞后停止交易。Bitfinex 公司的主任塔克特（Tackett）证实，119 756 个比特币（约 6 500 万美元）被黑客盗取。截至东京时间 8 月 3 日下午 2 点 30 分，比特币和美元的价格都下滑了 5.5%，这意味着仅仅两天时间比特币的下降幅度已达到 13%。周一（8 月 1 日），比特币价格下降了 6.2%，尽管外界对周一的下跌是否与黑客攻击有关仍存怀疑。

从 Bitfinex 公告中可以看出，它最大的漏洞是热钱包安全机制。Bitfinex 采用多重签名的方式，以实现用户比特币安全储存，但是，先需要假定 Bitfinex 发送的所有指令是正确的。Bitfinex 采用了多重签名安全技术体系，Bitfinex 平台还负责另一种"签名"，这些签名密钥在多个服务器之间分散，一夜间被盗。"这么多服务器，如果没有内部应用，也很困难"，前资深人士分析。此外，Bitfinex采取的是一种"热储存""热钱包"的方法。这使用户密钥与网络接触的可能性大大提高，甚至有100％的在线时间，跨账户总是在网上，给黑客提供更多的机会。

使用比特币冷存储技术可以避免大多数损失，比特币交易平台OK坛一直使用冷存储技术，所有的比特币都被保存在离线账户上，当平台接到用户的比特币充值时，它将直接传送到OK坛的离线账户。每个用户的充值地址不一样。Bitfinex丢币事件提醒我们，注意钱包是比特币交易所平台的重要工作。

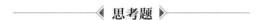

◀ **本章小结** ▶

本章主要介绍了当下区块链应用面临的主要常见问题。第一节介绍了隐私保护问题，就隐私保护问题的危害、形成原因，当前和未来的解决办法等方面进行相关的阐述。第二节介绍了信息传递速度问题，针对相关问题的解决办法进行了介绍。第三节介绍了信息扩容问题，就扩容问题的产生原因、生成现状和未来可能的解决办法进行了介绍。第四节分析了51％攻击问题，内容包含该问题产生的原因、问题发展的现状、目前已经有的解决办法等。第五节介绍了信息孤岛问题，分析了问题产生的原因、问题发展的现状和产生的危害。第六节介绍了上链数据真实性问题，分析该问题产生的原因、产生危害的现状、当前存在的解决办法。

关键词：多中心化存储、侧链、扩容、共识机制、51％攻击问题、信息孤岛、跨链

◀ **思考题** ▶

1. 解决区块链技术在应用场景中的隐私保护问题，你能举一个零知识证明的例子吗？并且除了同态加密和零知识证明外，你有什么好的思路和想法吗？

2. 公证人制度在演化的过程中一直致力于弱化中心化的方法，现实中你见过什么相关的例子吗？对公证人制度的优缺点进行分析。

3. 总结侧链的优点和缺点。

4. 总结共识机制的演化历程。

◀ **本章参考资料** ▶

[1] 李龚亮，贺东博，郭兵，路松峰，等. 基于零知识证明的区块链隐私保护算法. 华中科技大学学报（自然科学版），2020（7）.

[2] 王彦超. 企业信息孤岛的成因及对策. 化工管理，2008（4）.

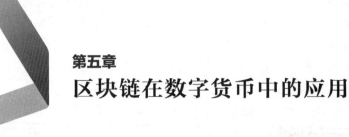

第五章
区块链在数字货币中的应用

讨论区块链的应用，我们会首先想到比特币。比特币的出现使我们引入了区块链的概念，而比特币作为数字货币的一种，就让我们想到货币的发展进程，从实物货币到纸币再到信用货币。由比特币开始出现了很多不同类型的数字货币，一些是商品化的数字货币，而另外一些是有真实货币作为背书的数字货币。本章我们将重点介绍区块链在数字货币中的应用。

第一节　从实体货币到数字货币

一、从实体货币到电子货币

我国有记载的货币最早出现在商朝，这是人类文明的一大进步。货币的出现使得人们能够使用货币充当一般等价物进行商品的交换。在人类文明的发展进程中，货币的形式也经历了不同程度的演变。货币的发展进程大致可以分为三个阶段，从实物货币到纸币再到信用货币。实物货币阶段被认为是人类文明的起步阶段。货币拥有价值尺度、流通手段等职能，在日常生活中发挥了巨大作用。长期以来，货币的存在形式都是实体形式。各国对于货币的管控十分严格，货币的发行由各国政府和央行统一管理。政府通过调节货币供应量或其他货币政策，以及调整财政政策和融资情况，引导市场走向和经济模式。可以说，货币关系到人们生活的方方面面。在国际上，每个国家发行的货币相对独立，没有一个统一管理的原则，现今国际金融监管和调控的能力减弱，国际货币的稳定性问题亟待解决。互联网技术的飞速发展和信息化进程为虚拟货币的出现奠定了技术基础，人们会联想到如果出现虚拟货币会不会让支付变得更加便捷，于是电子货币应运而生。

　　电子货币的发行机构一般是中央银行、金融机构或者非金融机构。发行的机构范围比较广泛。国际清算银行曾经认为电子货币的发展对货币政策形成了冲击，影响利率水平。长期来看，央行依然具有货币发行的垄断权，而随着信息技术的不断发展，货币的界定需要被重新定义。巴塞尔银行监管委员会对电子货币进行了定义——它是一种在销售终端或者直接通过网络转账的形式来完成储存和支付的体系。在销售终端，我们可以用信用卡、借记卡等进行支付。目前我国的支付宝和微信支付可以实现直接通过网络转账。这些电子支付方便了人们的生活，但是对于这些支付方式也需要严格的监管，欧盟为了规范其他电子货币形式，建立了相关的制度。这些电子支付方式使得货币的流通和数量价格的控制发生了变化。

　　我们在探讨电子货币时，需要注意货币的信用背书。在网络时代，支付宝和微信支付是非银行机构参与的典型。然而，我们看到在交易过程中，作为媒介的仍然是现实的货币。游戏中的代币会通过人民币交换，并在游戏中作为某种媒介进行交换，但是通常游戏中的代币并不会影响现实的发展。然而，数字货币则是另外一种形式了。

二、 数字货币的第一次尝试（比特币）

　　当我们开始讨论数字货币时，有一种观点认为它是新型的电子货币，主要通过加密技术实现。从借记卡到非金融机构参与的支付，再到数字货币的支付形式可能落地，这些变化都会带来更高的支付效率。从狭义方面理解，数字货币被认为是不需要物理载体的货币。我们从数字货币的第一次尝试，即比特币的出现谈起。

　　比特币出现在 2008 年 11 月，中本聪在《比特币：一种点对点的电子现金系统》中首次提出并发布了比特币的先行版本。该文章中的观点认为，比特币是一种通过加密技术实现交易的去中心化系统，该系统不依赖于中央银行，是数字货币交易的平台。在比特币的网络体系中，身份信息是匿名的。匿名的实现是在接收比特币的过程中，通过在平台上利用公钥的地址进行交易。在交易中，客户贡献算力并对交易进行确认，最后交易会记录到全网站的版本上。中本聪在文章中提到点对点的网络体系，不需要第三方的作用。中本聪吸取以往数字货币失败的案例，此前失败的原因都有一个共同的特点，背后都是中心化的组织架构。一旦数字货币背后的服务器或者集中化的数据库出现问题，如遭到黑客攻击或者被取缔，整个体系就会崩溃。基于金融中介机构的第三方交易平台，会受到信用缺失这一弱点的影响。在金融中介机构，大多数交易无法实现完全不可逆的交易，它们无法实现纠纷调解。纠纷调解的成本也会增加交易的成本，由此限制实际交易的规模并完全阻碍了临时小型交易的可能性。交易是不可逆的，如果存在可逆的行为，需要建立在交易双方信任的基础上。在操作过程中，商家为了提防其客户，要求客户提供更多没有必要的信息，由此就会不可避免地发生一定比例的欺诈行为。然而，在没有第三方金融机构的情形下，可以避免这些不确定行为的发生。由此，中本聪提出了基于密码学的电子支付系统。该系统允许任何自愿的两个当事方进行直接交易，而不需要受信的第三方。在算法上设计了不可篡改的平台和常规的托管机制，保护交易的卖方不受欺诈。在网络攻击上，点对点的网络能够进行自我修复，并且整个体系较为稳健。点对点的分布式时间戳服务器可以生成按照时间前后排列的电子交易证明并且进行电子交易记录。这种时间戳服务器可以有效解决双重支付的问题。系统安全的前提是，诚实的节点控制的 CPU 比有协作关系的攻击者的大。哈希算法的不可逆性和时间戳保证了链的发展和延伸，将交易记录进行公开。在运算过程中，如果一个节点能够发现相应的解，其他网络节点能够接收到这个信息，并对其进行检验。检验符合要求后，其他节点会接收这个区块。同时，这个区块将会接在现有的区块链上。在这一系列行为后，挖矿的矿工会获得奖励。中本聪在文章发表后，对挖矿进行了实际运行和操作的说明。

中本聪于 2009 年挖出了比特币的第一个区块——创世区块。在这次行动中，他获得了 50 个比特币的挖矿奖励，这是比特币史上的第一笔交易，但是直到目前为止，这 50 个比特币也没有被使用过。中本聪在当时留下形成时间戳的效果语句"财政大臣对银行的第二次救市"，这句话也是当时《泰晤士报》的头条。挖矿奖励在设计之时是不断改变的，挖矿奖励会 4 年进行一次减半。减半行为直到总量全部被发完为止，可以计算出大约到 2140 年才会全部发完。由上述行为可以知道，新生成的比特币是作为挖矿的区块奖励给予矿工的。比特币虽然并不是法定货币，但是它本身有着商品的属性。从比特币的特性上，我们可以将之与黄金进行对比。首先，比特币的总量有限，较为稀缺。比特币总量被永久控制在 2 100 万个。黄金也是如此，稀缺并且资源有限。其次，一方面，比特币的开发成本较大，相比于黄金，虽然开采形式不同，但是比特币的开发需要耗费大量成本。这里的成本包括开发和运行成本。研究工程师马克斯·克劳斯（Max Krause）在一篇报告中将黄金开采成本和比特币开发成本做对比，指出开采 1 美元黄金的成本是 1 美元比特币成本的三分之一，并且此计算成本并未包含比特币相关开发的设备维护和后续的各类费用。由此，从某种意义上说，比特币的开发相较于黄金更加困难。但从另一方面来说，比特币是优于黄金的，比特币拥有容易转移、保存、可以编程和无国界的特点。用户可以在任何一台计算机上连接互联网，进行挖矿或交易行为。互联网广泛覆盖使得比特币的交易不受限制。正是因为比特币的属性和黄金类似，现在很多人并没有将比特币视为货币，而是将其视为投机的工具。由于这部分人的投机行为，比特币市场经常会有暴跌和暴涨的情况。比特币目前能够在平台上交易，匿名交易和稀缺使得很多人涌入交易平台，但是我们需要注意到，比特币在信用和价值上目前是很难找到支撑的。换句话说，一旦人们对比特币失去信心，它将会没有任何意义，同时也会一文不值。大幅度波动也是比特币成为货币的绊脚石，再加上各国政府的严格监管，数字货币成为法定货币还是很艰难的。

比特币自身的性质也不能让其成为合理的货币单位，前文中提到挖矿奖励的设定是 4 年进行一次减半。在经济发展和社会不断进步之下，比特币如果作为计价单位可能会使得商品价格持续下降，人们的工资可能也会持续下降。这一系列反应是和经济繁荣发展背道而驰的，国家的各方面发展也会受阻，需要通过其他方式来补偿各种损失，这对于社会发展是很大的冲击，因此是不太可行的。

比特币的项目是开源的，很多开发者纷纷涌入这个行业。比特币的官方网站有很多详细的介绍，也提供很多工具和交易平台等。在比特币官方网站上，可以选择不同地区的交易所。比特币网络依靠分布式的技术完成交易。区块链是整个比特币网络所依赖的共享公共账本，所有确认的交易都包含在区块链中。它允许比特币钱包计算其可消费余额，以便验证新的交易，从而确保这些交易实际上为消费者所有。区块链的完整性和时间顺序是通过加密来实现的。交易是包含在区块链中的比特币钱包之间的价值转移。比特币钱包保存着一种秘密数据，被称为私钥或种子，用于签署交易，提供数学证据证明这些数据来自钱包所有者。签名还可以防止事项在发出后被任何人更改。所有的交易都被广播到网络上，通常在 10～20 分钟内通过一个叫作挖矿的过程开始被确认。挖矿是一种分布式共识系统，通过将待处理交易包括在区块链中来确认这些交易。它在区块链中强制执行时间顺序，保护网络的中立性，并允许不同的计算机就系统的状态达成一致。为了得到确认，事务必须打包在一个块中，该块符合由网络验证的非常严格的密码规则。这些规则阻止修改以前的块，因为这样做会使所有后续块失效。采矿也创造了一种相当于竞争性抽奖的方式，防止任何个人轻易地将新区块连续添加到区块链中。这样，任何团体或个人都无法控制区块链中包含的内容，也无法更换区块链的一部分来缩减自己的支出。

在比特币官网上，用户在计算机或手机上安装了比特币钱包，它将生成第一个比特币地址，可以在需要的时候创建更多的比特币地址。用户可以把地址透露给他的朋友，这样可以实现用户之间的交易。我们可以看出来，这和电子邮件的工作方式非常相似，但是比特币地址只能使用一次。

迄今为止，没有人知道中本聪的真实身份，尽管美国媒体找到很多自称是中本聪的人，但都遭到了否定，并且中本聪于 2010 年消失在人们的视线中。这也增加了区块链的神秘色彩。到目前为止，世界上有超过一百种加密数字货币，如莱特币等，但是比特币约占加密数字货币市场份额的 90% 左右。

第二节 区块链技术在数字货币中的优势

一、安全性高

区块链的加密技术可以保证加密货币的防伪性。区块链的去中心化存储可以确保数字货币交易的不可篡改性。人们在开发数字货币时，是把记账协议附加到分布式账本上的。分布式账本对私钥进行管理。纸币是通过防伪标记、图案等人民币设计上的不同来进行辨别，并且通过验钞机进行检验的。不同于纸币，数字货币的真伪是通过密码学来保证的。区块链体系的公开使得新发生的交易记录是基于过去数据的，如果需要进行数据造假，则需要修改以前所有的数据，制造比网络中最长的链还要长的链，才能构造出假象。然而，链不断变长，需要构造新链的成本增加，由于去中心化的性质，对区块链网络的攻击是很难有效进行的，这就使得区块链网络具有不可篡改性和透明性的特点。通过以下两点可以保证其安全性。

其一，通过非对称的加密技术等实现。区块链是点对点的开发系统，每个人挖矿贡献算力，但并不是每个人能获得不同账户的资产，有加密技术保证账户所有者才能进行财产的交易。加密学通过密钥保证了数据的安全，防止他人盗用账户信息。加密后的数据对于不会解密的人来说是没有用处的数字和符号，对于会解密的人而言，就像是拿到了钥匙。加密包括对称加密和非对称加密。对称加密使用同一密钥进行加密和解密，这就类似于用一把钥匙同时完成上锁和开锁的操作。

然而，在数字货币应用中，对称加密并不安全，于是产生了非对称加密。非对称加密通过两种不同的密钥进行加密和解密的过程。例如，A 和 B 是一对密钥，对 A 进行加密产生一个加密文档，对 B 加密也产生一个相应的加密文档，而 A 产生的加密文档只能由 B 解密，B 的加密文档只能由 A 解密。非对称加密可以由用户决定使用哪一个密钥进行加密。在非对称加密中主要有创造、分配、使用公钥和私钥三个步骤。对于公私钥而言，私钥是自己保存、非公开的，而公钥是每个人都有的、需要用户告知他人的。区块链中的公钥类似于邮箱中的账户信息，其他用户可以通过账户确认资产转移的交易。完成交易时，需要用户同意这笔资产的转移，用户通过私钥加密交易数据，拥有公钥的人可以确认该交易已发生。

在现实的交易过程中，如银行间的交易，两家银行的交易不想让第三家银行知晓的情况很普遍，这就对安全性提出了更高的要求。由此在密码学领域又提出了其他加密技术，如同态加密技术、群签名、环签名和可信执行环境等。同态加密来源于近世代数中的同态性定义，包括四种形式的同态——加法同态、减法同态、乘法同态和除法同态。同态加密指通过两种方式达成的效果是一致的，即对明文处理后再对处理后的结果加密和对密文直接处理这两种方式。在金融交易中，区块链智能合约显示的结果是同态加密之后的数据，真实的交易金额需要通过密文的计算得到。交易过程中的数据情况是通过公钥加密以后的数据，只有持有私钥的客户才能解密文件，获得个人数据，查找到相关的信息。解密同态加密的技术可以让其他参与方无法获得真实的数据，在金融交易应用中，保证了隐私性和安全性。目前应用较多的还是加法同态技术，同时满足不同同态技术的加密性能较差，在未来可能会出现成本变小、性能更好的加密方式。

其二，通过共识算法，包括工作量证明、瑞波公式协议和权益证明等实现。工作量证明机制也就是矿工不断解决复杂数学问题来使得交易不断进行，并作为奖励产生新的比特币。工作量证明机制通过节点消耗算力进行哈希计算和随机数的寻找。共识机制维护了整个体系的安全性。

在安全性上，我们还需要提到的一个概念就是侧链。侧链从字面意思上可以理解为是相对于主链而言的，它是与主链平行的另外一条链，主要功能是对主链缺少的功能进行一定的补偿。侧链是在数字货币研究过程中用来扩容的技术。在侧链上，不仅可以对主链的功能做出扩展，还可以将一些主链目前无法达成的新技术融入进去进行试验，有点儿类似于沙盒测试。侧链支持新功能，这些功能可能具有一些安全问题或是可能尚未准备好在主链上使用的新功能。侧链允许来自一个区块链的信息在另外一个独立的区块链中使用，两条链并行运行，并且两组链是使用不同规则、性能和安全要求的。在侧链上，可以通过双向挂钩将侧链信息移回主链，但是这种双向挂钩并不会让主链和侧链互相影响，如果侧链受到恶意的攻击，仅仅会对侧链本身造成影响，并不会导致主链受到损害。例如，在比特币扩展的部分可以实现智能合约、隐私安全保护或是支持其他类型货币的交易等。如此一来，这既不影响主链的正常运行，又能不断拓展业务范围，应对其他数字货币的冲击。

侧链在分类上有双向楔入、联合楔入等类型，需要与主链之间形成相关联的作用。双向楔入是在侧链上生成部分与主链等价的资产，需要主链和侧链基于简化支付验证技术实现，而联合楔入需要多方控制实现资产的转移。

Blockstream 在数字货币基础上做 Liquid 侧链的项目。Liquid 是一个基于侧链的、跨交易所的结算网络，它基于数字货币的开发基础，是一个开源的、支持侧链的区块链平台。它将世界各地的加密货币交易所和机构连接在一起，最终实现数字资产的广泛使用。Liquid 是比特币的侧链，允许 Liquid 网络的用户通过双向锚定在两个网络之间移动比特币。在整个网络体系中，在 Liquid 网络中使用的比特币被称为 L-BTC。每个 L-BTC 都有一个可验证的等量的比特币。Liquid 对所有第三方隐藏交易中的金额和资产类型使用隐私的交易模式。交易的信息仅由参与交易的各方及其指定的其他第三方知晓。在交易中使用的地址包括一个公钥和一个基地址，只有接收者才能解密发送的金额。地址接收方为了验证资产和金额，可以与任何第三方共享私钥。

二、可追溯性强

纸币在流通过程中，无法记名和跟踪，利用纸币进行的洗钱行为不断出现，而数字货币能够完整记录信息并在每一个操作节点上留下痕迹，可供对证据的追根溯源。

我们可以通过未花费的交易输出（unspent transaction output，UTXO）来解释。我们认为 UTXO 是未消费的交易输出。在比特币的交易中，会形成链式的结构。挖矿的奖励组成了链的来源，比特币的交易能够追根溯源到不同的交易输出。链的末尾是当前未消费的交易输出，也就是整个体系的 UTXO。在每一笔交易中，它的输入是某一笔未花费的输出，同时，需要对上一笔输出的私钥签名。交易的输入消耗 UTXO，交易的输出产生 UTXO。交易输入通常包括产生挖矿奖励、花费挖矿奖励和标准输入三种。在每个节点上，储存整个区块链的 UTXO。合法性通过 UTXO 验证，所有 UTXO 构成账本，每个账本可以通过相关的 UTXO 推断。在该体系中，我们认为每一笔交易可以追踪到 Coinbase 交易，交易是可追溯的，交易和交易之间连通。同时，该体系保证了匿名和安全性，注意多个地址可以被同一个用户使用，体系中的其他客户是无法将这些地址相关联的。

为了让 UTXO 只能将交易的地址对应到特定的地址，比特币的脚本性质与之相对应。对于不同资产的交易，比特币支持相对来说简单的脚本形式。用户提供锁定脚本可以生成 UTXO，提供解锁脚本可以消耗 UTXO。锁定脚本说明交易的最终地点，它们通过公钥哈希和堆栈形成。而解锁脚本是通过公钥、数字签名等组成的。在交易的输入步骤中，需要证明自己是 UTXO 的所有者。这一证明的过程也就是提供对应的解锁脚本的过程。私钥生成数字签名，因而在解锁脚本时，需要有正确私钥的人才能够进行此操作。虽然一个用户可以有多个地址，交易的输入可以是不同的来源，提供相应解锁脚本可以产生交易，但是发起交易的用户必定是私钥的所有者。遍历交易地址上的 UTXO 可以获得该地址的余额信息，但遍历过程是十分消耗时间的，由此产生了 UTXO 池的概念。

三、开放自治系统

区块链是基础的加密货币系统，它是一个点对点开放的系统，参与者之间有较强的自治特点，各个节点也可以互相监督。比特币长时间在完全自治的情况下运行。

在对于虚拟化货币的讨论中，人们可能会想到银行的借记卡和信用卡，它们可以被认为依赖中心化的支付系统和相应的终端设备。其优点是便于管理，缺点是在中心发生故障时，会导致整个支付系统的瘫痪。中心化的管理较为便捷，但是安全性不能得到较好的保障。数字货币的去中心化性质能够解决这一问题。有些观点认为区块链技术应当独立于比特币，与比特币脱离关系。比特币是在区块链技术应用领域第一个引起人们关注的应用实例。数字货币的价值会持续波动，无法保证其稳定性。在货币交易体系中，数字货币解决了去中心化的问题。在银行体系中，银行起到媒介的作用，拥有各方的交易记录，但是银行体系并不能保证其永远不出现故障，同时如果有在地域上较为广泛的交易，对于银行体系的要求可能会更高。这时，数字货币可以去除媒介，利用分布式账本将所有用户联系到一起。通过区块链的分布式账本功能，用户可以自由访问账本，但是无法管理和篡改该账本，保证了账本的安全性和可靠性。分布式账本准确地记录了交易内容。

开放自治的系统是很重要的，我们在后文的第六章提到的"区块链在金融服务中的应用"中会详细说明。现有的跨境支付体系 SWIFT 手续费高、时效性差，甚至孟加拉国央行近年被黑客盗走近一亿美元，都是因为现有的货币交易体系存在缺陷，各个国家的货币系统是封闭的，缺乏开放和自治系统，高度依赖于信息传递商。

第三节　区块链背景下数字货币的类型与价值

一、两种主要的数字货币类型

在讨论数字货币类型时，我们将其分为 Coin 和 Token。在中文翻译上，Token 被认为是"代币"或者"通币"。它有两种翻译的原因是它同时拥有货币和通证的相关属性。Coin 一般被认为是在挖矿中对矿工的奖励，最常见的就是比特币以及后续的如莱特币等。它们是通过矿工挖矿得到的相应奖励，我们在第四节中将会具体介绍挖矿的原理。Token 是通过智能合约发行的，本质上是一段代码，它是一个状态变量，且同一规则下的 Token 可以继续拆分。Token 的数量是由分布式账本记录的。Token 在转移中，总量是不会发生变化的。共识算法保证边界环境的去信任化。Token 的价值来源于资产在链上的表达。同时，Token 的创建是基于 Coin 的，并且流通范围十分有限。

二、数字货币的价值来源

数字货币的价值主要有三种来源，第一种来源是记账权，这是关于分布式账本的记录问题。记账对于资产的管理非常关键。每一次的交易相当于对账本的操作，类似于添加一条交易记录。以比特币挖矿为例，挖到一个区块的矿工就具有记账权，这一点是体现其价值之处。矿工们争夺记账权，在账本中，人们加入公开的数据库，进行点对点记账，无须借助其他中间机构。比特币有一个核心概念是时间戳，相当于在合同中的证明，证明在该时间节点合同生效，防止产生后续的纠纷。在比特币交易中，加盖时间戳的行为被称为记账的过程。每一笔交易会加盖时间戳，这样会防止重复支付的情况产生，因为一旦一笔交易同时给两个人，在支付系统中会将其识别为非法。这一点保证了资金交易的安全性，矿工们每十分钟会进行一次记账的工作，他们通过对每隔十分钟的合法记账权的争夺从而获得新币的奖励。其他矿工需要同步更新记账的情况，并竞争下一次的记账权。

区块链将不同区块的账本连接起来形成单项记账链。时间戳形成的机制是将区块的内容和区块本身连接起来。一个区块如同一个账本，每笔交易数据按照时间顺序排列，时间戳使数据的结构通过时间的顺序排列形成一个区块链，区块的时间顺序使得账本的记录能够连续不断、环环相扣地进行。每一个交易记录的数据都是唯一的，并且能够精确定位，整个体系能够验证记录的真实性。

利用区块链技术实现记账的结算问题，能够为银行结算节省较大一笔开支。区块链的清算和结算能够同步进行，在点对点网络上，保证安全透明，交易无法被篡改。数据信息被编码，交易的历史可以由私钥的拥有者决定公开或者是隐藏。用户能够更加自主地选择管理。

第二种来源是功能的实现。以以太坊为例，它的本质应该是一种代币，它的价值体现在可以实现和执行智能合约上。比特币的扩展性问题产生了以太坊。以太坊通过支持智能合约语言，使区块链技术范围逐渐扩大。客户通过合约地址发送交易后，智能合约触发。智能合约通过交易命令触发流程，进行自动运行。以太坊解决了不同交易中的不确定和不统一性，通过虚拟机的交易给用户提供可信的结果。在智能合约的交易中，以太坊是从区块状态中开始，然后通过在合约中执行，最后到被认可状态终止。矿工在工作量证明机制中，获得潜在的区块竞争链上的记账权限，从而获得以太币的挖矿奖励。

智能合约是可以生成代币的。通过智能合约，机构和个人可以在以太坊上发行代币。我们试想一下，如果将发行代币和某种有价值的事物联系到一起，那么公众很有可能用以太币等来兑换代币，这种行为就和公司的公开发行股票类似，都是公众对于日后持有的代币或者股票会增值有信心的产物。但到目前为止，我国禁止这种代币的发行。

第三种来源是存在真实货币背书。比特币和莱特币并不存在真实货币背书，比如 JP Morgan（JPM）Coin、USDT、Libra、DCEP 都是有法定货币作为背书的。JPM Coin 是由摩根大通银行创建的。摩根大通银行成为美国首家成功创造并测试数字货币的银行。该币主要用来实现跨境支付体系。一枚 JPM Coin 对应摩根大通银行中的一美元，可在交易时进行货币的兑换。它们的存在是用来记账和结算、实现账户之间的支付行为的。它们相当于交易媒介，同时并不会像比特币那样价格波动非常大，不会随着市场波动，只是按照美元进行兑换。同时，对这笔交易进行抵押的美元需要保存在指定账户中。然而，此类币并不是广泛应用在公众生活中的，仅限于大额跨银行或者不同大型机构之间的支付，这一规定也能够较大程度地提升交易的安全性，在一定程度上降低交易的风险。这些大额交易的结算消耗大量的时间和成本。JPM Coin 能够很好地解决这一问题，摩根大通银行直接将大型机构的资金转换成相应的 JPM Coin，无须中间机构银行直接转入对方客户的账户。对方客户同时换取价值相当的真实货币。这一操作交易是由摩根大通银行的区块链网络保证的。摩根大通银行是在私有链技术项目的基础上扩展的，日后很有可能扩展到其他货币。同时，监管也需要到位，如将抵押物作为牟利工具的这类行为是需要严格打击的。

第四节　区块链产品的货币化和法定货币流通

一、　区块链产品的货币化

目前市场上很多基于区块链的数字货币实际上是货币化的区块链产品，比如比特币（BTC），其本质是一种 Coin，是对区块链开发有贡献的参与者的一种奖励（比特币挖矿发现新的区块，进一步扩大了比特币的容量，因此每发现一个新的区块链奖励若干个比特币，从根本来看，这和我们打游戏获得的金币没有区别），前两年炒币其实炒的也是这种。

数字货币的开发原理与密码学密不可分，我们以比特币开发为例。区块链提供比特币的公共账本，它是一种有序的、带有时间戳的交易记录。该系统被用于防止重复支出和修改以前的交易记录。在历史上，黄金需要人为开采，因此在对比特币分布式记账的竞争上，人们形象地称之为挖矿。

在比特币系统中，会相隔 10 分钟记录一个大约 1MB 的区块并且该区块中含有全部的交易，矿工们会竞相争夺对该段区块的记账权。争夺的方式是以最快的速度解决一道数学计算题，速度最快者就获得了记账权。在数学题的解决上，需要用到哈希算法。哈希算法是将输入的值通过一系列运算，最终生成一段被称为哈希值的固定长度的字符串。矿工需要在上一个区块的哈希值后，在节点上附加新的随机数，将其和前面的区块拼接在一起。为了证明矿工做了一些工作来创建区块，该哈希值的要求是要比系统中给定的一个数值小。例如，如果最大可能的哈希值是 $2256-1$，那么认为可以通过生成小于 2255 的哈希值来证明矿工使用了最多两种组合生成哈希值。比特币中使用的工作证明充分利用了哈希算法的随机性。一个好的哈希算法将任意数据转换成一个看似随机的数字。如果以任何方式修改数据并重新运行哈希算法，则会产生一个新的看似随机的数字，因此无法修改数据以使哈希值可预测。在每隔 10 分钟的尝试中，生成一个新的哈希值，同时矿工可以估计给定哈希值尝试生成低于目标阈值的数字概率。

　　哈希算法具有不可逆性，比较稳定，只能通过暴力破解的方法解答。在比特币系统中，每个节点的大量算力保护整个系统的安全。当整个系统中一半的算力被拥有时，可以认为能够掌握系统中链的趋势，拥有扰乱、攻击整个系统的能力，可以将之前的区块链重新计算，我们称之为51%攻击。在此攻击下，新的区块链将会被保留，以前的记录会被删除并作废。同时，这种攻击会让支付系统紊乱，产生重复支付的行为并且使得其他矿工无法继续挖矿等严重后果。然而，想要拥有超过一半的算力是困难的，需要付出巨大的成本。

　　系统假设目标阈值越低，需要尝试的哈希运算的次数就越多。如果矿工们没有实现预设目标，那么节点处需要更换随机数。这是一个不断试错的过程。这个过程在耗费大量的算力、资源如电能等之后，才能得到比特币奖励。这就要求矿工们需要拥有专业的挖矿设备。每个节点将会检验和确认未被公认的信息，将其打包成无法篡改的区块，在解决数学难题即找到随机数之后，对该区块进行广播。其他的节点会自动接受新生成的区块，它们会对新的区块进行哈希运算。如果运算的哈希值符合要求，通过检验则接受这个新的区块，这个区块会在系统中被认可并永久保存下来。同时，系统会在此随机数的找寻中停止并开始新一轮的随机数计算。因为每个区块必须达到目标阈值以下的值，而且由于每个区块都连接到它前面的区块，因此传播修改后的区块所需的哈希功率与创建原始区块到当前时间之间整个比特币网络所消耗的哈希功率相等。挖矿软件使用模板构造区块并创建区块的头。然后，它将80字节的区块连同目标阈值一起发送到挖矿硬件（ASIC）。挖矿硬件迭代区块字节的每个可能值，并生成相应的哈希值。如果没有一个哈希值低于阈值，则挖矿硬件将从挖矿软件获得一个更新的区块，其中包含新的Merkle根。此外，如果发现哈希值低于目标阈值，则挖矿硬件会将带有成功字节的区块返给挖矿软件。挖矿软件将报头和块结合起来，并将完成的块发送到比特币，广播到网络以添加到区块链中。

　　比特币网络中的每个完整节点都独立地存储一个区块链，其中只包含由该节点验证的区块。当多个节点的区块链中都有相同的区块时，就认为它们是一致的。这些节点维护一致性所遵循的验证规则被称为共识规则。只有当新块的哈希值至少与共识协议预期的难度值一样具有挑战性时，才会将新区块添加到区块链中。每经过2 016个区块，系统会自动根据上一周期的难度调整。系统使用存储在每个区块中的时间戳来计算最后2 016个区块中的第一个和最后一个生成之间经过的秒数，理想值为1 209 600秒（两周）。如果生成2 016个区块的时间不到两周，则预期难度值将按比例增加，大约高达300%。因此，如果哈希值以相同的速度检查，则下一个2 016个区块的生成时间应正好为两周。如果需要两周以上的时间来生成区块，那么预期的难度值也会按比例大约降低75%。比特币核心实现中的错误导致难以使用2 015个区块的时间戳，每2 016个区块更新一次，造成轻微偏差。出块的难度是一个动态变化的过程。算力越大，随机数的寻找过程就越复杂，从而保证了均匀的发布过程。同时，在波动变化的周期上，通过调整周期的波动幅度小于一个因子，防止难度震荡变化过大。如果区块的产出速度仍然不满足要求，那么在下一个周期时需要继续调整。然而，随着经济和科技的不断发展，如今的挖矿算力巨大，一般的算力是无法满足要求的。现有的很多矿机的计算速度已经达到每秒数百亿次的计算，全网的算力也已经超过了百亿亿次。由于算力太低，单打独斗的矿工越来越难以获得成果，难以对抗庞大的系统并且因此白白耗费了大量的资源和人力。为了增加效率，矿池的机制由此产生。越来越多的矿工加入矿池，联合资源进行挖矿。

矿池是矿工们的集合，集合了矿工们各自的资源和算力。在单独挖矿时，矿工获得的收益完全是自己的，但是在联合挖矿机制下，除了对于整体而言能够增加挖矿成功的概率，挖矿的收益也是需要共享和按算力分配的。矿池中存在管理者的角色，他们主要给矿工们分配任务和收益。联合挖矿允许矿池的管理者根据他们完成的工作份额向矿工支付报酬。矿池中矿工们的收益也会比单独挖矿更稳定，并不会有长时间无收益的现象产生。矿工们可以根据自己的意愿加入不同的矿池，但是较小的矿池可能会避免算力的集中而造成前文中提到51%攻击情况。不过，拥有全网51%的算力需要很大的成本。同时，挖矿者是受益群体，一旦发生攻击事件，整个体系会崩溃，比特币网络失去信任，产生信任危机，攻击者会蒙受巨大的损失。系统中的其他矿工们需要承担由此产生无效链的损失，体系中比特币交易者的各种权利也无法保证，如交易的安全确认、对是否会有矿商更改自己交易的忧虑等。至此，该种攻击会严重导致比特币的贬值，从而对于攻击者会产生更大的成本。矿工们有理由为了保护自己的收益而维护整个系统的安全，所以攻击情况可能仅在理论上存在。

自私挖矿的模型是在 2013 年由康奈尔大学的研究员埃亚尔（Eyal）和研究员西雷尔（Sirer）提出的。其核心思想是在攻击者的算力不足 50% 时，也可以对比特币系统进行攻击和破坏。这里的矿工即使挖到新的区块，也不及时公布，而是私藏一部分区块再进行秘密挖矿。从而，这种私藏的行为会耗费其他矿工诚实挖矿的算力。自私挖矿会使得这类自私矿工获得更多的奖励，然而诚实的矿工会有较大的损失。自私挖矿的具体过程涉及公有链和私有链的问题。在开始时，公有链和私有链没有区别，自私矿工和诚实矿工都在相同的区块后面挖矿。当诚实矿工先挖到新区块，继而对全网进行广播时，自私矿工会更新私有链，而后继续在新区块后面挖矿竞争。当自私矿工先挖到新区块，它会被放在私有链上。同时，自私矿工在私有链后面继续挖矿，当诚实矿工挖到新区块在全网广播时，自私矿工会立即广播自己之前挖到的区块。区块链产生分叉，在分叉之时产生竞争。然而，竞争的结果是诚实的矿工失败，并且浪费了大量算力。自私矿工会在网络中设置虚拟矿工，他们只负责监听和阻止诚实矿工的区块传播，从而有利于自己区块的生成。

在存在自私挖矿下，自私矿工获得的收益和算力不是线性的关系。这些攻击使得比特币的去中心化性质遭到破坏，自私矿工私藏很多区块，这些区块成了孤块，从挖到新区块到全网广播可能会经历很长的时间。长期来看，这种自私挖矿的行为是需要抵御的，其中有一种解决方案是比特币的分叉解决方案。该方案通过在分叉时忽视区块接收的时间先后顺序，而是随机选择分叉继续挖矿。同时，自私矿工必须要达到一定的算力，才能获得自私挖矿的额外收益。这种方案没有从本质上修改全网的约定协议，而是从提高攻击的目标阈值角度，抵御自私挖矿行为。在具体实施时，理论上存在通过重量和最大时间解决的方案，在这里就不详细叙述了。

每一个矿工的挖矿软件连接到矿池，并请求它构建区块所需的信息。为了确保矿工们能够定期提交份额，矿池将目标阈值设置低于整个网络的目标阈值。通过份额的贡献，得到持续稳定的收益，我们称之为部分工作量机制。可能这里有人会产生疑问，如果矿工达到了网络目标值，是否可以直接提交到整个网络体系中，独自获得全部的收益。然而，这种想法是不可行的，一旦矿工加入矿池，矿池管理员分配任务时，发给矿工的地址包含在区块中。如果矿工擅自提交，最终的受益者也是矿池而非本人。同时，如果矿工有意修改地址，会使得区块作废，哈希值也会无效。如果比特币系统中的要求导致挖矿硬件返回许多区块，这些区块不会在区块链上做符合条件值的哈希运算，但会在矿池的目标值以下进行哈希运算，从而证明挖矿机检查了可能哈希值的概率。然后，矿工向矿池发送池所需的信息副本，以验证是否对矿池有效。矿工发送到矿池中的信息被称为份额，因为它证明矿工完成了一份工作。同时，矿池接受的一些份额也将低于网络目标——矿池将这些发送到网络来添加到区块链中。

　　不同矿池会有不同的奖励制度，不同的奖励制度在分配细节上有差异，目前存在PROP（proportional）模式、PPS（pay-per-share）模式和PPLNS（pay-per-last-N-share）模式等。PROP模式是指当产生新区块并且确认后，会通过算力的分配额度给矿工分配相应的收益。在该种模式下，风险完全由矿工自己承担。PPS模式与PRPO模式不同，根据矿工算力大小在总算力中所占比例对矿工的收益份额进行估算。注意，由于是估算，所以无论矿工目前是否产生新的区块，均可以收到一定份额的收益。该种模式在一定程度上将风险转移到矿池上，矿工个人无须承担。同时，由于矿池承担了绝大部分风险，相应地，矿池会收取较高的手续费来弥补较高的风险损失。PPLNS模式是在矿工产生新的区块后，通过贡献的算力对矿工进行的收益分配。与PROP模式的不同之处在于，在PPLNS模式中，矿工无须确认即可获得收益。在经过多次回合后，矿池的奖励会被分配给最近提交的几个部分。这种模式对于持续在一个矿池中挖矿的矿工的收益会很友好，即随着时间的延长，矿工的收益会不断增加。新进的矿工需要挖矿一定时长才能获得和老矿工一样的收益。如果矿工不断更换矿池，那么他将会获得较少的收益。

　　开采该区块产生的区块奖励和交易费用将被支付给矿池。矿池公司根据份额贡献情况，将这些收益的一部分支付给单个矿工。例如，如果矿池的目标阈值比网络目标阈值低100倍，则平均需要生成100个份额才能创建成功的区块，因此矿池可以为收到的每个份额支付其支出的1/100。不同的矿池在这一基本的份额贡献制度的基础上采用不同的奖励制度。

　　莱特币是在2011年基于比特币的性质改进而产生的，同样基于去中心化的性质和加密算法，但是基于的哈希算法有所不同。研发者通过对算法的更换和改进，实现了更好哈希的防篡改和匿名的性质。比特币基于SHA256算法，而莱特币基于Scrypt算法。Scrypt算法计算量更小，对于挖矿机要求更低，矿工们的分布更加分散，从而相较于比特币而言出现大矿池的可能性会降低。Scrypt算法需要的时间较长，占用的内存很大，需要依赖内存的增大来产生大量新币，但是内存占用的成本很高，这也是莱特币无法规模化产生的原因。莱特币在区块产生的速度上快于比特币，达到每2.5分钟产生一个新区块，加快了交易的速度。莱特币的总量在预期上是比特币的四倍，达到8 400万个。总的来说，莱特币在竞争币中可以说是模仿比较成功的一类。现有的竞争币用到的算法种类繁多，除了上述两种外，还有 M7 算法、9 轮哈希函数等。

2013 年 12 月 5 日，由中国人民银行、工业和信息化部、中国银行业监督管理委员会、中国证券监督管理委员会、中国保险监督管理委员会联合印发的文件《关于防范比特币风险的通知》中明确指出："比特币具有没有集中发行方、总量有限、使用不受地域限制和匿名性等四个主要特点。虽然比特币被称为'货币'，但由于其不是由货币当局发行，不具有法偿性与强制性等货币属性，并不是真正意义的货币。从性质上看，比特币应当是一种特定的虚拟商品，不具有与货币等同的法律地位，不能且不应作为货币在市场上流通使用。"我们可以看出，这类币被归类为私人数字货币，不具有货币属性，就目前而言它的属性还有待商榷，但是这类私人数字货币在全球有着广泛的应用。

数字货币在互联网上能够成为交易的媒介，减少信息不对称的发生。在线上平台中，美国一家电商平台 Overstock 从 2014 年开始接受比特币支付，高管认为此支付方式交易成本很低并曾宣布用比特币支付部分俄亥俄州的商业活动税。Overstock 总部在美国犹他州米德维尔市，女性客户群体所占比重较大并且其中大多数女性收入较高。该电商平台在家居、服装、珠宝和电子产品等各方面都有所涉猎。其商品配送严格要求 48 小时出货，可以说是美国零售电商的巨头。该电商平台中的"用币旅行"（Travel For Coins）可以让客户进行日常旅游的订票，但是目前却有一些和比特币支付相关安全的漏洞出现，在该商业平台上有在支付方式上混淆比特币现金和比特币的情况。客户在 Overstock 下单产品使用比特币支付，登录 Coinbase 却使用比特币现金支付，也是可行的。客户可能会通过这些操作，最后退款获得其中的差价。比特币价格是远高于比特币现金的，这种漏洞持续了一段时间才得以解决。

在金融服务的支付上，Ripple 平台开发的系统，以 XRP 币作为交易代币进行各个区域的支付管理。Ripple 系统的分布式账本并不保存全部账本，仅保存近期验证成功的账本，并且是整个网络体系均可以实现的节点验证系统。对于历史账本的处理是保存它的链接。XRP 币虽然也是加密数字货币的一种，但是操作原理和比特币的挖矿机制有些不同。XRP 币起到用户分配的作用，并且在每一笔交易实现的过程中，需要有一小部分 XRP 币作为手续费完全消耗。从这一点上来说，开发者如此设计是为了增强整个网络的安全性，防止交易中攻击的发生。XRP 币处理交易更加快速，缩短了交易时间，使支付变得更加快速便捷，一般来说一笔跨国转账在该平台上只需几秒钟即可完成。在监管上，Ripple 平台和各类监管机构合作。与比特币体系有所不同的是，它并没有将 XRP 币作为推广使用的币种，不是强调加密数字货币的应用范围，而是将整个网络体系形成一个支付协议，降低了交易成本。XRP 币更像是在起着一种媒介作用，它们之间可以互相转换流通，在体系中需要将相应的货币转换成 XRP 币进行交易。客户可以在网络平台上转换多达 40 多种货币，包括实体货币和数字货币。Ripple 平台通过通用规则和协议实现运营一致性。Ripple 平台和全球多家银行进行合作，保障资金的安全并且可以追踪资金的流向。

Ripple 平台中加入了 40 多家全球公司和非营利组织。它是新成立的开放支付联盟的一员，该联盟推出了全球支付标识 PayID。PayID 是一个自由开放的标准，允许支付网络之间的互操作。没有一家公司可以控制 PayID 或设定加入条件。这个解决方案是建立在人的基础上的,用简单的名字代替复杂的账号,这些名字易于理解、记忆甚至打字。PayID可以在任何支付网络或货币上工作。PayID是一个简单的、基于网络的协议,这就类似于如果想给某个人汇款,就会向他们发送电子邮件一样容易。在这个支付系统中,测试环境类似于沙盒测试,客户可以在测试环境中使用PayID进行实验。在测试实验中,客户的工作不会被保存,沙盒环境可以随时进行重置操作。在测试环境中,客户可以设置虚拟服务器并创建用户信息。用户信息可以映射到各种网络上的地址。客户可以通过使用由系统提供的代码来进行更新或者删除等命令,同时获取一些关于PayID地址的支付信息。在操作会话进行的时候,客户还可以在命令行窗口运行操作。在设置服务器时,系统要求尽量使用本地服务器进行创建。如果服务器是公开的,其他人可以从客户的PayID中访问相关信息。在付款流程中,需要向服务器发出请求命令,并需要服务器的允许。同时,在服务器公开的时候,其他的客户实体可以发出类似的请求来查询存储在服务器上的相关客户信息。

同时,Ripple平台还被运用在全球旅游信息场景上。旅游规则信息共享联盟是一个开源框架,它支持VASP软件共享发送方和接收方的信息,可以做到不损害隐私。旅游规则信息共享联盟可以可靠地识别和验证信息,以实现互操作性。该联盟可以确保个人可识别信息,保持隐私性,不会发送到错误的实体。点对点的设计可以相应地提高抗攻击的能力,并可以相应地扩大适合存储的容量。旅游规则信息共享联盟董事长约翰·杰弗里斯(John Jefferies)表示,鉴于最近美国货币监理署允许美国银行为加密货币资产提供托管服务,持有加密货币的银行将需要遵守旅行规则。银行目前缺乏在加密货币转账时遵守旅行规则的基础设施,必须学会与交易所、基金和非保管钱包共享旅行规则信息。

Ripple平台的全球支付网络Ripple Net正在整合PayID,为跨境支付带来进一步的互操作性。Ripple平台的目的是打造建立在开放标准基础上的开放网络,实现创新和增长。Ripple Net随着需求应变的流动性服务使金融机构能够利用区块链技术和数字货币XRP即刻、可靠、经济和高效地发送全球支付。Ripple Net使其全球300多家金融机构组成的多元化网络能够在全球范围内实现更快、更低成本的支付。总之,Ripple平台的创新解决方案,再加上开放支付联盟的努力正在将支付推向全球化进程。

二、法定货币流通或者发行方式

数字货币的开发原理与密码学密不可分,加上通信技术和区块链技术的共同发展,数字货币会不断延续。法定货币流通和发行方式可以从JPM Coin、USDT和DCEP中看到。USDT就是泰达币,是由美国泰达公司推出的,是目前市场份额较大的币种。通过和美元1∶1兑换,来保证币种的稳定性。在实际发行中,公司先将一部分美元以抵押的形式放到存管机构,随后对外以1∶1发行相同额度的泰达币。这种方式相对而言较为安全,规模增长和交易量的增加也较为迅速。客户从泰达公司付钱购买泰达币,公司根据客户需求等值造币。这种模式类似于JPM Coin,都被广泛应用于跨境支付领域。

法定数字货币的研究是数字经济发展的必然趋势,对于便捷社会公众的支付、提高安全支付，推动经济发展有较好的作用。早在 2016 年举行央行数字货币研讨会上，当时的央行行长周小川就表示央行将早日推出数字货币，并且央行在 2014 年就成立了专门的研究团队。2017 年末，经国务院批准，央行组织一些有实力的商业机构进行数字人民币体系的开发，将其命名为 DCEP。2018 年央行副行长范一飞发表了一篇名为《关于央行数字货币的几点考虑》的文章。我们可以在文章中找到一些央行数字货币开发的相关阐述。首先，在数字货币运营方向上，我国国土面积大，需要充分考虑偏远地区的网络覆盖问题，因此文中强调使用"中央银行-商业机构"双层运营的模式。二者相辅相成，一方面，商业机构具有较为成熟的人才和技术储备，可以充分发挥它们的资源优势和体系特点，社会公众习惯在银行等机构进行业务办理，商业机构运营可以增强央行数字货币的接受程度；另一方面，若只由央行向公众发行数字货币，央行需要耗费巨大的成本，集中承担风险。而使用双层运营可以将风险分散且可以避免央行数字货币与其他存款货币的竞争对经济产生损害。在双层经营模式下，央行向商业银行批发数字银行并进行管理，商业银行给社会公众提供服务，互相配合，构建和谐关系。同时，央行数字货币能够巩固我国货币的地位，防止一些私有数字货币的扩大。其次，与其他数字货币去中心化的模式不同，央行数字货币需要保证央行的主体地位，所以采用中心化管理模式。在用户隐私保护方面，将钱包地址存储在区块链上，更新地址后原有地址的信息就会被删除，很好地保障了客户的隐私。在传统电子支付账户松耦合形式的基础上，减少对账户的要求。在这种管理体系下，运营机构会以天为周期传输数据到央行，即使客户匿名交易，也能够在控制之下，真正实现客户隐私安全和违法行为可追溯的平衡。最后，文章提及央行数字货币是 M0 的替代，是不应当收取利息的，从而并不会对现有的经济情况产生较大的影响。央行数字货币也不收取手续费，并且是非营利的，应当与实体货币采取相同的方式。M1 和 M2 已经在商业银行账户实现数字化，因而它们并不是央行数字货币的替代对象。央行数字货币被界定为法定货币，一些其他数字货币附加的功能如智能合约等是不符合货币职能的，对人民币会有不利因素，所以在智能合约等其他数字货币功能上，央行仍持谨慎态度。

2019 年央行支付司副司长穆长春在第三届中国金融四十人伊春论坛上的演讲中也强调了前文提到的双层运营模式和 M0 替代。央行在数字货币的开发过程中，尝试过完全区块链的框架和"一个币、两个库、三个中心"框架。然而，对于我国实际情况来说，在高频小额零售场景下，需要达到高并发性，速度至少需要每秒钟 30 万笔。穆长春举例说，2018 年"双十一"网联交易最高达每秒 92 771 笔，而以太币每秒 10～20 笔，比特币每秒 7 笔，Libra 每秒 1 000 笔。对于如此高频率的交易，央行的看法是可以基于钱包级别控制钱包余额和交易额度。目前一些发达国家在法定数字货币的实践上采用的是银行之间的转账，但是我国较为注重在零售层面的开发，在技术层面上也给出了不设定某一特定技术的看法。

在 2020 年 8 月的国务院政策理性吹风会答记者问中，我们了解到央行数字货币在深圳、苏州、雄安、成都和未来冬奥会场景内部封闭试点测试。测试的主要内容是理论依据是否可靠，数字货币系统和功能是否稳定、应用场景是否能够适用和风险是否在可控范围内。总体来说，央行数字货币在确定央行主体地位下，和商业机构合作，通过技术创新，为公众提供相应的服务。法定数字货币项目的推出和落地，对中国金融市场的发展会产生深远的影响，同时会促进人民币进一步的国际化。

◀ 本章小结 ▶

　　本章由电子货币引出数字货币的概念，从数字货币的第一次尝试——比特币谈起，阐述了数字货币安全性高、可追溯性强和开放自治系统的三个优势，然后对区块链背景下数字货币的类型和价值进行探讨，在类型上主要为货币和代币两种，在价值来源上有三种，分别是记账权、功能实现和真实货币背书。其中，真实货币背书举例 JPM Coin，分析其降低交易风险和缩短交易时间等好处。最后，介绍区块链产品的货币化和法定货币流通，并以央行数字货币结束本章。

　　关键词：数字货币、比特币、应用、分布式账本、去中心化

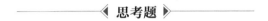

◀ 思考题 ▶

　　1. 请举例其他国家发布的法定数字货币，并谈谈它们和中国央行数字货币机制的不同点。

　　2. 谈谈央行数字货币的主要开发思路。

　　3. 数字货币是在什么背景下出现的？

　　4. 谈谈以真实货币作为背书的数字货币。

　　5. 谈谈你所知道的区块链在其他金融工具中的应用。

◀ 本章参考资料 ▶

　　[1] 蔡霖翔. 区块链数字货币资金流追溯研究. 中国人民公安大学，2019.

　　[2] 长铗，韩锋，等. 区块链：从数字货币到信用社会. 北京：中信出版社，2016

　　[3] 程穗. 比特币区块链的主链竞争及其挖矿策略. 中国科学技术大学，2020.

　　[4] 邸剑，峇伟华. 区块链中矿池选择策略的研究与分析. 计算机应用研究，2020，37（6）.

　　[5] 付闵笑聪. 区块链下数字货币的理论与实践. 上海交通大学，2019.

　　[6] 傅晓骏，任浩. 天秤币、比特币、泰达币与央行数字货币的比较. 金融会计，2019（12）.

　　[7] 韩健. 比特币挖矿攻击及防御方案研究. 山东大学，2019.

　　[8] 韩裕光. 互联网金融演化：比特币研究. 安徽大学，2016.

　　[9] 华为区块链技术开发团队. 区块链技术及应用. 北京：清华大学出版社，2019.

　　[10] 黄能. 央行数字货币系统综述及影响简析. 金融科技时代，2020（9）.

　　[11] 赖威. 比特币价格的决定机制与实证研究. 江西财经大学，2020.

［12］刘肖峰. 数字货币价格的影响因素实证研究. 山东大学，2020.

［13］穆长春，法定数字货币双层运营体系的设计与实现. 中国人民银行数字货币研究所，2020 - 01 - 16.

［14］沈伟. 用区块链技术重构票据业务流程. 中国金融，2020 (11).

［15］宋汉光. 区块链在数字票据中的应用. 中国金融，2018 (10).

［16］万虹，刘伟超. 法定数字货币应用场景分析. 现代金融，2020 (6).

［17］温胜辉. 区块链在资产证券化领域的应用前景探究. 债券，2018 (3).

［18］徐静，王晓磊. 主流数字货币的特点、优势与风险分析——对国外主要数字货币情况的梳理和研究. 金融会计，2020 (5).

［19］杨保华，陈昌. 区块链原理、设计与应用. 北京：机械工业出版社，2017.

［20］杨超智. 抗矿池集中化的共识机制研究. 大连海事大学，2018.

［21］杨天. 基于区块链的数字货币安全性的研究. 上海交通大学，2019.

［22］余洁. 我国财务公司票据违约问题研究. 江西财经大学，2020.

［23］张红，程乐. 区块链票据对传统票据的挑战与回归. 辽宁师范大学学报（社会科学版），2020，43 (1).

［24］张健. 区块链：定义未来金融与经济新格局. 北京：机械工业出版社，2016.

［25］张园森. 央行数字货币探究及其对货币政策的影响. 当代经济，2020 (9).

［26］朱研妍. 区块链技术在票据行业的应用. 江西财经大学，2019.

［27］朱烨辰. 数字货币论——经济、技术与规制视角的研究. 中央财经大学，2018.

［28］庄雷，赵翼飞. 区块链技术的应用模式与发展路径研究. 金融与经济，2019 (9).

［29］邹传伟. 区块链与金融基础设施——兼论 Libra 项目的风险与监管. 金融监管研究，2019 (7).

第六章

区块链在金融服务中的应用

金融服务行业从根本上讲是促进多个不信任方之间信任的价值交换。对于金融机构来说，数据是其核心资产，也是风控和信用的载体。然而在日常经营活动中，银行等金融机构经常会面临信息不对称与"信息孤岛"等问题，区块链基于其分布式、防篡改、可追溯等特点，带来了金融的信任变革，构建了新型信任机制，改变了价值的传递方式，有望重构传统金融的运行模式。目前，金融服务行业是区块链技术落地场景最丰富的行业之一，不少传统金融机构正在积极尝试区块链，探索更多创新的可能性。本章主要通过区块链在供应链金融以及跨境支付中的应用阐述其如何赋能金融服务。

第一节　区块链在供应链金融中的应用

供应链金融作为当前最新型的融资模式，通过与互联网信息技术相结合，实现银行与客户之间的信息互通和业务协作，为全产业链条客户提供在线金融服务。然而，随着全球经济发展和社会分工细化，企业的贸易结构和贸易方式日趋复杂，供应链金融在业务发展过程中也逐步暴露出数据信息不对称、监管难度大、交易效率低等问题，其风险的控制成为供应链金融行业亟待解决的问题。区块链技术作为信用有效传导的工具，本身的去中心化、去信任化以及不可篡改功能与供应链金融风险管控的需求有着天然的匹配性，势必对供应链金融的未来发展具有极大的促进作用。

一、供应链金融的发展及困境

在进行具体介绍之前，我们先来看一个案例。在某一个汽车生产供应链中，公司 B

是一家生产汽车的大型公司，公司 A 是为公司 B 提供某种汽车零部件的中小型公司。假设公司 B 专业团队通过分析预测未来汽车市场需求旺盛，欲提高汽车生产数量，便与公司 A 签订增加订单的协议，但之后由于公司 A 预计取得的某些应收账款没有及时收回，公司 A 生产资金不足，此时为了不违约，公司 A 就必须进行融资。由于向银行 D 进行贷款产生的费用相对其他融资方式较低，最终公司 A 选择向银行 D 进行贷款。银行 D 在接到公司 A 的贷款申请后，对公司 A 的相关情况进行了评估，考虑到公司 A 信息披露不全，信用评级不够，存在履约风险，因此要求公司 A 必须进行相关资产抵押且需要寻找一家机构为其进行担保，考虑到与公司 B 的合作关系，公司 A 最终请求公司 B 为其进行担保，公司 B 由于不想耽误生产表示愿意为其进行担保。最终，公司 A 在公司 B 的信用担保下向银行 D 进行了应收账款抵押和库存品抵押，获得了贷款，缓解了资金周转的压力。上述就是一个典型的传统供应链金融案例。那么什么是供应链金融？当前它又存在什么样的问题？下面我们就进行相关介绍。

（一）供应链金融含义

供应链是指在生产及流通过程中，涉及将产品或服务提供给最终用户活动的上游与下游企业所形成的网链结构。供应链金融（supply chain finance，SCF）具体指的是银行向客户（核心企业）提供融资以及其他结算、理财的服务，同时向这些核心企业的供应商提供贷款及时收达的便利，或向其分销商提供预付款代付及存货融资服务。简单来说，供应链金融就是银行将核心企业和上下游企业联系在一起提供灵活运用的金融产品和服务的一种融资模式，即把资金作为供应链的一个润滑剂，增加各个环节中各要素的流动性。从银行层面上看，供应链金融是商业银行进行信贷业务的一个专业领域；而从企业层面上看，它是企业特别是中小企业进行融资的一种渠道。根据上面所给的定义可以看出，供应链金融与传统的货押业务（动产及货权抵/质押授信）及保理业务非常接近，可是又存在明显的不同，即保理和货押只是简单的贸易融资产品，而供应链金融是核心企业与银行间达成的一种面向供应链所有成员企业的系统性融资安排。

供应链金融将供应商、制造商、分销商、零售商以及最终用户整合到一起，以核心企业信用为基础，以真实贸易背景为前提，为供应链提供金融支持，以达到降低资金成本、增加资金流动性、提高商业效率的目的。通过合理的结构化运作方式，供应链金融不仅将资金这一"脐血"注入相对弱势的上下游配套中小微企业，从而解决中小微企业融资难、融资贵的问题，而且能够将银行信用融入上下游企业的购销行为，增强其商业信用，促进中小微企业与核心企业建立长期战略协同关系，降低运作成本，提升供应链的整体竞争能力。此外，还可以加快供应链中各个企业现金流的流转速度，让企业在合理控制财务成本的基础上能更好、更快地发展业务，构筑银行、企业与商品供应链互利共存、持续发展、良性互动的产业生态。

（二）供应链金融的特点

总体来看，供应链金融有如下几个特点：

（1）现代化供应链管理是供应链金融服务的基本理念。供应链金融依据供应链整体运作情况，以真实贸易背景为前提，为整个供应链提供金融服务。供应链金融的产生以实际的供应链作为支撑，且其规模和风险直接取决于供应链运行的质量和稳定性。通过融入供应链管理的相关理念，客户企业的运营能力与抗风险能力能够得到客观的判断，从而可以决定是否为其提供金融支持。

（2）大数据对客户企业的整体评价是供应链金融服务的前提。在供应链金融中，客户企业想要获得供应链服务平台提供的相关金融服务，必须通过资格审核。在一般情况下，供应链服务平台会从行业、供应链和企业自身三个方面对客户企业进行整体评价，只有达到标准的客户企业才能获得相关金融服务。

（3）闭合式资金运作是供应链金融服务的刚性要求。在供应链金融服务运作过程中，供应链的贸易流、资金流和物流运作需要按照合同中规定的确定模式流动。同时，为了控制过程风险，在提供金融服务过程中，供应链服务平台会按照具体业务逐笔审核放款，并通过对融通资产形成的确定的未来现金流进行及时回收与监管，使注入企业内的融通资金的运用限制在可控范围之内。

（4）构建供应链商业生态系统是供应链金融的必要手段。在供应链金融运作中，因为风险具有扩散的特性，一旦某个环节出现问题，就可能对整个供应链造成冲击，因此必须有效构建供应链商业生态圈。各利益主体要进行有效的分工，承担相应的责任和义务，并及时进行沟通，加强协同效应，共同维护供应链平衡，实现互存互利和长远发展。

（5）企业、渠道和供应链，特别是成长型的中小微企业是供应链金融服务的主要对象。供应链金融可获得渠道及供应链系统内多个主体信息，将资金注入原本由于自身规模较小、经营风险大、财务信息不健全等而无法获得融资的供应链上下游配套中小微企业，并制定个性化的服务方案，优化这些企业的资金流，提高它们的经营管理能力，促进它们的发展。

（6）流动性较差的资产是供应链金融服务的针对目标。流动性较差的资产一般具有良好的自偿性，可以产生确定的未来现金流。在供应链运作过程中，企业往往会因为生产与贸易出现较多预付款、应收账款或存货而形成资金沉淀，从而对供应链金融产生迫切需求，所以这些流动性较差的资产就为服务提供商或者金融机构开展金融服务提供了立项业务资源。

综合来说，金融服务平台提供者在供应链金融活动中通过对供应链参与企业所处行业、基本信息等进行整体评价，以供应链各渠道运作过程中企业拥有的流动性较差的资产所产生的确定的未来现金流作为直接还款来源，运用丰富的金融产品，采用闭合性资金运作的模式，并借助中介企业的渠道优势，来提供个性化的金融服务方案，为企业、渠道以及供应链提供全面的金融服务，提升供应链的协同性，降低其运作成本。供应链金融与传统融资特征对比参见表6-1。

表6-1　供应链金融与传统融资特征对比

	供应链金融	传统融资
服务对象	供应链上下游企业	高信用企业
授信主体	供应链参与主体	单一企业

续表

	供应链金融	传统融资
授信依据	供应链动态信息	企业静态信息
融资渠道	商业银行等金融机构	传统商业银行
风险	核心企业存在的道德风险	较高的信用风险
银行企业关系	合作共赢关系	债权债务关系
银行风险	将承担较小风险	将承担较大风险
还款方式	企业自有资产及销售收入	企业自有资产
作用及意义	解决中小企业融资问题，提升供应链运作效率	解决企业融资问题

（三）供应链金融产生的背景

在供应链中，存在成员企业事实上不平等的情况。规模较大、竞争力较强的核心企业因为在协调供应链资金流、物流和信息流等方面发挥着不可替代的作用，往往在供应链中处于强势地位；而供应链上下游配套中小微企业由于其先天性缺陷及先天性规模小，在供应链中往往处于弱势地位。处在供应链弱势地位的成员企业，一方面要向核心企业供货，另一方面可能还要面对核心企业在交货、价格、账期等贸易条件方面的苛刻要求，因而承受着巨大的资金压力。供应链中上下游企业虽然分担了核心企业的资金风险，却没有得到核心企业的信用支持。同时，供应链上下游配套企业大多是中小微企业，往往抗风险能力差，财务信息披露不够，缺乏可抵资产。银行等金融机构出于自身利益考虑，往往不愿意为它们提供贷款。

随着社会经济的不断发展和生产方式的不断深入，市场竞争已经从企业与企业之间的竞争转变为供应链与供应链之间的竞争，同一供应链内部各方相互依存，只有供应链上各个企业共同合作，增强协同效应，提高供应链资金运作的效力，降低供应链整体的管理成本，才能实现供应链系统成本的最小化和价值增值的最大化。仅从供应链内部角度来看，核心企业不愿承担资金风险，供应链上下游配套中小微企业缺乏融资能力，这样会很容易导致供应链资金流梗阻，从而导致后续环节的停滞，甚至出现"断链"。然而，如果供应链核心企业能够将自身的信用注入上下游企业，用其在信贷市场的信息优势来弥补下游配套中小微企业信用的缺位，提升中小微企业的信用水平和信贷能力，同时银行等金融机构也能够有效监管供应链中核心企业及其上下游企业的业务往来，那么供应链资金流就能够被盘活并得到优化，银行等金融机构的业务也能够得到扩展，基于此，供应链金融应运而生。

（四）我国供应链金融的发展历程

美国等西方发达国家的供应链金融产业从19世纪开始出现，经过200多年的创新与发展，当下已经步入成熟阶段。中国供应链金融的起步相对较晚，是从20世纪70年代开始的，伴随着中国经济的不断发展，并结合中国本土企业的具体情况，中国供应链金融得到了不断创新发展与完善，大致可以分为三个阶段：

1. 供应链金融 1.0 模式阶段

对于供应链金融 1.0 模式，深圳发展银行（现平安银行）概括其主要特征为：M＋1＋N，其中"M"为上游 M 个供应商，"1"为核心企业，"N"为下游 N 个客户，该模式也是最为传统的"银行＋核心企业"线下模式。商业银行以供应链核心企业的信用为依托，向与它有业务往来的上游供应商和下游客户提供相关金融服务。在这个模式中，商业银行基于对核心企业的信任开展相关业务，供应链上下游的中小微企业只有获得核心企业担保才能获得银行的金融服务支持，同时商业银行可能面临核心企业失信的问题。线下供应链金融的风险难点有两个：一是银行对存货数量的真实性不好把控，很难去核实重复抵押的行为；二是在经营过程中存在操作风险。在国内银行方面，深圳发展银行从 1999 年不断试水，于 2002 年提出并推广供应链金融理念及贸易融资产品组合，奠定了国内供应链金融体系的基础。

2. 供应链金融 2.0 模式阶段

供应链金融 2.0 模式是供应链金融 1.0 模式的线上版本，也就是线上"1＋N"模式，在此模式下，信息通过银企直连的方式进行线上传递，银行能随时获取核心企业和产业链上下游企业的仓储、付款等各种真实的经营信息，避免了纸质材料线下寄送，使得核心企业以及上下游中小微企业的工作量大幅降低。此外，银企直连能高效地完成多方在线协同，也减少了金融信息传递中的人工干预，因而大大简化了商业银行的审核工作，提高了商业银行的金融服务效率。然而该模式仍然以银行融资为核心，资金往来被默认摆在首位，客户范围仍局限在核心企业的一级供应商，业务模式从本质上来说没有较大的转变。2009 年，深圳发展银行开始搭建线上供应链金融平台创新金融服务，并于 2012 年更名为平安银行后，正式推出"供应链金融 2.0"服务品牌，基于线上供应链的金融服务得到升级和创新。

3. 供应链金融 3.0 模式阶段

近年来，随着大数据、区块链、人工智能等互联网技术的快速发展，国家政策的变化以及银行等金融机构自身的定位转变，供应链金融结构不断发生变化，由过去以供应链核心企业为纽带的"1＋N"间接融资模式，逐步向"N＋1＋N"模式转变，此时的"1"不再是核心企业，而是供应链服务平台，供应链金融 3.0 模式的核心就是平台化。在此阶段，核心企业信用可以实现多级穿透，使得各种交易数据更加可信，供应链服务平台也可以对接多家金融机构而不是局限于单家银行，因而能为链上业务提供充足的资金来源，更加方便链上业务的开展，在很大程度提高融资便利性与风控水平。

这一阶段形成的供应链金融生态圈具有开放特质，不再局限于单个供应链，可以有效整合供应链平台的各个环节，形成以供应链金融为中心的集成解决方案，为供应链环节所有参与方提供多维度的配套金融服务。供应链金融 3.0 模式通过平台连接的商业生态，基于云计算和大数据创建的金融生态体系，使得金融能真正服务于整个供应链的各类主体并推动商业生态的发展。

（五）供应链金融面临的困境

供应链金融有别于传统融资方式，具有服务对象广、参与主体多、金融风险低等优势与特征，在一定程度上解决了传统供应链的痛点，是现代供应链发展的重要融资模式之一，但同时也存在以下几个问题。

1. 供应链上信息开放程度低，信息不对称，存在"信息孤岛"

在供应链金融系统中，信息作为重要因素，其共享程度起着非常大的作用。信息的共享程度过低，会导致上下游企业及金融机构无法访问和共享数据，增加逆向选择及道德风险。金融贸易生态链涉及多个参与者，信息不对称可以分为企业与企业之间的信息不对称和银行等金融机构与企业之间的信息不对称。

企业与企业之间的信息不对称。一方面，由于链上各方数据涉及己方隐私，单个参与者都只能获得部分交易信息、物流信息和资金流信息，使得业务数据无法真正共享，造成了行业链上的信息不透明；另一方面，链上的各企业通常会拥有自己独立的系统，导致运作信息割裂，全链条信息不能实现完全贯通，供应链体系内交易、物流等信息数据分割程度较大导致存在严重的"信息孤岛"。

银行等金融机构与企业之间的信息不对称。供应链金融中的供应链一般涵盖原材料采购、运输、生产及储蓄等细化的不同生产环节，由于供应链上各方对自身数据的保护，所以信息不透明进一步造成了信息不对称，金融机构得到的信息无法体现供应链上业务的完整性以及真实性。在供应链金融服务融资过程中，大型核心企业及一级供应商自身信息系统建设较全面，融资渠道畅通；但中小企业共享的信息量较少，且供应链金融信息技术发展滞后，信息共享交流程度低，信息不对称问题严重，导致银行等金融机构不掌握（难查询）交易信息且在人工授信的审批过程中不能有效界定其风险水平，难以为中小企业提供融资，即使为其融资，其授信额度、已用额度、剩余额度变化也会存在更新滞后问题，融资完成后存在难以及时履约、清算滞后等问题。这些问题使融资前的审批、融资后的监管过程产生额外的、较高的交易成本，因而会导致银行等金融机构在选择放贷客户时过滤掉链上处于弱势地位的中小企业。

虽然在供应链金融系统中，直接对整个供应链信息进行整合减少了部分信息不对称的问题，但是目前我国的信息开放程度低的问题仍然存在于供应链金融系统中。在我国企业征信体系尚未健全的背景下，国内银行系统以及国内存在自有金融的大电商目前都不能做到完全的资金流与数据流的整合，在文件传递等劳动密集型的环节，不能将完全的信息整合在供应链金融中，会降低供应链各参与主体及外部金融机构的信任基础，加大中小微企业融资难度，因此也给供应链金融的发展和我国供应链金融的稳定造成一定的影响。

2. 核心企业信用不能有效传递，中小微企业融资难、融资贵现象突出

我国中小微企业资源薄弱、生存年限短、企业资信不足、普遍缺乏可抵押资产，银行缺乏贷款积极性，同时，经营规模小、产品单一等特点导致中小微企业对单一市场依赖性强，抗风险能力差，银行不敢轻易放贷；此外，中小微企业财务信息不公开、不透明，银企之间存在较大的逆向选择和道德风险，银行为了对冲信用风险推高信贷资金成本。由于中小微企业融资条件很难满足现有金融体系要求，中小微企业成了金融被歧视的主要群体。信息不对称造成具有良好信用的中小微企业也很难得到客观公正的评价，中小微企业贷款整体水平被抑制。

在传统模式下，供应链金融业务依靠链上核心企业的信用担保来实现，但是核心企业只跟一级合作商签订了协议，并没有在一级和二级供应商签订协议时一起签订协议，银行等金融机构受限于风控难度及技术局限，一般只向有核心企业信誉背书的一级供应商提供信贷支持。那些与核心企业没有直接合作的二级、三级供应商等更多是中小微企业，难以借助核心企业的信誉背书获得金融机构的融资支持，也就是说，核心企业的信用无法通过供应链平台辐射到链条上的末端中小微企业，有着巨大融资需求的上下游二级、三级等供应商得不到满足，这就存在"想融资企业"与"能融资企业"不能匹配的问题：一方面，核心企业的一级供应商普遍资质较好，大部分一级供应商没有融资需求或融资需求不强，甚至部分一级供应商由于自身资质良好，完全不需要依靠核心企业融资；另一方面，由于核心企业的信用无法跨级向上穿透到二至 N 级供应商，有强烈融资需求的产业链次级供应商无法借助核心企业信用进行融资，供应链金融发展空间被限制。

为了保证贸易融资自偿性，银行往往要求企业缴纳保证金，或提供抵押、质押、担保等，因此提高了融资门槛，增加了融资成本。此外，社会借贷利息成本往往很高，并且为了规避风险，通常要求借贷方提供相同的价值物抵押，而企业自身缺少可用于抵押融资的资产，因此对于链上实力较弱的中小微企业而言，向各方进行贷款的"融资难、融资贵"现象依然突出。同时，金融机构需要进行贸易真实性审核，对供应链上的历史交易数据进行分析，为供应链客户核定授信额度，相对降低了供应链金融的业务效率。

此外，根据供应链金融的一般操作模式，中小微企业要获得贷款，需要将应收核心企业账款质押给金融机构。核心企业基于自身强势地位，往往不会主动为应收账款确权，增加金融机构对应收账款真实性确认的难度，导致融资流程加长，叠加核心企业经常存在的拖欠账款、延长账期等情况，中小微企业贷款效率、质量难以得到有效保障。以核心企业为基础的"区块链＋供应链金融"模式见图 6-1。

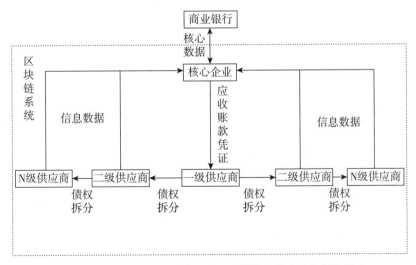

图 6-1　以核心企业为基础的"区块链＋供应链金融"模式

3. 履约风险难以有效控制，银行等金融机构风控成本越来越高

近年来，供应链金融发展迅猛，但是国内相关的法律并没有得到及时完善的补充，而法律的不完备会导致相关业务在操作上以及预期上存在灰色领域，会对金融系统造成一定的风险。此外，我国社会信用征集系统、信用中介机构的建设还处于起步阶段，社会和企业的信用信息得不到有效归集和准确评估，平时缺乏对失信情况进行有效的记录和公开，这就意味着在供应链金融中对企业的信用风险没办法做到系统的监控。

在传统供应链金融模式下，实际操作中，除核心企业及部分一级供应商之外，供应链上游的中小微企业大多没有上市，信息化水平普遍较低，财务数据、经营数据基本不选择披露，供应链数据质量参差不齐；信息传递也缺乏一致性，没有可靠来源。由于中小微企业和银行等金融机构之间的信息不对称，银行等金融机构间信息互不联通，无法直接获取供应商融资所需的关键数据，因而存在中小微企业在采购、生产经营、销售等方面数据造假以及核心企业与上下游中小微企业之间虚构贸易的可能，为了尽量避免企业票据造假、仓单重复抵押等问题，银行等金融机构须花费大量时间和人工判定各种纸质贸易单据的真实性和准确性，这就需要增加额外的风控成本。若想要沿供应链向上穿透多级供应商，银行等金融机构的风控难度将急剧上升，对信息传递的要求亦将更为严苛。总的来说，银行或其他的资金端不仅关注企业是否能够还得了贷款，而且很关注企业提供的信息是否真实。为严格控制风险，通常要求核心企业逐笔确认应收账款信息的真实性和完整性，并提供具有法律效力的确权文件，导致了传统供应链金融模式的融资材料复杂，操作流程长，风控成本高、难度大，核心企业配合意愿也相对较低。

同时，供应链中所有金融业务合同履行均不能自行完成，金融机构与中小微企业之间只有合同约束，金融机构很难有效地对中小微企业的履约过程进行监控。供应商与买方之间、融资方和金融机构之间单凭合同约束，尤其是在涉及供应商结算时，不确定的因素太多，存在资金挪用、恶意违约或操作风险，还款情况不可控。银行等金融机构在制定融资业务流程中存在一系列的问题，增加了链上的融资风险，而各信息由不同主体分别掌握，资金提供方不能得到整个链的融资详细状况，因此，对于银行等金融机构来说，信息的不充分导致融资方的风险难以控制。

二、基于区块链技术的供应链融资业务

（一）供应链融资主要模式

供应链融资是指依托供应链核心企业，基于核心企业与上下游链条企业之间的真实交易，整合物流、信息流、资金流等各类信息，为供应链上下游链条企业提供融资、结算、现金管理等一揽子综合金融服务，供应链融资在我国金融业中尚处于起步阶段，但发展迅速。单个企业的流动资金被占用的形式主要有应收账款、库存、预付账款三种，结合中小微企业运营管理周期的特点，现阶段我国供应链融资主要有动产质押融资模式、应收账款融资模式、预付账款融资模式三种。

1. 动产质押融资模式

动产质押融资适用于经营环节，是指银行等金融机构以借款人自有存货为质押，经

过专业的第三方物流企业评估与证明后，向借款人发放授信贷款的业务，可以分为现货质押业务和仓单质押业务两大类。供应链中的中小微企业资产总量有限，固定资产缺乏，生产环节极易占用大量资金，常常面临资金周转的压力，当存在资金需求时，可以将其存储的原材料、半成品或产成品等资产交由第三方物流保管，银行等金融机构与该企业和第三方共同签订融资协议，由银行等金融机构向该企业提供一定额度的短期贷款。该融资模式将"死"物资或权利凭证向"活"的资产转换，并引入了第三方物流监管企业，由物流企业直接负责融资企业贷款的运营和风险管理，一方面缓解了供应链中小微企业现金流短缺的压力，提高了中小微企业的资本运作效率，另一方面也降低了银行的信贷风险，有利于提高供应链的整体绩效。

2. 应收账款融资模式

应收账款融资适用于采购环节，是指企业以未到期的应收账款为担保向银行等金融机构申请融资的一种行为，主要有保理、保理池和反向保理（逆保理）三种方式，其客户主要集中于供应链上游的中小微企业。在供应链中，核心企业居于强势地位，往往选择有利于自己的最优付款方式，处于相对弱势的上游中小微企业经常会遇到提供货物之后不能及时拿到货款的情况，加上这些中小微企业本身规模较小、资金不足，应收账款的增多可能会造成资金短缺和资金周转不畅，影响生产运营，以未到期的应收账款作为抵押向银行等金融机构进行融资可以有效缓解中小微企业面临的这一困境。供应链核心企业自身资信较好，并且与银行等金融机构有着长期的信贷关系，在该融资模式下，核心企业是债务企业并对债权企业的融资进行反担保，当融资企业无法偿还贷款，银行等相关金融机构便会要求债务企业承担弥补损失的责任。该融资模式使得融资企业能够及时获得银行等金融机构的短期资金支持，加快了现金流转，不但有利于解决融资企业对于短期资金的需求，还有利于核心企业优化财务，从而促进整个供应链的持续高效运作。

3. 预付账款融资模式

预付账款融资适用于销售环节，是在核心企业承诺对未被提取的货物进行回购的前提下，下游购货商向金融机构申请贷款，用于支付上游核心供应商在未来一段时期内交付货物的款项，并将提货权交由银行等金融机构控制的一种融资模式，简单来说，就是指企业通过办理融资业务以完成订单生产的融资行为。预付账款融资可以分为先款（票）后货融资和保兑仓融资两种模式，其客户主要集中于供应链下游的中小微企业。在实际生产经营过程中，供应链核心企业处于强势地位，处于其下游的中小微企业经常需要预付部分款项才能获得原材料或相关产成品进而完成订单生产，当中小微企业因短期资金流动困难不能预付或者全款购货而面临丧失投资机会时，就可以通过这种方式获得银行等金融企业的短期信贷支持，缓解企业资金压力，加快货物周转速度，破解投资束缚的窘境。此外，该融资模式通常会引入专业的第三方物流机构对供应商上下游企业的货物交易进行监管，以抑制可能发生的供应链上下游企业合谋给金融系统造成的风险，因而也可以降低银行等金融机构的信贷风险，实现多方共赢。

三种供应链融资模式对比见表 6-2。

表 6-2　三种供应链融资模式对比

模式	典型产品	质押物	第三方参与	融资企业在供应链中的位置	融资企业所处生产周期
动产质押融资	动产或者仓单融资等	存货	第三方物流企业	无限定	无限定
应收账款融资	应收账款转让、应收账款质押等	债权	无	上游供应商	发货后代收款
预付账款融资	订单融资、保兑仓融资等	拟购买货物	仓储监管方	无	拟购置生产所需原材料

(二) 区块链技术在供应链融资业务中的作用

区块链源自比特币的底层技术，是一种去中心化、不可篡改、可追溯、高可信、多方共同维护的分布式数据库。传统供应链金融的运行过程中存在高度以核心企业为中心、信息不透明等问题。而区块链技术恰恰是一种去中心化，并且可以保证数据信息透明的技术，它可以很好地解决传统供应链金融存在的问题，具体表现在：

1. 打破"信息孤岛"困境，提高信息透明度

"区块链＋供应链金融"较为关键的不同点是把整个融资过程作为一种分布式账本来管理，使得整个融资过程中非商业机密数据在节点间的储存和共享流转更加方便，极大地解决了现行供应链中融资信息透明度低、信息孤岛的问题。

一个完整的产业供应链包括：生产商、供应商、分销商及零售商等主体，而各环节及各主体的信息较为分散且分别只存在于各自的系统内，无法实现信息自由交流。在供应链金融中，随着全球产业垂直分工的日益明显，核心企业的信息系统无法整合供应链上的所有交易信息，这些交易信息分布在不同的企业中，所以导致了供应链上信息的割裂和信息不对称。信息不对称问题将增加供应链体系内各主体之间的信息交流成本，增加了整个供应链运作的协调难度，降低了供应链的运行效率。同时，对于存在纠纷的主体之间，部分重要信息举证和追责难度将有所增加，甚至部分重要信息会被篡改。因此，需要建立一个更加透明的运营机制或者高效的信息交流机制，以保证供应链金融的高效运作。

基于区块链技术的信息系统通过整合这些资源与信息，在分布式账本的应用下，改变了传统供应链中中心机构负责记账与维护而其他参与者只能访问的情况，分布式记账的规则是每一位参与者都有平等的权限来参与记账，记账结果会上传至区块链上的每个节点，如果记账结果经由每个节点共识确认，则数据会永久保留并备份在区块上，以便供应链上的业务主体需要时查验。并且，数据一旦存储在区块上，将不能篡改，确保了信息的安全性，也提升了供应链的管理效率。

通过区块链分布式账本技术在供应链参与方之间建立可信的信息共享平台，各参与方在分布式共享账本上的各个节点完成记账并共享各类信息。每一个主体的信息都公开透明，每个节点都保存完整账本信息，打破了企业各自为政的数据信息孤岛困境，信息流在整个供应链上流通，共享一个账本的各个参与方都能及时获取交易对手等信息。

区块链也可以有效缩小中小微企业与金融机构间的信息不对称，建立透明性融资账本。银企信息不对称是导致中小微企业融资困境的主要因素,中小微企业资产、财务信息不公开、不透明,是金融机构不愿放贷的最大原因。区块链按照时间顺序记录了企业数据的周期,从数据的生成、存储到数据的提取与应用,且相关数据信息一旦生成便不可篡改,上下游企业的资产、交易数据链公开透明,保证了资产价值、贸易关系的真实性。金融机构借助区块链中小微企业资产、财务以及交易关系等数据信息的真实可靠,可有效减轻中小微企业与金融机构信息不对称的程度和范围,提升供应链整体的运作效率。

2. 实现信任穿透,解决"融资难、融资贵"问题

传统供应链金融依仗"中心",即有高信用的核心企业,链条上的中小微企业获取银行融资支持主要依靠核心企业的担保或者核心企业所提供的供应链业务过程的全量数据。在实际操作中,核心企业常常会凭借所处强势地位转嫁成本或者出于商业机密的考虑而不愿提供全量数据,造成供应链上其他中小企业受制于人。在"区块链+供应链金融"的融资模式(见图6-2)下,所有参与主体的行为都将受约束规范,并不局限于核心企业与一级供应商,而是进行全链条的渗透覆盖,实现多级供应商传递,在可信贸易场景不断丰富的同时,大大降低了所有主体的参与成本。具体来说,一级供应商对核心企业签发的凭证进行签收后,可根据真实的交易背景,将其拆分、逐级流转给链上其他的中小企业,致使融资行为更加真实可信。上下游企业能够更加有效地证明交易过程的真实性,并共享核心企业的信用,可以在积极响应市场需求的同时满足其融资需求。

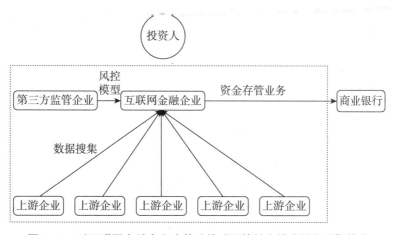

图6-2　以互联网金融企业为基础的"区块链+供应链金融"模式

在现实中,中小微企业规模小、资源薄弱,叠加信息不透明因素导致银行等金融机构无法真实客观地评价中小微企业的信用情况。出于自身利益的考虑,金融机构贷款积极性不高,大量远离核心企业的上下游合作方融资需求不能被满足。此外,在传统供应链金融业务中,银行在对预付账款融资、存货融资等业务进行贷后管理时,需要检查抵押品的状态与价值,不可避免地需要投入大量的人力、物力,造成较高的运营成本,从而推高供应链上各中小微企业的融资成本。区块链系统是由大量节点共同组成的一个"P2P"网络,数据由不同的节点生成,没有中心化的管理部门存在,在网络中的每个节点平等参与,系统的每个节点都参与数据的记录与验证,并将计算结果通过分布式传播至各节点，账本数据由供应链上的参与方共同维护，使得它的所有者、数据存储、交易验证都呈现多中心的特征。因企业信息真实可靠，银行等金融机构依据区块链平台上存储的各类数据来确定企业资信等级，无须额外增加抵押担保物，可以批量且低成本地获取授信客源，扩大对中小微企业的信贷覆盖范围。此外，区块链技术以 Merkle 树形式散列交易，可以让附近的区块成为"旁证"。少了"中心"的供应链，可以减少金融领域中的资产登记、流通、交易、保理环节，节省共享凭证、审核凭证、审核交易等成本。而信息数据开放式共享，金融机构依据平台中存储的各类数据进行风险分析和授信批复即可，无须依靠人工搜集企业历史数据及核验信息真实性，有效降低了金融机构的人力和时间成本，从而降低了中小微企业的融资成本，提高了贷款审批效率。

3. 降低履约风险，提高风控水平

在传统供应链金融模式下，贷前逆向选择、贷中道德风险以及贷后信用风险等情况时有发生。由于信息不对称，存在核心企业与上下游小微企业之间虚构贸易的可能，同时，我国票据融资普遍以纸质票据交易为主，金融机构很难避免中小微企业的票据造假、仓单重复抵押等问题，因而资金供给端面临较大的信用风险，而对相关票据信息的真实性与准确性进行检验核查则意味着需要花费大量的人力物力和时间成本。此外，金融机构与中小微企业之间只有合同约束，金融机构也很难有效地对中小微企业履约情况进行过程监控。

区块链的不可篡改及安全性特点，保证了交易信息及交易凭证的真实性，避免了融资中存在的单证伪造问题，特别是进行票据融资，区块链技术能填补传统票据融资的漏洞。在区块链技术下，票据融资能够实现"一票一号"机制，所有票据都能够被编号，通过编号可对其进行查找验证，解决"一票多卖"的票据复制问题，减少中小微企业票据融资存在的融资风险。

运用智能合约技术可以有效地解决履约风险问题。所谓智能合约，是指基于链上可信的数据，按预先定义好的规则和条款，自动化执行区块链上的合约条款，如资金审批、资金清算等。智能合约作为一套以数字形式定义的承诺，只要读取信息符合合约制定标准，就会忽视其他一切阻力，及时完成合约，例如，对抵押品的真实性进行验证，或者动态监管抵押品的转移状态，可以最大化减少金融机构的人工操作流程，实现自动化运营，简化供应链金融业务流程。智能合约嵌入某一区块，同时在系统功能层上设置溯源追踪层，其功能是对货物进行溯源和追踪。当某一企业有融资需求时，金融机构通过区块链＋大数据物流供应链管理平台中的物流信息数据读取并审核融资方的业务能力，当申请通过时，融资方、金融机构以及物流供应链管理平台分别进行电子签名，智能合约被触发，存储在相应的区块中。当贷款发放之后，智能合约实时监控资金流向，确认合约状态和合约值。当溯源追踪层监测到资金用途或动产价值出现异常时，及时反馈给智能合约，最后联合共识层确定异常并采取相关措施。系统随着智能合约的执行进度，自动匹配买方与卖方，通过分布式记账系统实现按时还款和清算。

传统供应链融资业务涉及多方协作，审核机制严格、流程复杂，但利用区块链的智能合约功能，结合区块链共享的可靠信息，能快速追溯验证相关数据，按预设的规则自动审核，完全自动化放款、兑付、清算等，减少了人工成本的同时大大地提升了业务办理效率。同时，智能合约在执行过程中，自动完成资金支付、清算和财务对账，在很大程度上增强了融资效率以及减少了人为因素带来的潜在风险。"区块链＋供应链金融"模式与传统供应链金融模式对比见表 6-3。

表 6-3　"区块链＋供应链金融"模式与传统供应链金融模式对比

模式	区块链＋供应链金融	传统供应链金融
信息流转	更快，全链条畅通	存在信息孤岛问题
信任传递	全供应链覆盖率	主要为一级供应商
资金可控	封闭可控	不可控
企业融资	快捷，成本低	融资难且成本高
监管治理	穿透式监管，较容易	信息阻碍，监管困难

三、应用案例

2017 年 12 月 20 日，腾讯、有贝、华夏银行的战略合作发布会在广东召开，以腾讯区块链技术为底层打造的供应链金融服务平台"星贝云链"首次公开亮相。与此同时，华夏银行对"星贝云链"提供了百亿级别的授信额度。值得一提的是，星贝云链是国内首家与银行战略合作共建的基于区块链的供应链金融平台，也是国内首个基于大健康产业构建的供应链金融平台。

星贝云链联合腾讯、华夏银行，三方集结各自的优势资源打通了供应链金融技术端、财富端、资产端和依托平台的应用场景。具体来说，腾讯方面提供区块链技术与星贝云链展开深度合作。"通过腾讯区块链的共享账本和智能合约能力，保证资金流向可溯源、信息公开透明、信息多方共享。"腾讯区块链总经理蔡弋戈透露。在大数据交易信用场景下，区块链在供应链交易场景中扮演资产确权、交易确认、记账、对账和清算的角色，同时，区块链技术的防篡改能力，能有效规避作弊风险。而华夏银行提供了百亿级别的授信额度，对它而言，这种依托于产业链的供应链金融服务模式，将有助于其将金融资源更好地配置于有前景的产业中。

"广东有贝入局供应链金融最大的优势在于其具有独有的产业数据沉淀、高效的外部数据共享及丰富的产业资源、交易场景数据积累。"益邦控股集团董事长兼总裁牛永杰透露。当前，供应链金融已经发生诸多改变。从过去的搭建供应链金融服务平台连接不同财富端、供应链服务方、核心企业产业链上下游而形成的"N＋1＋N"模式，逐步结合内嵌于平台的区块链技术，发展为线上化、协同化、智能化的供应链金融。依托大数据，内嵌区块链技术的新模式解决了商业社会最根本的交易信用问题，通过系统智能化分析主动补充产业链流动性不足，以金融配置带动产业链流通效率的提升。

目前，星贝云链能提供的融资模式多样，既有基于供应链"物"流动性形成的物权质押、仓单质押融资模式，也有基于供应链信用势能和稳定性形成的订单质押、保兑仓等多种信用融资模式。未来结合产业发展，还将开发更多的供应链金融产品。

第二节 区块链在跨境支付中的应用

伴随着世界经济的快速发展，全球经济一体化步伐不断加快，世界各个国家和地区之间的贸易往来也愈发频繁，跨境支付的重要性日益凸显。传统模式下的跨境支付面临诸多困境，随着互联网经济与电子商务的快速发展，人们对跨境支付方式改革的呼声也越来越高。为解决传统跨境支付的困境，数字货币越来越受到重视。与此同时，近年来以比特币为代表的数字化货币发展极快，隐藏在其背后颠覆了传统跨境支付手段的区块链技术也得到了社会的广泛关注。凭借自身优势特点，区块链技术能够很好地解决传统跨境支付领域中面临的困境。

一、跨境支付系统的发展及困境

在进行相关介绍之前，我们先来看一个案例。国内某公司 A 因生产需要向美国某公司 B 购买一大批货物，对方公司要求必须使用美元进行付款，由于相距甚远，不能进行当面付款，因此必须通过银行等金融机构进行汇款。假设公司 A 最终选择银行 C 进行汇款，由于公司 A 没有充足的美元储备，因此需要向银行 C 购汇。购汇成功后，在进行收款人信息核对时，由于文字为英文，公司 A 为确保信息正确，于是向公司 B 进行电话确认。确认完成后，银行 C 通过操作将相关款项汇至其在美国的合作银行 D 并收取相关费用，由于当天为星期五，银行 C 告知公司 A 款项需要 3～4 天才能到达企业 B。另一端，合作银行 D 在星期一收到了银行 C 的汇款信息，通过操作将汇款汇向企业 B 的相关账户并收取相关费用，最终公司 B 在星期二下午收到公司 A 的购货款。以上就是一个典型的传统跨境支付案例。那么，什么是跨境支付？它又存在什么样的问题？下面就此进行相关介绍。

（一）跨境支付的含义

跨境支付是指两个或者两个以上国家或者地区之间，因国际贸易、国际投资及其他方面所发生的国际间债权债务，借助一定的结算工具和支付系统实现资金跨国和跨地区转移的行为。例如，中国消费者在网上购买国外商家商品或国外消费者购买中国商家产品时，由于币种不一样，就需要通过一定的结算工具和支付系统实现两个国家或地区之间的资金转移，最终完成交易。

（二）我国跨境支付行业的发展背景

（1）人民币跨境支付系统（Cross-border Interbank Payment System，CIPS）全力支持"一带一路"，人民币走向国际舞台。"一带一路"致力于亚欧非大陆及其附近海洋的互联互通，与沿线各国建立深层次的区域合作，涉及金融交易、国际贸易、基础设施建设和旅游等多个领域，促进资源高效配置和市场深度融合，实现经济可持续发展。经济的紧密联系刺激跨境支付的需求，而人民币跨境支付系统致力于解决经济合作中大量的支付需求。截至 2019 年 6 月，CIPS 实际业务已经覆盖全球 160 多个国家和地区，其中 63 个国家和地区处于"一带一路"沿线区域。CIPS 支持经济贸易发展，促进人民币在全球范围内的使用，助力人民币国际化。

（2）环球银行金融电信协会（SWIFT）协同人民币跨境支付系统，提供本土金融服务，助推人民币国际化。在中国更为开放的金融环境下，2019 年 8 月，环球银行金融电信协会正式在中国成立全资中国法人机构，加入中国支付清算组织，由中国人民银行监督管理，并可以以人民币计价，为中国金融行业提供本土化产品与服务。人民币是继美元与欧元之后被 SWIFT 接受的第三个国际货币，SWIFT 与 CIPS 的合作将一起助力人民币国际化。同时，SWIFT 与 CIPS 在传统高跨境支付中存在一定的竞争，这将促使双方跨境支付服务更加细致化。

（3）中国跨境电商模式优势凸显，交易规模稳定增长，造就跨境支付市场巨大的潜力。随着互联网的普及、支付渠道的完善，作为新型跨境场景之一，跨境电商近年来发展迅速，相比于传统贸易，跨境电商模式极大减少了中间商数量，降低了交易成本，提高了交易便利程度，优势凸显。中国在经历了 2015 年和 2016 年进出口商品贸易严冬后，自 2017 年开始，中国进出口商品贸易额度开始迅速回暖。受政策支持以及跨境出口环境的持续改善，2018 年中国跨境电商出口交易规模达到 7.1 万亿元人民币，环比增长达到 12.7％。2019 年因受经济下行压力，中国跨境电商进出口交易规模增速有一定的放缓。相比于中国跨境电商进口交易规模，中国跨境电商出口交易规模是其数倍，出口方面更加蕴藏潜力，2019 年中国跨境电商出口交易规模为 8.03 万亿元人民币，同比增长 13.09％。随着跨境电商优势凸显以及国家宏观环境的支持，跨境电商将在国际贸易中扮演重要的角色，中国跨境电商出口交易规模预计也将保持稳定增长。伴随跨境电商出口交易规模的稳定增长，与之相连的跨境支付需求也将持续稳定增长，整个跨境支付市场将蕴藏巨大的潜力。

（4）出国留学人数稳定增长，扩大跨境支付市场潜力。近 10 年，中国留学生人数保持持续稳定增长。2018 年，出国留学人数已达 66.21 万人，且自费留学类型的学生数占总体出国留学生人数的九成左右。公开数据显示，中国留学生每年消费规模至少在 3 800 亿元人民币以上，学费和日常生活费是留学生的主要消费领域，且出境留学市场呈现学生低龄化趋势，高中阶段出国留学所占比例有所增加，低龄化留学群体意味着未来更加持久的学费缴纳需求和日常生活消费需求。留学生人数的增长和低龄化留学群体的扩张保证了未来对跨境支付持续稳定的需求。

（5）中国出入境游客规模稳定增长，扩大了跨境支付市场的潜力。近 10 年，中国居民出境人数保持稳定增长，在经历 2011 年的增长率峰值后，2018 年又呈现出新一轮增长率峰值的趋势，2018 年中国居民出境人数已达 1.6 亿人次。随着我国居民出境人数的稳定增长，出境居民对便捷的跨境支付的需求也逐渐提高。相比于大规模中国出境游客，境外游客规模较小且增速较慢，目前规模约 3 000 万人次。同时，境外游客带来的国际旅游（外汇）收入呈现出稳定增长的态势，2018 年中国国际旅游（外汇）收入已达 1 271.03 亿美元。出入境游客规模的增长为跨境支付市场规模的扩大奠定了基础。

（6）中国居民的移动支付习惯已养成，跨境旅游时对便捷支付需求强劲。据相关数据显示，2019 年各个月份的支付 APP 人均单日启动次数和支付 APP 人均单日使用时长，相比于 2018 年同期都有明显的增长。2019 年 1 月，支付 APP 人均单日启动次数达到 2.9 次，相比同期增长 31.82%，增长率达到近 8 个月最高值。同时，在 2019 年 1 月和 6 月，支付 APP 人均单日使用时长相比于同期增长 50%，达到近期增长率峰值。APP 人均启动次数和使用时长的增加预示着人们的移动支付习惯逐渐养成，对便捷支付的需求也越来越高，而便捷支付习惯的养成也意味着人们在跨境旅游时，对便捷跨境支付同样有着极大的需求。

（三）传统跨境支付主要模式

跨境支付业务是各国间资金融通过程中的基础环节，也是国际间商业贸易交易的重要保证。目前在国内常见的跨境支付方式主要包括以下四种：基于 SWIFT 的银行跨境电汇方式、专业汇款公司代汇方式、国际信用卡支付方式和第三方支付方式。

（1）银行电汇。这是目前跨境支付使用最普遍的方式，指的是汇出银行按照汇款人的要求，以电传、电报或电信等方式将资金委托给目的地的分支机构或代理机构，指示分支机构或代理机构向收款人支付的一种交易结算方式。该方式通常适合金额比较大的跨境交易业务，2~3 个工作日到账，需要收取手续费、电报费等费用，我国境内银行跨境电汇业务普遍采用 SWIFT 形式。SWIFT 是国际银行间非营利性的国际合作组织，在全世界拥有会员银行超过 4 000 个，每家会员拥有唯一的 SWIFT Code 作为银行间电汇或汇款的银行代号。当前，全球大部分国家银行电汇均采取 SWIFT 支付形式，使用 SWIFT 的系统进行跨境结算，汇款行或代理行（汇入行）均采用 SWIFT Code 作为电汇代号。

SWIFT 为金融机构提供了一个安全、规范、可靠的金融交易信息传输网络，但在账务处理上，区别于境内支付由中央银行提供集中账户管理体系实现银行间资金的清算，跨境支付中不同机构间的账务系统并不相通，跨境支付的实现往往需要收付款行之间建立账户代理关系。具体来说，若收付款行之间开设有同业往来账户，可通过 SWIFT 完成跨境支付，若无，则需要寻找一家既和自己有代理关系又是 SWIFT 成员的银行完成跨境支付。

（2）专业汇款公司代汇。专业汇款机构其实也是金融机构，通常与银行、邮局等机构有较深入的合作，借助这些机构分布广泛的网点设立代理点，以扩大自身的跨境支付业务覆盖面，该模式一般只适用于一些中小额汇款支付。目前，我国跨境支付市场上主要有银星速汇（Sigue）、速汇金（MoneyGram）、西联汇款（Western Union）和 BTS 汇款公司等专业汇款公司。以西联汇款为例，其作为一家全球性的专业汇款公司，在全球近 200 个国家和地区拥有超过 480 万个代理网点，能够为客户提供全天候全球汇款支付服务。此模式与银行电汇相比，耗时较短，通常只需几分钟就可以到账，手续费也相对低廉，单笔费用一般为 15~40 美元，无须支付钞转汇及中间行的费用。此外，操作上也相对简便，汇款人无须开立专门的账户，只需要提供合法身份证明，填写汇款单据和支付汇款费用，就可以获得汇款密码，收款人凭汇款密码和身份证明即可收款，而且专业汇款公司代理网点众多，不限于银行办理。

（3）国际信用卡支付。国际信用卡公司发行的国际信用卡一般具有跨境支付和结算功能，这种跨境支付模式一般是 POS 机线下刷卡交易和线上海淘交易，这种模式也只收取手续费，但是各个国家和地区的手续费率不一样，比如欧洲是 1%～2%，亚太是 1.8%～2.5%，中国是 2.8%～3%。常见的国际信用卡有：JCB 卡（Japan Credit Bureau Card）、万事达卡（Master Card）、美国运通卡（American Express Credit Card）、维萨卡（Visa Card）等。国际信用卡跨境支付通常会受到很多限制，往往会由于单笔支付金额过高、同一地址短时间内重复在线支付多次、网络问题等原因导致支付失败，因此成功率不高。在我国，由于信用体系、信用制度不够完善，使用国际信用卡的人数较少。此外，万事达、维萨等国际信用卡组织为减少商户恶意欺诈和信用卡盗刷风险、保证用户交易安全性，为亚洲地区信用卡添加了 3D 密码验证服务，但与此同时也增加了操作的复杂性，进一步降低了交易支付的成功率。据统计，国际信用卡非 3D 支付成功率为 70%～90%，3D 支付成功率还不到 30%，主要是因为 3D 密码需要付款方和收款方同时开通，如果只有一方开通，刷卡就无法通过，支付受到较大限制，便利性较低。

（4）第三方支付。第三方支付机构的跨境支付是指支付机构通过银行为电子商务交易双方提供跨境互联网支付所涉及的外汇资金集中收付及相关结售汇服务。第三方支付资金到账时间也较长，但在这四种跨国支付传统模式中，它的费用最低，仅仅收取 1%～1.5% 的手续费，适合小额、高频的跨境支付汇款。在我国，根据相关规定，第三方支付机构开展跨境电商支付业务，首先需要有中国人民银行颁布的"支付业务许可证"，其次需要有国家外汇管理局准许其开展跨境支付的金融牌照，满足条件的第三方支付机构被允许通过合作银行为小额电子商务交易双方提供跨境互联网支付所涉及的外汇资金集中收付及相关结售汇服务，直接对接境内外用户与商户。2013 年，支付宝、财付通等 17 家第三方支付机构成为首批获得跨境电子商务外汇支付业务试点资格的企业。截至 2019 年年初，已经有 31 家第三方支付机构取得了跨境支付业务资格。

表 6-4 给出了传统跨境支付模式的总结。

表 6-4 传统跨境支付模式的总结

模式	支付方式	所需费用	到账时间	适用范围	交易时间
银行电汇	SWIFT	手续费、电汇费	2～3 个工作日	大额	工作日
专业汇款公司代汇	境内外代理点	分级收取	10～15 分钟	小额	工作日
国际信用卡支付	国际信用卡结算系统	手续费	2 天	小额	工作日
第三方支付	境内外合作银行	分级收取	3～5 天	小额	不限

（四）传统跨境支付系统面临的困境

伴随着全球经济一体化，全球对于跨境支付服务的需求不断增加。然而，由于支付中间环节多、结算系统复杂等原因，当前跨境支付仍普遍存在效率低、成本高、资金占用较多、安全性较低等问题。

1. 支付清算时间较长，效率低

根据麦肯锡发布的《2016 年全球支付报告》，全球 92％的跨境支付采取企业对企业（business-to-business，B2B）支付形式，而 B2B 支付中有 90％是通过银行完成的，由此可见银行是跨境支付的主要渠道，目前我国普遍使用的跨境支付汇款渠道也是银行。银行通过发送 SWIFT 报文实现跨国支付结算，SWIFT 报文格式标准会定期升级，在实际支付清算过程中收付款人的信息是在付款发起时通过手工和重复性的业务流程收集的，在资金转移过程中需要通过代理行逐笔进行验证。银行系统网点众多、组织复杂，利用银行渠道从支付环节到结算环节需要经过汇款行、代理行、央行等多个中间机构，这些机构是传统金融业不可缺少的。

然而每一个中间机构都拥有自己独立的记账系统，当一笔交易产生后，每家机构都使用自己的信息处理系统进行数据处理，这样很容易产生因资金流严重滞后于信息流而导致的效率低下，也容易导致单点故障。此外，在交易产生后，汇款行不仅要在本行进行记录，还需要与其他行进行对账和结算，收付款行在进行交易时也需要重复执行KYC/AML 程序。由于对账过程是在金融机构各自独立的支付系统中进行的，且需要对每一笔交易记录反复进行支付信息确认、结果反馈以确保交易双方的每一笔交易都准确无误，其过程一般情况下复杂且周期长，加上这些金融中间机构之间信息共享或者传输不及时，跨境支付清算的时间成本也就增加了，而不同货币的兑换周期越长，汇兑风险也就越大。不仅如此，当发现差异较大的交易记录时借助人工或系统自动形式进行平账，也会造成效率降低。

最后还有工作时间和时差的影响，在一般情况下，跨境支付清算时间为 2～3 天，如果遇到周末时间甚至更长。我国银行的跨境支付结算时间一般为 T+3 甚至更长，T 大部分表示工作日期，遇到非工作日比如周末、节日等会延迟较长时间，部分小额系统表面上是 7×24 小时的，但其实还是集中异步处理，日切时间一般固定在每天 16 时进行，并没有开展实时操作。此外，我国和西方金融部门的清算也有一定的时差因素，造成支付清算的时间较长。

2. 费用相对较高

对消费者来说，传统跨境支付交易的成本一般包含买家支付处理成本，卖家接收费用，财务运行成本以及对账成本，通常是按次或金额计费，尤其是对于小额跨境支付来说更是如此。在跨境支付清算过程中，清算机构、代理行、往来银行等都会针对每笔清算业务收取部分手续费或佣金，且手续费不低。世界银行的数据显示，在跨境支付中，汇款人支付的费用是汇款金额的 7.2％～8.5％，世界经济论坛报告《全球金融基础设施的未来》也表明汇款人需要承担的跨境支付交易手续费率达到 7.68％。根据麦肯锡的《2016 年全球支付报告》，通过中介模式进行跨境支付的平均成本在 25 美元和 35 美元之间，是国内清算支付成本的 10 倍以上，这在一定程度上使小额跨境支付难以开展。以银行电汇为例，中国银行跨境支付需要按照汇款金额的 1/1 000 收取手续费，单笔最低费用是 50 元人民币，另加 150 元人民币的电报费，若采用外钞汇款而非外汇汇款，银行还会收取外币现钞兑换成外币现汇的差价费。

3. 资金占用较多

传统跨境支付清算基本都要通过银行，利用银行渠道从支付环节到结算环节需要汇款行、代理行、央行等多个中间机构，而在跨境支付过程中每一个中间机构都拥有自己独立的财务系统，用于交易的记录、清算和对账，由于传统跨境支付结算的周期较长，因此在途资金占用量较大。对于汇款人来说，要在不同的银行开展相关业务，就需要在这些银行开设相应的保证金账户，缴纳一定的保证金，而这也会在不同程度上占用客户的资金，从而降低资金的使用效率。另外，对于银行而言，为了保持资金流动性，需要在银行账户中持有多个国家的货币，这种账户被称为"往来账户"，往来账户中留存资金越多，银行的对冲成本和机会成本也就越大，这本身也是一种资金占用，降低了资金利用效率。

4. 监管难度大，安全性难以保障

传统的跨境支付采用集中式支付，客户需要将自己的账户等信息提供给银行或支付机构，它们根据客户提供的信息来完成汇款和提款。由于整个支付结算过程手续复杂、耗时长，交易过程中的中间机构比较多，客户信息会在各个中间机构之间流转，在这种支付模式下，每家银行或支付机构都会留存大量的客户账户信息和交易信息，极易成为黑客和不法分子窃取信息的目标。如果利用第三方支付公司进行跨境支付，买卖交易数据就会被第三方支付平台所存取，这些交易数据包括交易记录、个人信息、认证信息等。由于第三方跨境支付服务通过互联网提供相关服务，涉及消费者、第三方支付平台、境外商家、金融机构等，其中任何一个环节出现问题，都有可能导致客户留存的信息被泄露。

在传统的跨境支付清算模式下，银行产业和支付组织信息系统平台的主要创建基础是中心化，数据库机制是允许修改和删除的，传统的数据库一旦得到数据库管理员的权限就能删改交易记录，甚至还可以进行更新等。因此，对中心化的支付结算系统来说，管理员的权限成为影响系统生死的关键。同时，由于支付结算过程经手的人较多，资金流动增加了不确定性和匿名性，监管的难度也增加了。因此，支付清算数据很有可能会被不法分子篡改且难以追溯，这对金融机构来说是非常大的安全隐患。

二、基于区块链技术的跨境支付业务

区块链具有去中心化、信息不可篡改、开放性等特性，应用区块链技术能够弥补传统跨境支付的不足，促进跨境支付业务的发展，具体作用表现在以下四个方面：

1. 有效缩短交易时间，提高跨境支付效率

传统的跨境支付清算需借助多个机构，包括汇款行、外汇中介商、境外收款行等，各个机构都有自己独立的账务系统，并会在日终对支付交易进行批量处理，通常一笔跨境交易需要至少 24 个小时才能完成。由于各机构系统之间并不相通，无法共享，因此需要多方建立代理关系，在不同系统进行记录并与交易对手进行对账和清算等。在交易过程中，所有参与支付的机构都需要及时对信息进行核对，并将交易信息同步至中间结算

方，同时，在最终付款执行之前交易对手需要冲销不同的借款，整个过程耗时较长，效率较低。

相对于传统跨境支付手续烦琐、流程冗长，在区块链点对点模式下，金融机构可以成为结算交易的一个站点、一个交易主体，利用自身网络接入系统，实现收付款方之间点对点的支付信息传输，省去了第三方中介环节（见图6-3）。在此模式下，跨境支付仅仅涉及付款机构和收款机构两个交易主体，交易双方可以实现点对点、端对端的支付，减少了流程中的人工处理环节，简化了复杂的交易及清算过程，不仅缩短了支付、清算的时间，还缩短了交易周期。从到账时间来看，区块链基本上可以实现实时到账，支付效率得到极大提升。同时，应用区块链不需要对对方信用情况进行调查分析，双方根据自己的需求在结算平台上直接进行结算，只要双方同时拥有买入和卖出的需求，跨境支付就可以瞬间完成，免去了两者之间重复的清算和对账，也避免了在重复清算对账过程中随时可能出现的误差。

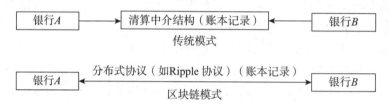

图6-3　传统模式下与区块链模式下跨境支付的比较

此外，共享账本也能显著提高跨境支付效率。区块链是一个分布式账本，所有人都可以实现实时记账，平等地获取及时的数据信息。区块链中所有节点共享账本，节点间点对点的交易通过用共识算法确认执行，并将结果广播到所有节点，交易双方不再需要建立层次化的账户代理关系，就可以实现点对点的价值传递。引入区块链技术，汇兑风险也能得到有效应对。流动性提供方所产生的任何包括手续费、实时汇率等信息的变动可以在分布式共享账本上直接映射出来，这是一个完全自动化的过程，且能够保证一致性，因此也能提高交易效率。

2. 有效降低交易成本

在传统跨境支付模式下，支付业务的流程比较复杂，一笔交易要经过多个机构才能达成，同一个业务需要反复对账与清算，交易周期长，效率较低且成本较高，其中绝大部分花费被用于对中介机构各类清算的支出。同时，为了更好地提升跨境支付业务量，相关金融机构每年都会花费大量的资金维护客户关系，同时需要花费大量资金用于了解客户的支付能力以及资信情况。

区块链技术应用下的跨境支付业务、交易结算流程大幅简化，交易成本和中转费用也得到有效降低。区块链技术使得金融支付机构能利用自身网络接入系统，实现收付款方之间点对点的支付信息传输，支付、清算过程中不需要中介机构的参与，从而摆脱了对于信用证明和记账服务的中心严重依赖，降低了交易中的直接和间接成本。相关数据表明，从全球范围看，引入区块链技术可以使B2B跨境支付与结算业务中每笔交易的成本从26美元降低到15美元，降低的11美元成本中约75％为中转银行的支付网络维护费用，约 25％为合格、差错调查费用以及外汇汇兑成本。此外，由于区块链具有时间有序、全网记账、不可篡改等特点，所有的交易记录都可以追溯，因此，在建立信用体系时，不需要额外的成本，从而大幅降低了传统跨境支付中的信用维护成本。

此外，区块链技术的跨境支付方式可以使得支付更加碎片化且更具灵活性，中间手续费率更低，满足小额支付的同时，又可以开拓小额交易客户业务，创新结算方式，对于终端用户来说，可以减少各类交易费用，使过去成本高昂的小额跨境支付业务成为现实。

3. 减少资金占用，加强流动性

在传统跨境支付模式下，银行等金融机构涉及多个中介机构，支付清算手续烦琐、效率低下，清算周期较长，资金流转速度较慢，在途资金占有量较大。而流程中的每个银行间开展业务都需要相互之间开设保证金账户，这意味着一个银行需要多个保证金账户，从而大大降低了资金使用效率，提升了占用成本。此外，"往来账户"也进一步降低了资金的利用效率。

基于区块链技术的跨境支付业务，是点对点的直接交易，省去了中介机构，几乎所有的交易都可以实现实时处理，大幅降低了在途资金占用量，因而能够更好地配置资金，加强资金的流动性。此外，在引入区块链技术后，银行等金融机构仅需要一个保证金账户，不同金融机构的多笔业务都可以通过这个保证金账户进行，也能够有效地提高资金的使用效率。

在基于区块链的跨境支付模式中，不同的金融机构在跨境支付中形成跨行业的联盟链，可以在没有中介机构的情况下实现不同的汇兑支付。也就是说，金融机构只需要使用被交易双方认可的数字化货币即可，不需要额外储存其他法定货币，从而减少了银行往来账户的对冲风险，也有利于提高资金的利用效率。

4. 易于监管，安全性得以保障

在传统的跨境支付模式中，支付系统为"拉式"（pull）支付，即客户将私人账号等信息提供给银行等金融机构，银行等金融机构在交易过程中保存客户的私人账号信息并使用信息完成交易。在这种模式下，无论是在烦琐的交易进行过程中还是在交易信息的保管储存上，交易信息的安全性都是难以保障的，极易被黑客和不法分子窃取与篡改。此外，传统金融模型以交易所或银行等金融机构为中心，如果中心被攻击或出现故障，就可能导致整体网络瘫痪，即出现单点故障的概率增大。此外，由于整个业务流程涉及多方，资金的不确定性与匿名的可能性增加，不利于监管，支付清算数据也很有可能会被篡改且难以追溯。引入区块链技术可以有效地解决上述跨境支付中存在的问题。

一方面，基于区块链技术的跨境支付系统采用的是分布式"推式"（push）支付，客户将付款金额发送至银行等金融机构，过程中不用提供自己的私人账户信息，且因为实现了点对点的支付，交易更加透明化，降低了信息被不法分子利用的风险。另一方面，区块链由于是分布式系统架构，不存在中心点，在点对点网络上由许多分布式节点来支撑，区块链上的每个节点基于共识机制进行交易和记账，而且每个节点都保存了区块链数据副本，任何一部分出现问题都不会影响整体运作，因此具有更强的稳定性、容错性、可靠性和业务连续性。

此外，区块链是一种加密式账本，具有信息不可篡改、隐私加密等特点，储存在区块链上的所有数据信息都是经过加密保护的，每个节点的参与者都拥有与交易相关的所有数据，并且每一笔交易信息都和上层交易信息进行了绑定，除非将所有节点上的信息和上层交易信息都进行篡改，否则难以达到篡改信息的目的。同时，时间戳可确保任何记录、任何交易双方之间的交易都是可以被追踪和查询的，加强了跨境支付信息和资金的安全性和可追溯性，如此，相关监管问题也迎刃而解。

三、应用案例

OKLink 是 OKcoin 公司于 2016 年推出的构建于区块链技术之上的新一代全球金融网络。该网络以区块链信任机制为基石，以数字货币为传输介质，可以极大地提高国际间汇款传输的效率。在业务方面，通过连接银行、汇款公司、互联网金融平台、跨国公司等全球金融参与者，它为用户提供安全、透明的全球汇款服务。OKLink 的创立理念就是为了降低跨国小额转账的成本，让转账变得更加方便，用区块链建立信息流和资金流的对等网络，让和美元汇率为 1∶1 的代币 Okdollar 在区块链网络上能够低成本地快速流通。

从原理上来说，OKLink 有一条自己的区块链，在此区块链发行数字美元，和实体美元是一比一的对应关系。当用户从银行存钱到 OKLink 账户时，实际上是存在了 OKLink 和信托合作的账户里，随后，OKLink 选择本地和汇款当地的汇款和出款公司，将与用户汇款等价的数字货币 Okdollar 汇到对方的出款公司。对方的出款公司再汇入用户的账户里。OKLink 根据双方账户中的 Okdollar 负责统一的对冲和清算。这样做的好处在于，首先，平台利用区块链连接了银行和外汇公司，成为一个体系，解决了信用问题；其次，银行和外汇公司的资金体量可以进行对冲，降低了汇款的成本；最后，由于各国的合规性问题，选择本地的持牌汇款公司和出款公司进行合作是合理且合规的。互信和清算都由区块链进行。

目前 OKLink 已经与两家银行和多家外汇公司开展了合作关系，业务覆盖 30 个国家和地区，主要业务在菲律宾、韩国等东南亚国家之间进行。在牌照方面，平台现在有加拿大和中国香港的货币服务牌照，正在筹备在英国取得电子支付牌照（E-Money Issuer Liscense）。其汇款目前不收取手续费，计划做到一定规模再收取小额服务费。

———— ◀ **本章小结** ▶ ————

本章主要阐述了在区块链应用最活跃的金融服务领域中的典型案例，分析了常见的金融场景如供应链金融、跨境支付等当前面临的困境和基于区块链的解决方案所带来的优势。区块链与供应链金融的结合，利用分布式账本技术打破"信息孤岛"困境，通过去中心化特点实现信任穿透，打破融资壁垒。不可篡改特点和智能合约技术则能够降低履约风险，提高风控水平，有利于解决中小微企业"融资难、融资贵"的问题。区块链技术与跨境支付结合，通过去中心化特点和分布式账本技术能够有效缩短交易时间，提高跨境支付效率，减少交易成本。其不可篡改与可追溯的特点则有利于监管，使安全性得以保障。

关键词：金融服务、供应链金融、中小微企业、融资、跨境支付、区块链

◀ 思考题 ▶

1. 在金融服务领域，除文中提到的两个场景外，区块链还可以应用于哪些场景？

2. 区块链技术应用于供应链金融可能存在哪些风险？

3. 在新技术推动和社会需求促进下，供应链金融未来的发展趋势是什么？

4. 区块链在跨境支付业务场景应用中可能存在哪些成本？

5. 区块链跨境支付在带来便利的同时，也带来了一些问题，怎样看待区块链跨境支付的利弊？

◀ 本章参考资料 ▶

[1] 操群，张卓，丁永强，蔡晓通，吴花平. 基于区块链的社会化企业的供应链协同与融资. 产业经济评论，2020（3）.

[2] 陈李宏，彭芳春. 供应链金融发展存在的问题及对策. 湖北工业大学学报，2008，23（6）.

[3] 陈铁成. 人民币跨境支付现状及发展措施探讨. 全国流通经济，2020（12）.

[4] 崔良莉. 区块链技术在跨境支付上的对比研究. 环渤海经济瞭望，2018（11）.

[5] 丁洁. 区块链技术在跨境支付中的案例研究. 华中科技大学，2019.

[6] 丁鹏. 中小企业融资困境与供应链金融. 山东大学，2014.

[7] 斗海峰，黄今慧. 区块链技术在跨境支付领域的应用研究. 电子商务，2018（11）.

[8] 冯巧琳. 供应链金融及运行模式分析. 现代商业，2011（5）.

[9] 高飞. 论供应链金融发展存在的问题及对策. 金融经济，2017（14）.

[10] 郭莹，郑志来. 区块链金融背景下小微企业融资的模式与路径创新. 当代经济管理，2020，42（9）.

[11] 韩飞，张丽莎. 我国供应链金融风险分析及对策. 中国商论，2020（1）.

[12] 何邦会. 供应链金融发展面临的困难与对策. 时代金融，2014（14）.

[13] 洪雅. 区块链技术在供应链金融中的应用研究. 广东外语外贸大学，2020.

[14] 江帆. 区块链技术在供应链金融中的应用策略. 山西农经，2018（20）.

[15] 蒋淑华. 中国供应链金融发展现状及问题分析. 经济研究导刊，2014（27）.

[16] 李健，王亚静，冯耕中，汪寿阳，宋昱光. 供应链金融述评：现状与未来. 系统工程理论与实践，2020，40（8）.

[17] 李晋. 区块链技术在供应链金融业务中的运用. 电子技术与软件工程，2020（11）.

[18] 李丽. 区块链技术在跨境支付领域的应用研究. 金融科技时代，2017 (12).

[19] 李青. 区块链技术在跨境支付中的应用分析. 天津商业大学，2019.

[20] 李雨桐，张芳芳. 基于区块链技术的跨境支付存在问题及解决建议. 现代经济信息，2018 (15).

[21] 林楠. 基于区块链技术的供应链金融模式创新研究. 新金融，2019 (04).

[22] 刘军. 基于区块链技术的供应链金融应用研究——以智能保兑仓融资为例. 商讯，2020 (3).

[23] 刘祝前. 供应链金融＋区块链技术解决我国中小企业融资难问题. 时代金融，2020 (20).

[24] 栾笑语，谢戎彬. 供应链金融发展的难点及对策. 中国经贸导刊，2019 (7).

[25] 彭娟. 我国商业银行供应链金融研究. 首都经济贸易大学，2011.

[26] 申腾飞，王萌伊. 基于供应链金融模式的中小企业融资分析. 经营与管理，2019 (9).

[27] 沈美彤，朱化仁，费皓冉，胡鹏. 中小企业基于"区块链＋供应链金融"融资分析. 产业科技创新，2020，2 (2).

[28] 沈梦. 区块链金融对中小企业融资的影响. 现代经济信息，2020 (8).

[29] 田琳. 基于"区块链＋供应链金融"下中小企业融资问题探究. 农家参谋，2020 (11).

[30] 王文杰. 基于区块链技术的供应链金融与中小企业融资瓶颈研究. 长春师范大学学报，2018，37 (7).

[31] 王小玲. 供应链金融发展现状及问题分析. 科技创业月刊，2013，26 (6).

[32] 卫勇. 区块链技术在供应链金融业务中的应用探索. 上海汽车，2020 (6).

[33] 吴琼. 供应链金融的发展现状及问题分析. 中国管理信息化，2016，19 (2).

[34] 谢泗薪，胡伟. 基于区块链技术的供应链融资服务平台构建研究. 金融与经济，2020 (1).

[35] 邢娜，盛玲玲，秦勉，曲余玲. 基于区块链的供应链金融平台研究. 冶金经济与管理，2020 (4).

[36] 许嘉扬. 基于区块链技术的跨境支付系统创新研究. 金融教育研究，2017，30 (6).

[37] 杨总. 供应链金融破解中小企业融资困境研究. 安徽大学，2019.

[38] 姚文萱. 供应链金融发展的现状、存在的问题及建议. 财会学习，2020 (4).

[39] 臧健. 供应链金融应用于融资租赁行业的可行性分析. 中外企业家，2018，599 (9).

[40] 张爱军. 从 Ripple 看区块链技术对跨境支付模式的变革与创新. 海南金融，2017 (6).

[41] 张功臣，赵克强，侯武彬. 基于区块链技术的供应链融资创新研究. 信息技术与网络安全，2019，38 (10).

[42] 张启. 基于区块链的跨境支付系统设计. 华南理工大学，2018.

第七章

区块链在政务服务中的应用

区块链技术作为下一代全球信用认证和价值互联网基础协议之一，越来越受到政府的重视。党的十九大报告中明确指出了要善于运用互联网技术和信息化手段开展工作，推动互联网、大数据、人工智能和实体经济深度融合。而区块链技术的分布式、透明性、可追溯性和公开性与政务"互联网＋"的理念相吻合，它在政务上的应用也会进一步推动政务"互联网＋"的建设，并对政府部门和广大群众带来非常大的影响。目前，各地政府对区块链技术赋能实体经济一直持积极态度，对区块链投机泡沫保持谨慎的同时，也在"区块链＋政务"方面进行了尝试和探索。区块链已经逐渐应用于税收征管、房屋租赁、工商注册、招投标、扶贫等领域且成效显著。本章主要通过区块链在税收征管以及精准扶贫中的应用阐述其如何赋能政务服务。

第一节　区块链在税收征管中的应用

随着信息化产业的高速发展，大数据时代已然来临，这将成为推动经济高速发展、促进与完善政府服务和监管能力的重要治理手段。税收治理尤其是以数据为基础的税收征管领域，面临大数据带来的机遇和挑战。近年来，数据挖掘、人工智能的发展，促使现有征管模式在征管效率、征管手段、征管方式等方面悄然发生变化，尤其是区块链技术的出现，为相关主体之间在进行数据信息共享、创建信任评价等方面提供了解决方案，为构建现代化纳税服务和税收征管体系奠定了技术基础。

一、当前税收征管存在的问题

在进行具体介绍之前，我们先来看一个案例。某小微企业 A 在第一季度末须缴税，为了少缴纳税费，该企业专门聘请了专业的财务人员为其合理避税。同时，由于季度内有一交易因较为隐蔽，未曾记录，出于避税考虑，企业高层决定该交易所得不进行税费申报。之后企业 A 于网上提出纳税申请并签订网上申报协议，税务部门相关工作人员为其生成网上申报密码后，开始受理该申报，就申报材料进行仔细审查。最终，工作人员在税务审查中未发现问题，开具了相关缴税清单，企业办事人通过银行进行了相关税费缴纳。其间，企业财务部门考虑到企业下季度资金压力较大，建议企业向银行申请办理"税融通"业务，高层认为可行，于是向银行 B 提出申请。银行 B 考虑到企业 A 规模较小、经营状况不稳定，且由于当地税务部门提供的信息存在时滞，企业未能在规定时间内获得相关证明，因而最终没有通过企业 A "税融通"贷款融资的申请。以上就是一个典型的税收征管案例。那么什么是税收？当前税收征管存在什么样的问题？我们在后文中将进行介绍。

（一）税收的基本内涵

税收是指国家为了向社会提供公共产品、满足社会的共同需要，凭借公共权力，按照法律所规定的标准和程序，参与国民收入分配，强制、无偿取得财政收入的一种规范形式。税收是一种非常重要的政策工具，具有组织财政收入、调节社会经济、反映和监督国民经济等职能，同时它也是国家公共财政最主要的收入形式和来源，体现了一定社会制度下国家与纳税人在征收、纳税的利益分配上的一种特定分配关系。按课税对象分类，我国税收类别可以分为流转税、所得税、财产税、行为税、资源税。与其他分配方式相比，税收具有强制性、无偿性和固定性的特征，因此也是国家取得财政收入的最普遍、最可靠的一种形式。

（二）我国现行税收征管模式存在的问题

税收对社会发展发挥着巨大的作用，现阶段，税务部门信息化程度较高，在申报征收、税务稽查、行政管理等环节建有多套信息管理系统，通过数据抽取分发的方式进行数据共享应用，形成了较为完整的信息管税工作格局。但随着外部税收环境的不断变化，现行税务信息管理系统面临不少挑战。

1. 涉税数据采集不充分，共享机制缺位，"数据孤岛"依然存在

在"互联网＋"背景下，新型交易模式迅速发展，纳税人经济活动多样化趋势明显，税收征管部门对于各种新型交易与隐蔽交易的相关涉税信息的获取难度较大，存在信息不对称问题，极易导致道德风险和逆向选择发生，从而造成税款的大量流失。

在"金税三期"系统中，税收征管部门对涉税数据的获取途径较为单一，更多地依赖企业主动申报，这样就使得涉税信息的可靠性和准确性难以衡量，同时也制约了税务审计的有效性。税务征管部门无法有效获得企业生产经营销售等一手数据，使得税收执法存在巨大的隐患，部分纳税人可能为了自身利益而选择隐瞒自己的实际经营状况，伪造相关财务数据，这进一步使得税收征管部门获得信息的可靠性与真实性下降。

此外，当前税收征管系统尚未成熟，涉税数据的传递流通不能完全满足当下税收征管的需要，涉税主体的原始数据仍保留在各自的系统内，各辅助操作系统之间的跨平台数据冗杂，仅按照税务机关的要求定期进行数据交换，但没有统一的时间、格式等标准，数据传递流于形式，可用性不高。在实际运行过程中，共享程度低、传递时间长、数据之间流通传递受阻等问题频出，影响数据之间的互通互联。同时，涉税信息需要工作人员录入，存在不能及时、准确、完整录入涉税信息的可能性，从而使得信息进一步滞后，影响税收征管的效率。

2. 纳税遵从度不够，积极性不高

纳税人一般以追求自身利益最大化为行为目标，因此纳税遵从与否取决于纳税人选择纳税不遵从的成本与可获得收益之间的比较。纳税不遵从成本包括税收滞纳金、罚款和名誉损失。税收滞纳金与罚款能够用货币衡量，税收滞纳金与罚款总额相较于应缴纳税额越低，纳税人选择不履行纳税义务的动机就越大，纳税不遵从的可能性也就越大；而名誉损失往往不能用货币衡量，在传统的税收征管模式中主要采用纳税信用公示的方式公布失信纳税者名单，但大多税务机关针对企业信用级别公示往往较为局限，对于违法公示仅限于涉及重大涉税违法犯罪事件，而忽略了普通级别的失信记录，较多失信纳税人都成为名单的漏网之鱼，而由于信息不对称，纳税人往往也无法得知交易对方的全部纳税信用信息，因此声誉损失的惩罚力度很低，并不能对纳税人产生有效的震慑。

此外，传统税收申报程序较为复杂，征纳双方信息不对称，容易存在税收争议，税收征纳过程往往会加重纳税人的纳税申报和税款缴纳负担，无法真正实现便捷化和惠民化，极易导致纳税人被动地产生纳税不遵从的情形。此外，在税收风险管理中，过于强调风险管理的查补税款功能，不能有效减少纳税风险、提升纳税遵从、促进制度公平的综合目标，也极易伤害纳税人主动遵从的积极性。

3. 税收征纳效率低，成本高

传统税收征管技术相对落后，税务部门主要通过中心化的数据传输系统收集各种信息，并保存在中心服务器中，而集中式数据库在整个税收过程中高度依赖人工，处理信息运行缓慢，维护成本非常高，且在通常情况下，交易信息需要多次传递，这就使得信息出错率较高且效率低下。同时，各辅助操作系统之间的跨平台数据冗杂、共享程度低，存在地区间信息不对称的问题，容易出现多次采集、重复统计的现象，影响税务的征管效率。此外，传统模式通常需要投入大量的人力与物力进行税务稽查和事后审计，这会使得相关管理费用增多，在违规纠错上会存在明显的时滞。

随着国家深入推进"放管服"改革以及营商环境的持续优化，我国纳税人主体数量增长迅速，纳税人的经营方式越来越多样化，出现了许多新业态、新模式，涉税数据急剧增长，但税收征管部门人力、物力、财力等征管资源有限，因此难以做到涉税数据的随时更新、及时维护，这将对税收征管效率造成较大影响。

此外，大数据、云计算、人工智能等互联网技术蓬勃发展，纳税人核算方式逐渐呈现出电子化、智能化、专业化、集团化趋势，这些都对税收征管部门的工作人员提出了新的要求。部分缺乏相关专业知识技能或计算机应用水平较低的税务人员难以满足信息化税收征管的需要，为了提高税收管理工作的质量，就需要进行较大规模的人员培训，而这将产生较高的管理费用，直接或间接加大了税收成本，降低了税收征管效率。

4. 税收风险大,监管难度大

在当前税收征管体制下,税收征管部门收集的绝大多数涉税数据仍然来自纳税人的主动申报,由于互联网经济下提供服务的主体既有企业也有个人,加之交易的隐蔽性,税务征管部门不能对相关涉税信息进行有效监测,无法真正了解纳税主体的涉税情况,对纳税人提供的涉税信息的可靠性与真实性难以保证。纳税人基于自身利益最大化考虑,容易产生偷税、漏税和骗税行为。比较典型的是出现无真实交易而凭空开具发票的可能性,即出现实际交易状况与发票记载不一致的所谓"票实不符"的现象。不仅如此,如果纳税人真实发生了涉税交易却没有开具发票,则会出现实际交易状况没有发票佐证的所谓"实无票证"的现象。

目前,我国还没有建立起一套与当前税收体制配套的全面、科学的风险管理制度。在以票控税(见图 7-1)的环境下,人们主要依靠发票来证明业务的真实发生,但大量的虚开,甚至是"暴力"虚开为税务管理带来了极大的挑战。在数字经济蓬勃发展的情况下,随着信息技术的革新,电子发票日益普及,但相关法律法规没有建立健全,电子票据管理复杂、混乱,面对呈现爆炸式增长的交易数据,没有有效的核查手段,现有数据和资源难以为大数据税收风险管理提供足够的支持,且诸多税收业务流程十分复杂,涉及外部门也较多,即使相关部门有专业知识,也未必能够有效监督,因而监管难度大。

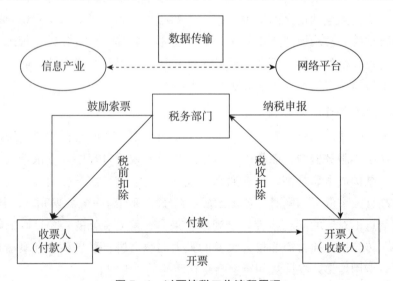

图 7-1 以票控税工作流程原理

5. 税务信息资源利用不充分

当下,税收监管虽越来越严格,但偷税、骗税及漏税等行为依旧屡见不鲜,而目前纳税人信用公示的相关制度并未有效建立,银行等金融机构对于相关企业的信用不能全面评估,出于安全性考虑,银行等金融机构往往更倾向于优质大客户,更愿意为小风险、低成本、收益高的大企业提供贷款。

以当前关注较多的"税融通"业务为例,"税融通"业务是以无担保的方式向企业提供贷款的,仅仅参考其前两年的纳税情况。目前,各地"税融通"业务开展与初衷常有背离，银行的该业务往往只是针对一些经济效益良好、需要通过进一步融通资金来扩大规模的企业，而新兴的创新型、成长能力强的企业很难得到"税融通"业务的支持，业务开展尚未形成规模效应。同时，该业务在具体开展过程中，需要税、营、企三方有效沟通交流、共同推进，而由于税务部门提供的信息存在时滞，一些急需资金的企业在短时间内并不能获得相关证明，因而也就无法通过"税融通"业务进行贷款。因此，税收信息资源利用不充分，税务部门不能及时提供企业的纳税信息、企业的信用评级等，银行在开展"税融通"业务时对中小微企业的审核就会缺乏一定的可靠依据，当存在信息不对称时，中小微企业就不易从银行获得贷款融资，也就无法达到切实解决中小微企业"融资难、融资贵"问题的目的。

二、基于区块链技术的税收征管

（一）税收征管应用区块链的历史机遇

习近平总书记在中央政治局第十八次集体学习时强调"把区块链作为核心技术自主创新重要突破口""加快推动区块链技术和产业创新发展"，提出"要探索利用区块链数据共享模式，实现政务数据跨部门、跨区域共同维护和利用，促进业务协同办理"，明确表示应该尽快将区块链技术应用于政务服务中，创新政务服务，提升我国的电子政务管理服务水平。

同时，根据《深化国税、地税征管体制改革方案》，2020年将建成与国家治理体系和治理能力现代化相匹配的现代税收管理体制，降低征纳成本，提高征管效率，增强税法遵从度和纳税人满意度。在现阶段"互联网＋"的架构下，区块链技术是我们提升税收管理水平的有效技术载体。

1. 需要解决"互联网＋"区块链技术应用带来的税收管理问题

在当今"互联网＋"时代，数字经济不断发展，区块链技术已经进入电子支付领域，传统商品服务的交易方式和支付方式都发生了重大的变化，许多行业利用区块链技术改造内部管理和供应链管理，使得它们的管理流程与经营行为都发生了很大的变化，如此一来，现行的税收管理技术与征管模式为了适应这些变化，也就不得不进行相应的改变。现阶段，将"互联网＋"区块链电子政务与现行的税收管理信息化建设相匹配，创新税收管理体制，符合国家"互联网＋"的战略目标。

2. 区块链为实现税收管理现代化提供了新的技术手段

区块链技术不仅可以通过在税务登记、发票管理、税收申报、税务稽查等场景拓展税务机关内部应用，还可以通过连接"政府链""银行链""企业链""物流链"等形成区块链信息闭环，提高税收管理效率。区块链技术甚至可以改变会计、审计、税务的现有格局，使得财务信息更加透明化，市场获取信息效率更高、更准确，信用体系更加完备，真正从"以票控税"转变为"信息管税"，使得税收管理的核心目标由保证收入转向预防和监控。此外，区块链技术可以有效解决征纳双方信息不对称的问题，确保不同部门的海量相关数据无障碍共享成为可能，税源监控与税收遵从水平也将大幅提升。

3. 区块链为各方涉税主体提供了有效协作平台

一方面，基于互联网的区块链（未来还将融合大数据与人工智能技术）是涉税各方互动沟通合作的有效载体，通过这些新技术，可以将涉税各方整合在一起，以形成互动沟通、自动遵从的最佳税收管理环境。另一方面，"互联网＋"国家战略的实施，将推动各部门、各地区分头协作落实相关"互联网＋"战略，改变原来以"金税工程"为代表的国税征管系统建设"单兵推进"的局面。

（二）区块链技术在税收征管中的优势

基于区块链原理及技术优势，区块链在税收治理中的应用将大有可为，能有效解决数据的真实、可靠、共享、透明、风险防控及征纳成本高等难题，从而不断提高税收信息化治理能力及税收征管质效。

1. 提高涉税信息的可靠性与真实性，促进信息共享

当前税收体制涉税信息采集不完整、交互不足、传递渠道受阻，极大地影响了税收管理的质量。区块链是一种可实现存储的、数据不可伪造和篡改的分布式账本技术，引进区块链技术能够很好地解决这些问题。

首先，区块链的智能合约机制能够根据真实情况记录交易信息，保证涉税数据的有效采集。在一般情况下，当达到预先设定的履约条件时，合约将自动执行。而"非对称性加密"能够自动核查交易数据，保证只有真实可靠的数据才能通过验证并纳入板块。同时，不可逆的哈希算法能够保证所有数据不被篡改，确保涉税数据真实、准确。

其次，分布式节点网络可以打破数据存储空间的限制。在区块链的链条中，每个节点地位相等，其去中心化特征让交易信息得以在对等网络中分散产生、分散储存，即允许地理位置不同的多个节点一同完成交易记录，区块根据时间戳排序形成链条，完整地记录链条上的全部数据，大量跨区域、跨企业的涉税数据可以得到有效存储，分布式节点网络也可以降低数据被单一节点控制而产生错误记录的可能性。

最后，区块链的共识机制确保了每一个交易环节实时复制交易数据，并在各节点处备份，不会出现单点故障，涉税信息不会因为某一网格或存储节点损毁而灭失，能有效避免涉税数据丢失情况的出现。在此机制下，相关方不必再通过第三方即可获得所需数据，涉税信息共享得以实现，信息的公开透明度得到提高，也避免了涉税信息传递不及时、传递受阻等问题，有利于税收征管部门更全面地把控纳税人的涉税行为，有效进行税源监控，实现管理层与治理层、税务机关与纳税人之间纳税信息的互联互通，促进征纳双方建立起合作互信关系，进而减少征税成本与纳税成本。

2. 减少纳税争议，提高纳税遵从度

纳税人通常以自身利益最大化为行动目标，基于自身利益考虑，当其选择纳税不遵从所获的利益高于成本时，会更倾向于不去履行纳税义务，造成税收流失，信用奖惩机制的不健全与信息不对称引发的纳税争议等也进一步导致了纳税不遵从情况的发生。

区别于传统的以单个节点单独记账的中心化记账方式，区块链"去中心化"和"分布式存储"能够使得处于同一个区块的各个节点都能同时记录交易信息，且能够确保交易信息的完整与真实，这样就可以避免出现单一记账被控制而记假账的情况，即杜绝了单一环节纳税人记假账的可能性。同时，交易过程可追溯而不可篡改，如此，类似于虚开发票、隐瞒应税收入、虚构经营业务等自私性纳税不遵从行为就会得到有效的控制，有利于税源征收广度与深度的增加。

区块链也能在最大程度上减少税收争议。首先，区块链技术的不可篡改性能够记录真实可靠的涉税信息。其次，区块链技术的分布式账本技术允许各节点上的用户从多方获取信息，保证数据的翔实性、透明性、真实性，使纳税人和税务机关对税收数据的真实性具有相同的信任程度，减少因记录的"不确定性"或"模糊性"引发的纳税争议。最后，区块链技术能够通过智能合约确保参与交易的双方遵循特定的算法规则，个人进项和相关法规制度在写入算法后，会自动生成每个纳税人的实际纳税金额，当达到先前已经设立的触发条件后，智能合约会自动完成结算，因而能够避免去缴税时耗费的交通、税务计算等一系列非必要成本，使纳税服务流程真正实现便捷化和惠民化，有效解决纳税人对税收管理系统的信任缺失。

区块链可以强化纳税人的信任度。当前，税务部门还没有搭建起一个功能完善的纳税信用平台，交易方想要了解关联交易方纳税信用信息既费时又费力，十分不便。区块链技术能够赋予纳税人唯一的纳税人识别号，并加盖时间戳，利用其自身不可篡改性和透明性，产生强大的公示效果，及时发布主动遵从纳税人的零风险状态，记录和传递纳税人每一次违反税法的案件信息，提高主动遵从纳税人的美誉效用和不遵从纳税人的信用损失，促进制度公平。

3. 减少征纳成本，提高征纳效率

传统税务管理系统采用集中式数据库，涉税信息处理慢，传递不便，而区块链模式下没有集中化的组织，税收管理系统的整个操作流程都会发生改变，不需要中心化服务器平台，每个节点都记录了链上的所有数据，同级节点可自动完成信息互通，极大地减少相关操作流程，避免出现多次采集、重复统计的现象，这样节省了第三方中介费和大量宝贵时间，也提高了税收征纳效率。在事后审计方面，传统模式下往往需要投入大量的人力、物力、财力，一方面费用成本高，另一方面还会造成违规纠错上的滞后性，甚至遭遇损失无法弥补的尴尬。而区块链能够保证涉税信息真实可靠且不可篡改，利用其透明性，可以对涉税信息与过程进行监督与纠错，从而省去事后审计环节与成本，有助于税收征管效率的提高。

在数字经济不断发展的趋势下，传统税务管理系统数据难以及时更新，维护成本也较高，加上专业化人才缺乏，整体征管效率低，成本较高。区块链技术能够使得纳税人的交易环节与纳税环节无缝对接，当一笔交易发生时，交易数据会以分散的形式在对等网络中生成、传输和存储，交易及纳税信息被公开，得到及时共享和查验，整个过程变得高度信任化，纳税申报成本也得以降低。此外，区块链技术可以通过智能合约下的算法规则对交易环节和纳税环节进行控制和衔接，即预先将交易的规则和流程写入代码中，因为触发条件是一定的、不能被修改的，一旦达到条件，税收的申报缴纳就会在链条中自动完成，这样可以省略税收催报、催缴等工作环节，使纳税流程更为简单化和自动化，还可以节约大量的合约执行成本和人工成本，有利于实现打通便民利企"最后一公里"、让纳税者"最多跑一次"的目标，进而提高经济运行效率。

4. 防范涉税风险，利于监管

税收工作涉及海量数据，且诸多业务流程复杂，而当前税收管理系统缺乏配套的风险管理制度，数据采集不充分，交互不足，对于电子票据也不能有效核查，极易给不法分子可乘之机，引发偷税、漏税以及骗税的问题，造成税收流失。随着我国税收法治环境建设的不断推进，税收风险问题也会更加突出。

区块链技术能够有效遏制发票虚开虚抵、偷逃税款等行为。区块链技术可以利用其不可篡改等特性，将与税收工作相关的信息上链，这样就可以自动记录经济交易的业务流程与发票信息，有效识别交易方与关联交易方之间的交易时间、交易地点、交易内容、交易金额等方面的信息和数据，通过智能合约自动生成发票数据，在分布式区块链数据库中存储好交易数据和对应发票，实现"交易即开票"。区块链的共享机制能够保证涉税信息的公开透明，使得纳税者与税务机关之间很容易达到信息对称，最大限度地消除征纳双方因信息缺乏、模糊等可能出现的涉税风险。同时，在信息开放、共享的环境下，也能确保跨地域、跨企业的交易数据与发票数据精准匹配，从而有利于逐步破解发票造假、偷税漏税等问题，完善税收监管体系。

对于当前所面临的电子票据无法有效核查的问题，区块链技术也能够很好解决。区块链上的交易数据按时间顺序保存，时间戳会检查每个税收信息，使其与资金链条及发票流转过程对应，并根据到期日的顺序在整个系统的每个节点上创建永久记录，保证了数据的可追溯且不可篡改。当需要对电子票据进行核查时，税务部门可以根据财务和税收信息直接跟踪，简单快捷。

5. 共享税务资源，解决企业信用问题

目前，社会存在的一种普遍现象是急需资金以进一步发展的中小微企业无法获得足够的融通资金，而资金并不短缺的大型企业却极易获得银行等金融机构的贷款支持，即出现了一种"错配"现象。因此，中小微企业"融资难、融资贵"问题依旧不容忽视，究其原因，信息不对称导致银行等金融机构无法对中小微企业的信用等情况进行准确评估，因而也就不愿承担不必要的风险进行放贷。而引入区块链技术，实现税务资源共享，可以很好地解决企业信用识别问题。

每个企业都需要向税收征管部门进行纳税申报，纳税征管部门因而能够获得大量有价值的涉税（费）信息，根据这些信息，就可以从多角度对每个企业进行综合关联分析与评估研判，精准计算出纳税信用、纳税遵从指数，对信用指数低的纳税人实施税务稽查并通过纳税辅导以促进其纳税遵从度。区块链技术通过智能合约可以将信用评级过程的每一步都自动化，并具备自信任的特性，不需要借助第三方机构的担保或保证，保障系统对相关活动进行记录、传输、存储的真实性实现动态评价、实时管理，有效提高信用评价的科学性和及时性。同时，区块链的共识机制能够保证企业信用信息的公开透明，银行等金融机构能够非常便利地获得与客户企业相关的纳税信息、企业信用评级等，从而有利于对其进行全面客观的审核评估，并以此决定是否放贷。

三、应用案例

2018 年 7 月，国家税务总局对深圳市税务局提出的"区块链＋电子发票"的试点实施方案做出批复，同意在深圳进行全国首次区块链电子发票试点，标志着区块链技术在我国税务管理领域的应用从研究、探讨正式进入落地发展的阶段。按照国家税务总局的试点要求，从未纳入增值税税控开票的部分纳税主体入手，在不增加纳税人负担的前提下，区块链电子发票实现了从开票环节到报销环节的发票流转全链条线上化（见图 7 -2）。在推进过程当中，深圳市税务局引入腾讯公司的技术力量，边试点、边总结、边完善，确保试点风险可控。

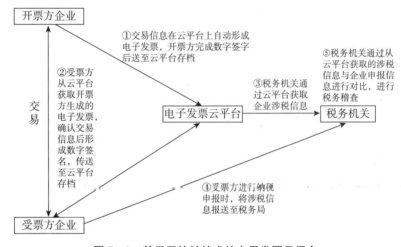

图 7 - 2　基于区块链技术的电子发票云平台

2018 年 8 月，深圳市国贸旋转餐厅开出了全国第一张区块链电子发票。截至 2020 年 2 月，金融保险、零售商超、酒店餐饮、停车服务、互联网服务、交通行业六大领域的 12 547 个纳税主体注册区块链电子发票，开具区块链电子发票超过 1 448 万张，总价税合计达 98.4 亿元。区块链电子发票还荣获中华人民共和国工业和信息化部中国信息通信研究院颁发的"2018 可信区块链峰会十大应用案例"第一名，并被中华人民共和国公安部选为全国区块链管理试点项目。

与发票逻辑吻合，区块链电子发票系统通过将发票相关信息上链，对发票从开具到报销的过程实现全流程管理。企业在区块链上实现发票开具和收取，消费者在区块链上开票和报销，税务机关在区块链上开展风险管控，实现每一张发票都可查、可验、可信、可追溯。区块链电子发票的功能特点包括以下几个方面：一是以"放"为基础，回归发票本源。区块链电子发票坚持"交易即开票"原则，使发票回归作为商事活动交易凭证的本源，实现发票开具与实际经营相吻合，放开对发票用量、面额的限制，实现纳税人自主按需开票，大幅提高用票效率。二是以"管"为保障，启动全面监管。事前监管，给区块链电子发票系统设置了准入门槛；事中监管，通过区块链管理平台，可实时监控发票开具、流转、报销全流程的状态；事后监管，将区块链电子发票纳入现有风险管理体系，统一防控。三是以"服"为根本，提升数据服务。服务企业全流程管理，区块链电子发票通过发票线上全流程管理，解决了企业最担心的"一票多报"和"假发票"等问题；服务税务机关数据获取，区块链电子发票系统提供给税务机关的不仅是全方位的发票数据，还包括交易数据、支付数据和报销入账数据等。

区块链电子发票创新性地将区块链技术引入发票管理领域，税务局和参与企业共同维护一个高安全性、不可篡改的数据库，破除系统之间的数据壁垒，实现了多系统、跨部门之间的相互合作。因此，合理利用区块链技术，能够完善税企之间的信任机制，提升税务局的"放管服"水平。

第二节　区块链在精准扶贫与慈善活动中的应用

党的十九大报告提出："坚决打赢脱贫攻坚战……确保到二○二○年我国现行标准下农村贫困人口实现脱贫，贫困县全部摘帽，解决区域性整体贫困，做到脱真贫、真脱贫"。自 2013 年实施精准扶贫以来，脱贫成效显著，如今，我国已取得脱贫攻坚战的全面胜利。然而，在脱贫工作的展开与深入的过程中，精准扶贫也暴露出贫困人口识别精准度不高、数据真实性不足、资金使用不透明、驻村干部不匹配、脱贫成效难衡量等问题，对其过程进行复盘和总结，有利于我们在今后的工作中运用区块链进行流程的优化和升级。与此同时，慈善活动面临的问题与精准扶贫高度一致。区块链特有的不可篡改性、可追溯性及去中心化特征，以及共识机制、分布式账本、时间戳等底层技术，对促进精准扶贫和慈善活动治理流程再造，实现更精准的识别、更高效的帮扶、更透明的监管、更科学的评价具有无可比拟的优势。

一、精准扶贫中面临的困境

（一）精准扶贫的含义

精准扶贫即精准摆脱贫困，是粗放扶贫的对称，是指针对不同贫困区域环境、不同贫困农户状况，运用科学有效程序对扶贫对象实施精确识别、精确帮扶、精确管理的治贫方式。全面小康到共同富裕是理想，精准扶贫就是实现这个价值和理想可以落地的操作路径。精准扶贫是习近平总书记于 2013 年提出的关于扶贫工作的重要指示，其中"精准"二字是扶贫工作的关键，表示扶贫工作应尽量避免粗放扶贫，应针对不同贫困户的不同状况，开展个性化的扶贫工作。一般来说，精准扶贫主要是就贫困居民而言的，谁贫困就扶持谁。

（二）精准扶贫过程中的困境

伴随着扶贫方略的适时调整与精准扶贫的持续推进，大量的贫困人口已摆脱绝对贫困。然而，精准扶贫执行过程中也面临贫困人口识别精准度不高、数据真实性不足、扶贫资金使用不透明、驻村干部不匹配以及扶贫考核不精准等问题，需要进一步探讨研究，寻求技术助力。

1. 贫困人口识别精准度不高

精准性是精准扶贫的本质要求，精准识别贫困居民是开展精准扶贫工作的基础和前提，即精准扶贫的首要目标是把真正的贫困人口精准识别，做到"扶真贫、真扶贫"。要在相对贫困的前提下，识别出最贫困、最需要帮扶的人是当前精准扶贫工作的重点和难点。在扶贫过程中，精准识别贫困居民存在以下几个问题：

（1）中央与地方贫困测算标准不一致导致贫困人口识别精准度不高。现阶段，中央主要由国家统计局按照收入和支出等量化统计指标对贫困人口进行测算，而处于地方的县、村在实际操作过程中往往需要采取多维度贫困标准进行精准识别，即不仅需要考虑收入与支出，还需要综合考虑健康、住房、教育等多元因素。中央与地方采用贫困测算标准不统一，在具体识别工作中，就会存在较大出入，使得大量的实际贫困人口不能被及时识别出来，精准度也就会受到影响。例如，2013年有关抽样调查的结果显示在确定的建档立卡户中，有40％的农户收入水平高于国家规定的贫困标准，而在非建档立卡户中，有58％的农户收入水平低于国家规定的贫困标准，出现实际贫困人口远高于国家测定的贫困人口数的问题。

（2）村干部与驻村干部"共谋"影响贫困人口的精准识别，人情扶贫现象依然存在。贫困地区信息较为闭塞、宣传力度弱，贫困居民缺乏获得扶贫政策以及扶贫信息的有效途径，极易导致贫困居民对扶贫政策不了解、掌握不及时的现象。而村干部对扶贫政策以及村内情况较为了解，同时在具体扶贫过程中，驻村干部往往不具有本地权威和地方性知识，因而村干部在精准扶贫中掌握着实际的权力，扮演着重要的角色。也就是说，驻村干部开展工作需要村干部的配合，没有村干部的有效配合，精准扶贫工作难以开展甚至无法完成。如此一来，就很容易发生村干部与驻村干部"共谋"的现象。根据有关报道，某村村主任就将其关系户大量安排到133户贫困户的初选名单中，在最终确定的贫困户名单中，仅有8户被驻村干部替换，且新替换的贫困户名单也是由村干部提供的。此外，负责精准扶贫项目的市县有关部门对于名单上贫困户的具体情况知之甚少，若要进行核查、校对，就需要花费大量的人力、物力、财力，因而，在大多数情况下，它们会直接采用村干部和驻村干部所提供的数据，从而出现贫困人口识别不精准的问题。

2. 数据真实性不足

在精准扶贫过程中，数据治理有着非常重要的作用，是精准扶贫的主要抓手。一方面，贫困人口可以根据数据治理来反映其贫困的真实情况与利益诉求；另一方面，政府也能够凭借数据治理来提高精准扶贫的决策科学性以及公平性。但在现阶段精准扶贫过程中，数据造假时有发生，"数字脱贫""被脱贫"等问题依然存在，究其原因，可以归结为统计方式引发的技术性失真。

精准扶贫一般只能通过形式化的文字材料来表述其具体实施过程，属于典型的目标管理，因此，村干部与驻村干部需要收集并整理数据，随后填写表格，最后对照数据并汇报相关情况。而在此过程中，往往会出现部分数据难测量与数据"迁移错误"等问题。部分数据难测量主要是因为干部与贫困户都难以理解所需数据要求的真实内涵或是贫困户难以提供所需的相关数据；数据转移过程中出现"迁移错误"则是因为在干部收集完数据之后，需要将纸质版数据装换成电子数据并将其进行上传，在此过程中很容易出现数据遗漏、错输等，造成数据逐步失真，影响数据分析结果的准确性。

3. 资金使用不透明

扶贫资金的使用涉及扶贫资金的投入、分配、拨付、使用等环节，处于精准扶贫工作的深水区，直接关系到精准扶贫的效率和效果。由于缺乏安全、高效的实时监管技术，这也是最容易出现问题的环节。

为了发挥地方政府的主观能动性，促进扶贫资金的灵活使用，中央目前已经将扶贫资金的管理与使用权限下放到地方政府，但与此同时，也滋生出扶贫资金被挪用的风险，部分地区擅自改变扶贫资金使用计划和用途，间接侵害了贫困户的利益。根据 2018 年相关统计数据，2017 年共计有 7.3 亿元的扶贫资金被冒领和挪用，贫困户在完全不知情的情况下，少获得了部分扶贫资金。究其原因，贫困区地方政府财政经费短缺现象较为明显，且事权与财权不相匹配，就很可能会挪用专项扶贫资金用于信息系统建设、行政事业费用开支、制证建档、职工福利、其他事项财政补贴等。

4. 驻村干部不匹配

扶贫责任人的精准选派是精准扶贫的支撑点。在我国，为发挥中国特色社会主义制度的优越性、促进共同发展，发达地区往往会对口支援落后地区。驻村干部的精准选派包括两个部分：首先是从党政、企事业单位遴选出创新能力强、业务能力突出的党政干部；其次是将选出来的干部根据贫困村的致贫因素等具体情况"因村派人"。但在现实情况中，"精准扶贫"驻村干部的选派往往不尽合理，临时委派、缺乏本地知识及其考核不精致等导致出现了诸多问题。

（1）帮扶单位不重视，选派驻村干部流于形式。在通常情况下，帮扶单位需要选派业务能力强的人作为驻村干部对落后地区进行帮扶，但由于将业务能力强的人员派遣到他处很可能会影响本单位的实际利益，基于成本和收益的效益考虑，帮扶单位就会消极对待扶贫工作，暗地里违背上级要求，选派一些业务能力弱的人员担任驻村干部，这样就造成选派流于形式。此外，由于贫困村和扶贫部门之间信息不对称，帮扶单位可能不清楚贫困村需要什么样的驻村干部，或是在信息对称的情况下，在帮扶单位找不到所需要的干部，帮扶单位基于考核要求或者利益关系，也可能会选派一些不符合要求的人员。

（2）驻村干部自愿性不够，积极性难调动。各帮扶单位需配合上级要求选派干部对贫困地区进行帮扶，但贫困地区往往工作环境艰苦，驻村干部任务重、责任大，同时跨省、跨区域意味着需要长时间远离家庭，因而部分帮扶单位的人员对于选派工作积极性不高，自愿性不够。

（3）驻村干部业务能力强，但缺乏必要的农业发展知识。驻村干部由于自身因素限制，可能压根没有从事过与农业相关的工作，对农业发展的知识缺乏必要的了解。此外，致贫因素复杂多样，由于技术等原因，驻村干部可能也无法根据贫困村的实际情况分析出致贫因素、脱贫方法，难以根据产业市场需求等因素的相互关联程度来制定相应政策，从而影响精准扶贫的效果。例如，某村驻村干部带领贫困户发展农业，农产品获得了丰收，却因为驻村干部不了解市场价格因素，导致最终产业发展失败。

5. 脱贫成效难衡量

精准扶贫能否见效，关键在于考核和评价。我国精准扶贫进入深水区，扶贫考核有助于提升扶贫质量，也是检验扶贫是否实现了"扶真贫、真扶贫"目标的有效方式。目前，脱贫绩效考核采取包括上级指派的领导干部、下一层级的党政领导干部、帮扶单位负责人、驻村干部等多元主体在内的自上而下的考核方式，然而在实际工作中，脱贫成效不易衡量，主要原因有以下两个方面：

（1）现有考核形式易产生官员间的互相包庇。精准扶贫的考核本应起到"挑刺、找问题"的作用，但由于目前采取的是传统的自上而下的考核方式，考核者与被考核者之间往往存在一定的关联，因而考核工作很容易出现包庇错误、夸大成绩的现象，更有甚者，考核沦为"走过场"。同时，被考核者也可能为获得更多的晋升机会而虚报扶贫绩效，导致考核结果失真，从而难以达到既定的考核目的，影响扶贫工作的进度。

（2）内部考核通报导致考核结果公开度不高。在上级完成脱贫绩效考核后，一般会召开大会进行情况通报，参会人员大多是党政领导干部、扶贫办、帮扶单位代表以及扶贫干部等，考核组仅仅会将一些村干部或者扶贫干部出现贪污、腐败的情况向全社会进行公示，其他考核内容则不会公示出来。在这种方式下，社会其他主体如非政府组织、企业、群众等就无法及时有效地了解扶贫效果的具体信息，也就无法得知扶贫效果的真实情况，因而也就难以对扶贫工作发挥监督作用。

二、区块链技术在精准扶贫中的优势

区块链技术是一种去中心化、去信任化、安全、透明的新兴互联网技术，具有共识机制、不可篡改性、可追溯性、分布式账本以及去中心化等核心技术和优势特征，能够有效地解决精准扶贫中存在的突出问题，提升精准扶贫治理效果。

1. 共识机制有助于精准识别扶贫对象

精准扶贫的首要环节是精准识别，贫困识别标准单一且不统一，如何识别出最贫困、最需要帮助的人是精准扶贫阶段面临的主要问题。精准识别度不高与中央及地方的贫困测算标准不统一有关，也与村干部及驻村干部可能"共谋"有关，容易导致贫困人口难以享受扶贫政策及改善贫困程度，而利用区块链可以很好地解决这个问题。

在区块链技术中，节点之间相互独立且具有竞争性，每个单独的节点都会出于自身利益最大化的考虑，自发而诚实地遵从协议设定好的规则，同时也会自发地去监督其他节点数据的真实性与有效性，并将认为是真实的数据记录到区块链上，因此代表每个节点的个人合谋欺骗的概率趋于零。扶贫工作者将与名单上所有待选贫困户有关的包括收入、支出等显性量化指标数据和住房、存款、受教育程度、医疗等隐性指标数据及时准确地录入区块链系统后，利用区块链技术的共识机制，综合考虑各种显性量化指标数据和隐性指标数据，确定出待选贫困户的贫困原因、贫困程度与贫困类别，比较、评判、识别出真正的贫困户，然后通过建档立卡将扶贫对象相关信息录入数据库，同时进行指纹识别，将扶贫对象记录在区块中，建立基于区块链技术的精准扶贫大数据管理平台。此外，区块链技术具有不可篡改的特性，所有数据一经上传，就会被盖上时间戳，作为平台数据的唯一身份证明。时间戳能够保证数据的真实完整且不被篡改，从而使识别的精准度进一步提高，让真正的贫困户享受扶贫政策和资源，实现尽早脱贫。

2. 不可篡改性有助于提升数据的真实性

当前，由于村干部以及扶贫干部的主观性造假与统计方式引发技术性失真，扶贫数据不真实现象时有发生，"数字脱贫""被脱贫"等问题依然在，引进区块链技术能够很好地解决精准扶贫数据真实性的问题。

传统信息数据保护方式一般采用使用者认证的方式对数据进行使用权限控制，但依然存在数据信息被篡改、泄露等问题，区块链技术则彻底颠覆了数据防篡改机制。不可篡改性是区块链技术的又一优势特性，虽然理论上超过51％的全网算力就可以实现篡改数据，即强条件篡改，但此时的篡改成本远超过篡改收益，因此我们说区块链技术具有不可篡改性。区块链的不可篡改性有利于保证数据的完整性与安全性，也就保证了数据的真实性。一方面，区块链数据全方位透明公开，每个节点都可以获得这些数据，即实现了全方位信息共享；另一方面，区块链中相关数据一经上传，经全网确认后任何一方都不能单独更改，且区块链会实时监督记录任何试图篡改、消除数据的行为。因此，将区块链的不可篡改特性合理应用到精准扶贫的具体工作过程中，能够有效解决扶贫过程缺失、内容疏漏甚至被恶意篡改等问题，且一旦发现数据造假，通过溯源可以直接对造假主体进行问责，从而有效地保证了精准扶贫数据的真实性和可信度（见图7-3）。

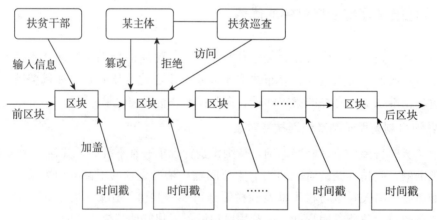

图7-3 基于区块链的精准扶贫防篡改机制

3. 可追溯性有助于精准使用扶贫资金

扶贫资金主要被用于改善贫困地区环境以及贫困户的生存状况，但在具体工作开展过程中挪用冒领、截留等现象时有发生，导致贫困户不能获得足额的扶贫资金，影响精准扶贫工作的效果。利用区块链技术能够实现对精准扶贫整个实施过程的追溯与审计，解决扶贫资金"去哪了、谁领了"的问题，从而实现对扶贫参与各方的全程管理、跟踪监督、有效监管。

区块链是由一个个加盖了时间戳的区块连接起来的，每一个区块生成时都需要经过验证并进行记录，然后进行时序排序。在精准扶贫工作开展的过程中，通过区块链技术可以将每一笔资金的流向都盖上时间戳进行记录，同时，由于区块链采用的是分布式存储方式，所以可以利用其可追溯性通过分布式网络中的节点验证和跟踪之前的所有记录，这样就可以对每一笔扶贫资金的审批到使用进行全记录，对扶贫资金的数额、流向进行实时监管，有效避免扶贫资金被挪用冒领与截留，确保贫困户获得足额的扶贫资金。此外，区块链技术作为一种公开记账的技术，信息真实有效、不可篡改且公开透明，每个节点都可以随时查看相关信息，监管方能够在工作过程中全面把握扶贫资金的使用方向、使用进度等信息，有利于实现对扶贫资金全方位、全流程监管，保障扶贫资金不被挤占挪用，使人们可以及时发现并遏制精准扶贫工作中的腐败问题（见图7-4）。

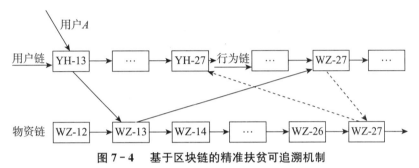

图 7-4　基于区块链的精准扶贫可追溯机制

注：在区块链三个链条（用户链、行为链、物资链）交互作用中完成编码与字符的信息追溯：用户 A 提供用户链块号 YH-13，从 YH 中得到编码 13 对应到物资链中 WZ-13；从行为链 WZ-27 中找到字符 WZ，通过行为链中编码 27 反向查询物资链中编码 27 的块号 WZ-27，再从用户链中找到编码为 27 的块号 YH-27，整个数据追溯完成。

4. 分布式账本有助于驻村干部精准到村

贫困地区与帮扶单位信息不对称容易造成驻村干部不匹配的情况，大致可以分为两种：第一种是在特定的帮扶单位可能找不到符合贫困地区要求的驻村干部；第二种是帮扶单位选派了业务能力较强的驻村干部到贫困地区，但驻村干部难以发挥优势。驻村干部不匹配会直接影响精准扶贫的效果，导致贫困地区不能早日脱贫，而区块链技术为解决这一问题提供了可能。

通过区块链技术在不同扶贫主体之间建立分布式的网络节点，每一方都可以进行数据访问并将节点上的记录确认下来。利用区块链分布式账本功能：第一步将贫困地区的贫困成因、特点、干部需求等信息录入系统；第二步将所有待选的驻村干部信息如创新能力、工作经历、业务能力等信息录入系统；第三步将驻村干部的数据与贫困村的数据对接，利用区块链相关算法进行匹配，挑选出合适的驻村干部。这样一来，不仅可以提升驻村干部选派的精准度，而且因为整个匹配公开透明，也能够有效防止干部选拔中出现舞弊行为。

5. 去中心化有助于精准考核脱贫成效

当前，精准扶贫绩效考核方式主要是一种典型的自上而下的考核方式，考核通常利用工作材料及相关数据将实际扶贫效果与原有扶贫目标进行对比，据此对扶贫责任人进行奖惩。这种考核方式存在一些问题：一是在压力型体制下，根据对扶贫目标的实现程度进行考核奖惩，具有很强的目标导向，基层扶贫干部很容易将精力放在材料准备、文本汇报等方面，即搞"面子工程"，而不是专注于真正的扶贫工作；二是考核人与被考核人往往有一些联系，而社会其他主体难以参与扶贫工作的监督，这样就很容易产生包庇错误、夸大成绩等问题。

区块链系统具有去中心化的特点，没有核心的权威管理机构，不存在人情关系，每个主体在法律意义上的权利与义务都是对等的，它不需要任何一方提供信用背书，仅运用纯数学的方法构建分布式节点间的信任关系，通过它，人与人之间可以在不需要信任的情况下进行大规模交易、确认与协助。将区块链技术用于精准扶贫绩效考核中，不仅可以实现传统的自上而下的考核，还能够将社会其他主体的意见纳入评估与考核体系，从而改变传统的单主体考核，实现多主体考核。如此一来，村干部与驻村干部不仅需要"往上看"来满足上级要求和考核，更要"向下看"，重视贫困户的切身感受和基层的真实声音，真心实意地投入精准扶贫工作中。基于区块链的精准扶贫共监督机制见图7-5。

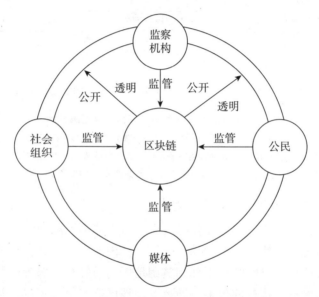

图 7-5　基于区块链的精准扶贫共监督机制

三、基于区块链技术的慈善活动

慈善组织是以慈善为目的对他人进行帮助的非营利组织，作为除政府和企业之外的"第三部门"对于优化资源配置、缓解社会矛盾和促进社会公平具有重要作用。改革开放40多年来，我国公益慈善事业经历了政府主导慈善的1.0模式、"企业-慈善组织联盟"的2.0模式，以及互联网慈善的3.0模式。慈善组织的公信力一直都是社会关注的焦点，2011年6月的"郭美美事件"到2020年1月的"吴花燕事件"表明传统公益慈善组织的运作机制存在疏漏，必须进行相应变革。

当前慈善组织开展活动面临的问题与精准扶贫可以说是高度一致，也存在帮扶对象难以识别、数据真实性不足、资金使用不明确、资金管理者不匹配、帮扶效果难衡量等问题。区块链技术凭借其自身公开、透明、可信等特点势必可以很好地解决这些问题，助力迎来区块链慈善的 4.0 模式，推动我国慈善事业的进一步发展。

四、应用案例

　　较早将区块链技术应用于精准扶贫项目的是贵阳市红云社区。据悉，截至 2017 年 3 月，该社区共有临时救助户、医疗救助户和低保户 143 人，另有残疾人 197 人。为积极响应贵阳市政府的号召，推动区块链技术的应用实践，确保政务数据精准、安全，防止徇私舞弊、弄虚作假，2017 年 5 月，该社区携手网录科技公司，共建区块链助困系统。该系统主要由以下几部分构成：第一，基本身份信息模块。该模块的主要功能是将相关人员身份信息存证在区块链系统上，在后续使用过程中，身份信息被加密存储，授权查看，可防止信息泄露、恶意篡改。第二，服务信息模块。该模块的主要功能是将相关服务人员要完成的服务信息准确、完整地记录在区块链系统上，起到防止任意篡改的作用。同时，由于服务信息是后续工作的重要依据，因此，进行相应的权限管理可以防止信息泄露和篡改。第三，资金使用信息模块。该模块的主要功能是将系统内所有资金使用、流动、去向等情况完整登记，并存储在区块链系统上。系统可详细了解每一笔资金的具体使用情况，达到对资金使用进行可信监管、完整记录之目的，监管部门可依据此数据对资金进行监管和调整。第四，数据展示模块。该模块的主要功能为将系统内记录过的数据通过可视化界面形象、完整地展示出来，以供人查阅和使用。第五，基础平台模块。基础平台是借助区块链技术的特性如不可篡改、可追溯、分布式账本等，搭建起来的底层技术平台，其目的是保证数据的真实可靠、加密存储、授权查看。

　　分析发现，区块链助困系统的运行呈现四个特点。一是唯一身份识别：残障人士与贫困人口每次使用和享受服务，都是通过唯一的身份识别进行，避免了身份的盗用和伪造；二是一人一个账户：每个贫困户和残障人士都拥有一个账号，可随时利用该账号对资金使用情况进行监管；三是追溯资金流向：秉持公正、有效的原则发放、流转和使用扶困救残资金，实现资金监管、追溯和结算的透明化和精确化；四是实现无缝对接：将区块链助困系统与贵阳市"社会和云"系统数据进行无缝对接，培育从数据溯源、数据储存到数据共享相统一的应用体系，构建集智能闭合、共识机制、分布式存储于一体的社会信用体系。也就是说，该系统通过记录贫困和残障人员的身份信息、扶贫助残的服务信息、资金流向的跟踪信息，实现了扶贫助残的去中心化、透明化和精准化管理，取得了显著的成效。

　　BitGive 将区块链技术应用于非营利慈善组织和人道主义工作。BitGive 是一家非营利性的电子货币慈善基金会组织，成立于 2013 年，致力于将比特币及其相关技术应用于非营利慈善组织和人道主义工作中，以促进慈善事业的发展。

　　目前，BitGive 基金会主要关注公共健康和环境保护领域的慈善与社会公益工作。2015 年，该基金会从比特币社区募集了超过 11 000 美元，为肯尼亚的 Shisango 女子学校开凿了一眼水井。这所学校位于肯尼亚西部的一个偏远地区，BitGive 与合作伙伴世界饮用水项目（Water Project）通力协作，共同执行了这个项目，通过实现基于区块链的比特币捐赠，将清洁、安全的水引至学校，解决了学生和周围 500 多人的用水难问题。

2015 年 7 月，BitGive 公布了慈善 2.0 计划，该计划包括一系列针对利用电子货币和区块链技术造福全球范围内福利组织的项目。这些项目着眼于区块链技术的固有优势，其基本设想是应用区块链技术建立一个透明的捐助平台，通过该捐助平台，每一笔捐款的使用和去向都将会向捐助方和公众彻底开放，从而彻底变革慈善事业的现状。

未来，当 BitGive 和世界饮用水项目获取捐助资金时，资金将被记录在不可改变的 Factom 数据链上。世界饮用水项目主席彼得·沙斯（Peter Chasse）认为，区块链技术和比特币为那些以肯尼亚为代表的接受援助资金的国家提供了一个令人难以置信的降低成本的机会。同时，它们也可以更好地实现从终端到终端的透明度转换，使非营利机构合理使用善款。

◀ **本章小结** ▶

本章主要通过说明区块链在税收征管、精准扶贫以及慈善活动中的应用来阐述其如何赋能政务服务。区块链技术作为一项新兴的互联网技术，凭借其不可篡改性、可追溯性、去中心化等特性以及共识机制、分布式账本、时间戳等底层技术，一方面应用于税收征管，能够解决"数据孤岛"、纳税遵从度不够、征纳效率低、征纳成本高以及不易监管等问题，促进我国税收体制的发展与完善；另一方面应用于精准扶贫，在理念、技术层面都将带来深刻变革，有助于高效识别贫困人口、提高数据真实性、提升资金使用透明度、选派合适的驻村干部以及助力精准考核，实现精准扶贫更精准、更高效，促进我国贫困人口早脱贫、真脱贫。而慈善活动面临的问题与精准扶贫高度一致，区块链技术势必也可以应用于此。通过区块链阐述在这三个方面的应用，我们希望能为政务服务带来一些整体性的思考，以期能对政务服务水平的提高带来一定的帮助。

关键词：政务服务、税收征管、纳税遵从、精准扶贫、慈善活动、区块链

◀ **思考题** ▶

1. 在政务服务领域，除本章所介绍的三个场景外，区块链还可以应用于哪些场景？
2. 税收征管应用区块链可能会存在哪些问题？
3. 区块链技术应用于精准扶贫主要可能面临哪些挑战？
4. 区块链慈善的发展受到哪些方面因素的影响？
5. 如何进一步促进区块链技术在慈善领域的应用？

━━━━━━ ◀ 本章参考资料 ▶ ━━━━━━

[1] 白玉明，陈卓. 区块链技术在新时代税收征管领域的应用探析. 中国税务，2018（7）.

[2] 陈星潼. 区块链技术在税务管理中的路径分析. 上海管理科学，2018，40（6）.

[3] 程辉. 区块链技术驱动下的税收征管与创新. 税收征纳，2020（1）.

[4] 储望煜. 区块链技术在金融扶贫领域的应用. 农业网络信息，2017（9）.

[5] 龚永丽，方泽铭. 区块链技术在税收征管中的应用及挑战研究. 当代经济，2020（1）.

[6] 广东省深圳市国际税收研究会课题组，张国钧，钱勇，李伟，林伟明，罗伟平. 区块链技术在我国税收管理领域应用的探索. 国际税收，2020（2）.

[7] 郭晓津，徐航，祁浩宇. 池州市"税融通"业务模式优化研究. 现代商业，2018（10）.

[8] 何心兰，袁羽潇，郭菲，邵越. 区块链技术应用下我国现行税收征管模式优化研究. 中国市场，2020（26）.

[9] 胡海瑞. "区块链技术＋税收治理"应用探研. 税收征纳，2019（8）.

[10] "'互联网＋'背景下的税收征管风险管理研究"课题组，李伟. 利用区块链技术提升我国税收管理水平研究. 财政研究，2019（12）.

[11] 贾海刚，孙迎联. 基于区块链的精准扶贫创新机制研究. 电子政务，2020（4）.

[12] 李思琪. 区块链技术探索"精准扶贫"边界. 经济师，2019（7）.

[13] 刘光星. "区块链＋金融精准扶贫"：现实挑战及其法治解决进路. 农业经济问题，2020（9）.

[14] 卢阳，王蕴. 浅议区块链技术对我国税收征管体制的影响. 沈阳工程学院学报（社会科学版），2019，15（3）.

[15] 罗志华. 区块链技术在精准扶贫领域中的应用与思考. 山西农经，2020（20）.

[16] 戚学祥. 精准扶贫＋区块链：应用优势与潜在挑战. 理论与改革，2019（5）.

[17] 谭佳怡. 区块链为税收征管难题提供解决方案. 人民论坛，2020（19）.

[18] 王颖，涂滨泉，杨悦. 区块链技术在精准扶贫审计工作中的应用探究. 会计之友，2020（18）.

[19] 伍红，朱俊，汪柱旺. 应用区块链技术构建税收共治新格局的思考. 税务研究，2020（9）.

[20] 夏诗园. 区块链技术助推金融精准扶贫. 金融理论与教学，2019（6）.

[21] 谢治菊. 论区块链技术在贫困治理中的应用. 人民论坛·学术前沿，2020（5）.

[22] 胥爱欢，李红燕. 区块链技术在我国金融精准扶贫领域的应用. 金融理论探索，2017（5）.

[23] 杨明，郑晨光. 区块链在精准扶贫脱贫中应用研究. 云南民族大学学报（哲学社会科学版），2020，37（2）.

［24］佚名. 税收的职能与作用. 纳税，2017，11（1）.

［25］湛泳，唐世一. 区块链技术促进精准扶贫的创新机制研究. 宁夏社会科学，2018（3）.

［26］张力，李秦伟，邱恋. 区块链在精准扶贫中的应用研究. 贵州大学学报（自然科学版），2018，35（2）.

［27］张楠. 区块链慈善的创新模式分析——功能、组织结构与影响因素. 北京交通大学学报（社会科学版），2020，19（4）.

［28］张文锋，雷珉. 区块链技术在税收管理中的应用. 湖南税务高等专科学校学报，2018，31（5）.

［29］张玉庆. 以区块链技术助推精准扶贫升级加力. 天津日报，2019-11-20（9）.

［30］赵大伟. 发展金融科技 助力精准扶贫. 河北金融，2019（11）.

［31］赵淑贤. 区块链与税收管理的应用探究及前景展望. 科技经济导刊，2019，27（6）.

［32］朱炎生. 区块链技术运用于涉税交易信息管理：潜在变化与政策选择. 税务研究，2020（7）.

第八章
区块链在现代物流中的应用

　　自 2016 年以来，国务院办公厅、商务部、交通运输部、银保监会等部门及部分地方政府出台了多个涉及区块链与物流供应链融合发展的政策文件。2017 年 10 月，在国务院办公厅印发的《国务院办公厅关于积极推进供应链创新与应用的指导意见》中更是明确提出：研究利用区块链、人工智能等新兴技术，建立基于供应链的信用评价机制。2018 年 10 月，商务部等 8 部门公布 266 家全国供应链创新与应用试点企业名单。在这其中，已经有不少企业利用区块链技术在物流供应链领域开展业务，并且取得了不错的成效。近年来，全球经济体之间的合作与竞争已逐渐升级，演化为全球供应链之间的协同与发展。2018 年全国社会物流总额为 283.1 万亿元，物流供应链需求较为旺盛，全国社会物流总费用为 13.3 万亿元，我国已经成为全球最大的物流供应链市场。据不完全统计，在国内外披露的无币区块链项目中，物流供应链方向的项目超过 35%，物流供应链领域已经成为区块链技术应用非常具有潜力的市场。

　　本章我们重点介绍区块链在现代物流中的应用。物流供应链在市场中的应用非常广泛，规模十分庞大，具有信任主体多、需要多方作业等特点，所以区块链技术的性能可以很好地在现代物流领域中得到发挥。区块链在供应链上的应用目前仅次于在金融行业的第二大应用领域，我国政府对区块链在供应链上的应用也很重视，提倡利用新兴的区块链、人工智能等技术，建立一个基于供应链的信任机制。

　　供应链是指从原材料阶段，到最后用户的所有与产品流程和加工相关的活动，以及产品随附的信息流，包括物流、资金流、信息流。供应链将行业中供应商、分销商等所有用户共同紧密关联在一起，是一种极为复杂的机构。它的工作原理是将各种信息分散保存在各个系统中，然后通过各个系统反馈、整合与分类各种信息。然而，如果在信息流通过程中缺乏透明度，将导致整个链条上的各个系统都难以确定相关信息以及存在的问题，使供应链效率不如人意。传统供应链由于技术限制，数据孤岛的情况很严重，数据比较分散，各个供应链节点由不同部门人员负责，信息不流通，无法形成一个统一的数据库供管理人员进行企业决策。此外，"集权化"的供应链透明度很低，缺乏信任，可能会出现信息的错误和篡改，各种冒牌货层出不穷，使得购买方受到严重损失。供应链目前所遇到的挑战，归根到底就是和用户之间的信任问题，供应链的跟踪也是目前急需解决的挑战之一。

我们在供应链中运用区块链技术，由于其时间戳的不可篡改性以及形成去中心的账本，可以对传统供应链进行一次大的改善。第一，区块链技术使各个交易方信息透明化，并能保持供应链上各环节信息流畅，保证在物流运送过程中出现问题时可以迅速找到原因，并有针对性地解决该问题，提高供应链效率。第二，区块链特有的数据以及时间不可逆性可以很好地应对供应链体系之间各个主体发生的纠纷，并有效进行责查。同时，由于区块链数据具有不可逆性，它能有效杜绝因物品流通产生假冒伪劣现象。我们很期待区块链技术在现代物流中的普及。

第一节　区块链在商品溯源中的应用

近年来，"假货""食品安全"问题被频频爆出，如何保障饮食安全、避免受骗上当是人们一直在研究却始终无法根治的大问题，商品召回难、溯源难，假货横行的问题也急需解决。传统商品的业务溯源问题重重，已经很难满足市场规范和消费者要求，这些问题集中体现在数据集中化存储、存在数据孤岛、容易形成窜货等，就行业本身来讲，极度的分散化使溯源难度较高。传统溯源系统使用的是中心化存储方式，其主要问题是谁作为中心维护这个账本。由于源头企业和渠道商自身都是流转链条上的利益相关方，当账本信息对其不利时，源头企业和渠道商可能会篡改账本。在数据孤岛模式下，市场的各个参与者自我维护一份账本，将账本电子化后称其为电子化的进销存系统，拥有者可以随意篡改或编造。在传统商品生产流转过程中，由于信息流通性低，恶性窜货行为时常发生，会影响市场的良性发展。

说到这里，我们不妨思考一下我们周围的一些现象，例如，男性购买高档球鞋，女性购买高档化妆品、名牌包等。在购买前，我们都会仔细验证商家卖的产品到底是不是正品，因为一旦购买的是假货，有的消费者担心退货麻烦选择自己承担后果，一些理性消费者会选择退货，他们要不停地与商家进行沟通，最终将产品邮寄给商家，从开始下单到最后资金重回我们手中至少也要经历一周的时间。当然这是指信誉比较好的商家，如果运气不佳，遇到黑心商家，花费的时间和精力将远不止此。因此，我们应该如何解决这些问题？区块链有着很大的优势。

区块链的出现似乎为溯源行业带来了一片曙光，其数据的不可篡改、可溯源的特性与溯源行业极其契合，使得商品溯源更加稳定可靠，消费者相信其溯源的真实性，利用区块链技术，可以有效地解决商品从生产到流通到最后销售所存在的问题，能够建立起一套数字可信体系，从而实现真正意义上的溯源。

一、传统商品业务溯源的关键技术

溯源，最早是 1997 年欧盟为应对"疯牛病"问题而逐步建立并完善起来的食品安全管理制度，其在百度百科上的定义为："追本溯源，探寻事物的根本、源头"。传统的溯源方法主要采用纸质档案对产品的生产过程和销售情况进行记录。如果出现产品安全、违规等问题，可以通过查看生产记录和购买记录等溯源方式追溯负责人。通过纸质记录保存产品溯源的基本信息是传统商品采用的最常用手段，这种方法操作方便、投资较少、对工作人员要求较低。然而，这种记录方法效率较低、易出错，已经不能适应现代科技的发展要求。近些年，随着科技的发展，很多溯源方法相继涌现，下面我们简单介绍现在比较常见的几种溯源方法。

(一) 红外光谱溯源

红外光谱（infrared spectra）指以波长或波数为横坐标，以强度或其他随波长变化的性质为纵坐标所得到的反映红外射线与物质相互作用的谱图。按红外射线的波长范围，可粗略地分为近红外光谱（波段为 $0.8\sim2.5\ \mu m$）、中红外光谱（波段为 $2.5\sim25\ \mu m$）和远红外光谱（波段为 $25\sim1\ 000\ \mu m$）。对物质自发发射或受激发射的红外射线进行分光，可得到红外发射光谱；对被物质所吸收的红外射线进行分光，可得到红外吸收光谱。不同地域来源的生物体受外界环境的影响，其化学组成和结构存在一定的差异，从而形成光谱形状、吸收位置或强度不同的特征光谱图。利用此原理可判别、确证食品的地域来源。

红外光谱检测速度快，对样品无损，且检测成本低，是用于食品产地溯源的较廉价的方法。但由于红外光谱主要反映的是食品中有机成分的组成、含量、结构和功能等特征，食品在贮藏、加工过程中由于有机成分的组成、含量等变化而使红外光谱特征发生变化，致使与食品产地溯源的光谱指纹特征不稳定。这是红外光谱用于食品产地溯源的局限性所在。

(二) 条形码和二维码溯源

我们日常购买的商品，包装上几乎都带有条形码来表明自己独一无二的身份，条形码将宽度不等的多个黑条和空白，按照一定的编码规则排列，用以表达一组信息的图形标识符，它是实现快速、准确而可靠地采集数据的有效手段。二维码主要是矩阵式二维码，其编码形式是在指定的矩形空间内按照一定的编码规律将黑白像素进行排列。条形码技术的应用解决了数据录入和数据采集的瓶颈问题，并快速、准确地把数据录入计算机进行数据处理，从而达到自动管理的目的，为物流管理提供了技术支持。二维码与条形码相比，信息容量更大，纠错能力更强，并且能够对语音、文字等多种信息进行编码，因此安全性更高。消费者应用手持终端（如智能手机）对二维码进行扫描，即可获得二维码中包含的食品信息，可对食品生产环节及运输流程进行查询。监管机构也可通过二维码扫描获取相关的追溯信息，实现对食品企业的有效监管。

（三）无线射频识别技术溯源

无线射频识别（radio frequency identification，RFID）技术，即射频识别技术，是自动识别技术的一种，通过无线射频方式进行非接触双向数据通信，利用无线射频方式对记录媒体（电子标签或射频卡）进行读写，从而达到识别目标和数据交换的目的。与使用条形码相比，RFID 有几个优势。首先，RFID 可以实现同时读取多个目标；其次，RFID 读取距离可以调节，最远可以达到数十米；最后，最关键的是 RFID 标签数据可以在视线之外读取，而条形码必须与光学扫描仪对齐。

RFID 技术由于其独特的识别特性被应用于食品安全领域，其电子标签具有不耗电、寿命长、可修改、能加密、防磨、防水、防腐、防磁等特点，具有一定的稳定性。RFID 技术需要专用设备和软件，其中远距离非接触识别能穿透条形码无法使用的恶劣环境，如雪、雾、冰、涂料、尘垢等阅读标签，并且阅读速度极快，在大多数情况下不到 100 毫秒。同时其信息储量大，可以同时自动识别多个目标，进行长时间的连续性识别，为商品溯源提供有力的技术支撑。不过由于 RFID 标签的特殊性，其价格也比一般的普通条形码贵好几倍，导致溯源成本偏高，降低了市场使用 RFID 溯源的积极性。此外，现如今 RFID 技术还不够成熟，其安全性还有很大的问题，主要表现为 RFID 电子标签信息可能被非法读取和恶意篡改。

（四）化学方法溯源

利用化学技术溯源主要是对食品、饮料的化学成分、元素等进行测量校对。根据不同地区的生物体内同位素自然丰度存在差异，可以利用同位素分析食品中某一种或多种同位素的含量多少来判别食物源基地，进而识别食品的真实性。同位素技术识别的准确率很高，可以达到 97%，如果对多种元素进行分析测量，准确率会进一步提高。不过由于动物的食物产地不同会造成动物体内同位素含量的不稳定，因此，应用同位素溯源在动物性食品方面主要集中在乳制品、牛肉和羊肉上。在食品溯源时由于经常需要对多种同位素进行检测，也导致同位素溯源技术相对其他溯源分析技术成本较高。

应用比较广泛的还有利用电子舌技术进行分析溯源。电子舌是模拟人的舌头对待测样品进行分析、识别和判断，用多元统计方法对得到的数据进行处理，快速地反映出样品整体的质量信息，实现对样品的识别和分类。它是一种以多传感阵列为基础，感知样品的整体特征响应信号，对样品进行模拟识别和定量定性分析的检测技术。电子舌技术在食品领域的应用研究已非常广泛，主要应用于食品溯源、食品新鲜度、食品品质分级和食品生产过程中的质量监控等方面，还能够快速区分鸡肉品种、产品品质。它是鸡肉及其产品质量评价的重要手段，对肉质变化进行了区分，显示了电子舌在禽肉中的应用潜力。

（五）生物方法溯源

目前利用生物方法溯源主要是用 DNA 技术和虹膜技术进行识别溯源。利用 DNA 信息可以对动植物性食品实现准确追溯，为实现对食品的鉴定，研究人员开发出复合 DNA

阵列芯片等专门针对植物性食品鉴定的食品溯源系统。然而，由于待检测植物样本具有高度的种属特异性，很难建立通用方法。DNA条形码通过提取生物体中一个或几个通用标记对生物性食品进行鉴定，不需要了解生物体的所有基因组，相对于DNA指纹方法效率较高。对食品的溯源管理，能够为消费者提供准确而详细的有关产品的信息，有利于生产经营者及时发现各环节中存在的安全隐患，为消费者提供一个获取有效可靠信息的途径，更为重要的是，可大大加强政府部门对食品质量安全的监管，为国家迅速建立食品安全风险的应对机制提供有效信息，能够更好地应对一些"黑天鹅"事件。

利用虹膜技术溯源主要是对大型肉类食品的识别溯源。虹膜是位于瞳孔和巩膜之间的部位，虹膜的形成由遗传基因决定，自然界中不可能出现两个虹膜完全相同的情况，因此虹膜可作为生物身份标识物。应用虹膜特征技术对大型动物进行身份标识，再结合条码及物联网技术就可做到对大型动物食品进行跟踪与监督。虹膜识别技术在食品安全溯源中一般被用于基础信息采集，是作为动物身份标识的一个重要工具，若要运用虹膜特征技术进行食品溯源，应对采集到的虹膜特征信息进行编码并结合相应的条形码及物联网技术形成完整的溯源体系。

二、传统商品业务溯源的痛点

随着科学技术的发展，上述溯源方法已经慢慢趋于成熟，但是传统溯源行业存在的数据存储中心化、数据孤岛、窜货等诸多问题实际上并没有得到有效的解决，再加上行业本身极度分散化使得溯源中问题层出不穷。在现有的溯源场景中，商品在整个生命周期中涉及多个不同机构和不同流程，如何保证溯源信息的可靠性是很难解决的问题。一方面，很难保证各方提供的数据是真实的；另一方面，无论由哪一方负责存储溯源信息，都将面临数据窜改的嫌疑。特别是当发生质量纠纷时，传统的基于中心化数据库的溯源系统很难提供有力的溯源证据。

传统的溯源采用中心化的方式存储数据，由此所带来的弊端显而易见。2006年亚马逊公司推出亚马逊网络服务（Amazon Web Services，AWS）云计算，AWS把亚马逊自己的服务器和存储空间出租给其他人，从而消除了开发者创建和管理自己的服务器基础设施的需要。现在，公司能以很实惠的价格在亚马逊网站上存储和使用它们的文件，如此一来，这家公司就不需要再自行购买硬件。AWS很快就获得了大量客服的认可，取得了巨大的成功，其他几家大型技术公司也纷纷效仿，创建了自己的云存储解决方案。最后大部分的数据都储存在少数几个知名的云平台中，这就不可避免地导致数据存储出现严重的中心化问题，主要表现在下面几个方面：

（一）成本较高

越来越多的数据需要存储，海量的数据云端中心存储需要多台服务器协同工作，服务器的购买、运行、维护等费用高昂，这就使中心化云服务价格较高。另外，在不同中心化云存储平台之间的数据迁移成本居高不下。为了防止数据的丢失，公司采取各种手段尽量保证数据的完整性，这无疑又提高了中心化储存的成本。具体来看，在我们的个人电脑中，数据可能存在一块硬盘上；但对于企业来说，用于存储数据的硬盘可能会坏，所以这个时候用一块硬盘存储企业数据的可靠性就无法满足企业的需求了。那这个时候怎么办？我们就需要把数据存到多块硬盘上，就算一块硬盘坏了，数据也不会丢，只要从其他硬盘上把数据恢复就可以了。从技术上来说，这就是数据的冗余。数据冗余提高了存储的可靠性，可以保障数据不丢失。

（二）信任制度难以建立

数据进行中心化的存储本就降低了数据的真实可信度，再加上我国食品工业标准化起步较晚，导致很多产品的标准较低，而且执行标准较低。标准约束力低下导致了市场经营的诚信度不足，以及行政监管不力、监管体制存在漏洞等问题。难辨别、难溯源的假冒伪劣产品，不仅侵犯了消费者的权益，在食品、药品领域甚至威胁到了人们的生命安全。食品安全事故频发，会打击中国消费者对食品安全的信心，使得用户信任难以建立。

（三）效率低下

由于切换云供应商的成本特别高，数据的存储离终端用户非常遥远。供应商被鼓励去锁定他们的客户，并由此提取溢价，而且用户必须信任这些云存储公司会保护他们的数据。客户基本上处于被动地位，目前的云存储市场并不具有很强的竞争力和很高的效率，终端用户的体验并不是很好。

（四）数据传输速度较慢

中心化云服务器机房通常位于偏远地区，距离实际用户很远，每次的数据操作均是通过互联网络对数据中心进行操作，使其数据传输速度较慢（所谓的较慢，也不过是查询并返回500条记录总共不到2秒）。

（五）溯源信息易被篡改

目前，普遍采用的溯源技术解决方案，无论是标签类还是系统集成方案类均采用中心化架构。中心化的溯源系统无法自证清白，这是目前溯源行业的根本问题。在物理位置上，中心化云服务器集中在一处或几处，一旦发生停电等故障，往往会导致大量相关业务瘫痪，这种大型瘫痪可能会导致大量数据遗失。此外，传统溯源行业的系统数据库主要是企业自建的数据库中心或者系统技术服务方提供的云数据库，数据控制管理权集中在企业方。企业自身是流转链条上的利益相关方，所以存在企业篡改账本、使溯源流程失效的可能性。当问题产品出现或者对账本信息不利时，可以对溯源数据进行修改或删除，存在故意规避自身责任的漏洞风险。同时，中心化存储容易受到黑客和商业间谍的恶意攻击，服务器上存储着大量的用户数据，对大用户群服务的信息劫持更是黑客们收入的重要来源，这些数据信息很容易成为他们攻击的目标。暗网上有不少大公司的数据在出售，说明大公司不能完全保证自身数据的安全。

（六）隐私泄漏，安全性低

中心化存储用户可根据自己的喜好随时将设备中的音频、视频等文件快速上传到网盘中，这样不仅可以节省移动设备的空间，而且可以在需要时非常快捷地访问网盘中的内容。但实际上，网盘的管理员可以从服务端的平台中直接查看和删除用户上传的文件，鉴于这种管理机制，用户的隐私容易发生泄漏。

（七）数据共享不充分

目前，产品溯源的覆盖范围有限，绝大多数产品溯源只延伸到产品深加工阶段，没有涉及原材料溯源及物流运输溯源领域。究其根源在于供应链上的各个供应商、物流商、生产商、零售商信息封闭，各自的管理系统独立运行，难以建立多方共同信任体系和隐私保护体系，信息孤岛现象严重，导致中心化的溯源手段无法沿供应链条延伸，降低了传统溯源方法的真实性和公信力。数据孤岛是最常出现的问题，存在于所有需要进行数据共享和交换的系统之间。随着企业计算机技术运用的不断深入，不同软件间，尤其是不同部门间的数据信息不能共享，设计、管理、生产的数据不能进行交流，数据出现脱节，即产生信息孤岛，势必给企业带来需要重复多次输入信息、信息存在很大的冗余、产生大量的垃圾信息、信息交流的一致性无法保证等困难，再加上部门之间信息流通不畅，数据基本零交流，这就导致了各种信息之间信息核对很困难，即使花费很多时间，最后的结果也不尽如人意。

（八）溯源信息责任主体难确定

我们希望打造一个权责清晰、责任明确的溯源体系，但是传统的溯源体系责任主体无法自动确定，问题根源难以查找，仍然需要依靠监管部门的执法和企业内部的质量安全控制，系统真正要确定责任的时候还是要靠人来管理。因此，存在数据不对称、监管不及时的现象，当产品出现质量事故、食品安全问题时，生产企业作为责任主体方，要承担相应的社会责任与法律责任，但是生产企业拥有溯源数据的唯一控制权，无法避免企业为了逃避责任选择修改或删除溯源数据的情况发生，因此无法确认具体的责任主体，最终将无法对问题产品进行有针对性的处理。

如今，中心化存储的可靠性已经遇到了天花板，如果需要进一步提高其可靠性，就需要进行去中心化改造。中心化所带来的问题是传统溯源无法避免的，这也是传统溯源最主要的问题。除此之外，窜货、假冒等现象也是让企业头疼的问题，市场销售中的分支机构和中间商为了利益，把自己做经销的商品跨区域销售。各个地区产品成本不一，窜货很容易造成市场价格紊乱，导致成本高的经销商利益受到损害，同时也严重影响了厂商的声誉。最后，传统的溯源方法没有形成一个统一的标准，虽然溯源产业在不同行业内遍地开花，但是不同类别产品的供应链管理不同，导致溯源过程中无法使用统一的标准。而各地企业和组织会使用完全不同的溯源管理系统，系统间的数据无法交互，成为一个个数据孤岛，造成资源浪费，同时也限制了溯源行业的发展。监管机构也不容易对其进行监督，致使传统溯源缺乏公信力，消费者对其信任度低，基本上很少有消费者对其购买的商品进行溯源，间接导致传统溯源改善得很慢，进而形成一个恶性循环。

三、区块链技术在商品溯源中的优势

前面我们详细阐述了传统溯源的业务痛点，针对中心化储存、数据孤岛、假冒伪劣、消费者信任度低等问题，区块链所具有的独特性质能够很好地解决这些难题。随着区块链技术的又一次革新发展，区块链在一些传统行业中的应用逐渐普及，其在溯源方面的应用尤其受到重视。区块链的去中心化分布式记账以及利用时间戳、共识机制等技术手段实现数据不可篡改等特性都对产品溯源起到了很大的作用。

信息上链之后就不可篡改，提升溯源信息可信度。传统的溯源系统之所以缺乏公信力，是因为采用了中心记账的模式，数据只存在于中央服务器中，对于拥有中央服务器的机构或个人可以低成本篡改对自身有利的信息。区块链自身的去中心化特征，使加密数据用链式结构完整分布存储在链上的节点中，避免了中心化账本、中心化服务器的一系列问题。区块链为多节点分布式记账，如果机构或者个人要篡改信息，需要获得51%的节点认同，作恶成本过高，多方共同维护，降低了造假牟利的空间，解决了终端消费者信任的问题。

打破数据孤岛，建立全新溯源商业生态。在传统的溯源中，溯源标准不一致，难以体系化，产品的原材料提供商、生产厂家、物流方、检测机构、销售公司、终端消费者等是彼此隔离的，是一个个孤岛，分散而无序，互不信任。但使用区块链进行溯源后，借助区块链的 Token 经济模式，可以衍生出基于 Token 的新商业生态。将各方联系起来，通过智能合约方式，提供信任机制，在一定程度上实现各利益主体间的自主协作和交易，实现资源的整合和各方效益的最大化，构筑新型合作共赢的生态场景。

区块链利用其不可篡改的分布式账本记录的特性与物联网等技术相结合，可以实现商品从原材料加工制作到物流运输再到产品售后等各个环节的追溯，区块链的分布式记账不依赖额外的第三方管理机构或硬件设施，没有中心管制。除了自成一体的区块链本身外，通过分布式核算和存储，各个节点实现了信息自我验证、传递和管理，而且每一个节点记录的是完整的账目，因此它们都可以参与监督交易合法性，同时也可以共同为其作证，这就大大提高了账本的真实性，很容易获得客户的信任。在技术方面，区块链为溯源平台提供了很好的技术基础，保障了数据的真实可追溯；在应用方面，智能合约在引用层面会成为帮助解决溯源的关键问题，提供更加有价值的信息和服务；在生态层面，区块链技术可以真正打造多中心、按劳分配、价值共享、利益公平分配的自治价值溯源体系。将区块链技术引入产品溯源中，打破了传统溯源的信息孤岛，大大提高了窜货假冒的成本，降低了假冒伪劣产品发生的比率，可以给市场形成一个数据真实、信息可信的环境。我们可以将区块链技术在商品中溯源的优势展开来说。具体如下：

（一）商品信息全程实时溯源

溯源的本质是信息传递，而区块链本身也是一种信息传递，数据做成区块，然后按照相关的算法生成私钥、防止篡改，再用时间戳等方式形成链，而这恰恰符合商品市场流程化生产模式，商品流通本身就是流程化的，原料从源产地经过一道道工序生产出来，信息也从源产地的信息经过一道道工序成为最后的信息。从原材料到加工到流通再到最后的销售，是一个以时间为顺序的流程化的过程，区块链内的信息同样也是按时间顺序排序并且可实时追溯的，两者刚好完美契合（见图8-1）。

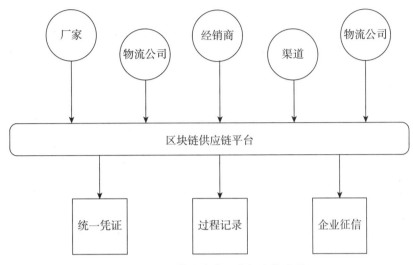

图8-1 区块链在商品溯源中的应用

（二）商品信息不可篡改

区块链技术特有的去中心化存储，不依赖于某个组织和个人，利用可信的技术手段将所有信息公开记录在"公共账本"上，链上的数据具有时间戳且不可篡改，一旦不可篡改的信息被建立了，相当于确定了现实世界的商品在互联网世界的唯一身份，相应的信息也会永久记录在链上，而且实现了基于这个身份流转的所有追踪和记录。当前的区块链防伪溯源的落地应用项目大多是基于公有链或者联盟链来建立的。

京东Y事业部区块链应用创新负责人张作义表示："传统信息只对接一个中心的记账方式，从技术的角度来讲信息是可以被篡改的，但是有了区块链以后，所有信息一旦被记录到区块链上就无法更改，而且京东区块链的信息记录不止可在京东查询，也可在品牌商、检测机构、政府监管部门查询，就解决了信任问题。"

（三）有效防治商品造假

因为链上信息不能随意篡改，所以商品从生产到运输再到最后销售，每一个环节的信息都要被记录在区块链上，可以确保商品的唯一性。因此，假货信息就无法进入区块链系统，除非链上某个厂商（节点）故意用假货替换正版商品，即使这样，被他替换的正版商品也将无法被销售，这样做对他来说反而会产生负收益。

（四）降低物流成本

区块链上的数据由监管部门对产品信息储存、传递、核实、分析，并在不同部门之间进行流转，达到统一凭证、全程记录、企业征信，能够有效解决多方参与、信息碎片化、流通环节重复审核等问题，从而降低物流成本、提高效率。

我们已经对区块链在商品溯源中的优势做了详细的介绍，接下来我们来探讨一下区块链到底是如何被应用到商品溯源中的。我们先从区块链溯源模型（见图 8-2）讲起。

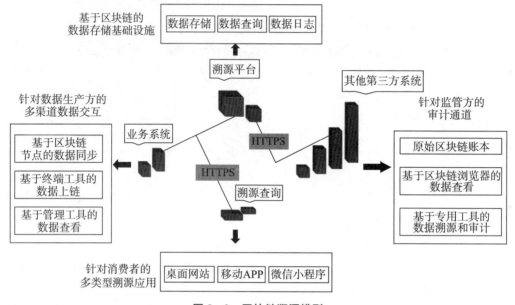

图 8-2　区块链溯源模型

溯源平台可以简单理解为一种基于区块链的高可靠性、分布式数据库，主要负责提供数据的存储、查询及日志保存等基础业务。

业务系统是指针对数据生产方的多种数据交互渠道，使商品生命周期中的各个参与方（即溯源系统中的数据生产方）能够完成数据同步、数据上链、数据查看等核心功能。

溯源查询是指针对消费者的溯源终端程序。为了增加易用性，通常需要提供网站、移动 APP、微信小程序等多类型应用。此类程序并不关心数据存放在何处（中心化数据库或区块链账本），只需要提供可访问数据接口即可。

其他第三方程序通常是指其他对溯源数据有需求的实体，例如，监管机构、数据分析机构。针对此类机构，需要提供多种数据版本，例如，区块链原始账本、基于区块链浏览器的交易查看、基于专用工具的数据溯源和审计。

利用区块链技术进行溯源，其关键在于产品信息的数据模型构建，对产品的原材料来源、产品的运输、出售等情况进行准确记录。首先，需要对不同业务和不同应用的数据进行抽象建模，并对数据接入进行规范；其次，把不同应用和业务的整个过程划分不同阶段，并对不同阶段的业务数据进行分组；最后，通过数据特征标识获取数据的全链路历史版本。

溯源应用的业务从开始到结束的整个过程包含生产、行业、城市、区域、用户等十多个节点以及池塘、林场、农田、生产、加工、包装、物流等诸多环节。如果要正确地对业务应用进行溯源追踪，需要对溯源应用的生命周期进行管理。因此，溯源应用的总体架构设计需要包括：应用层、服务层、核心层、基础层和管理层共 5 个层次结构，以及 33 个典型模块（见图 8 - 3）。

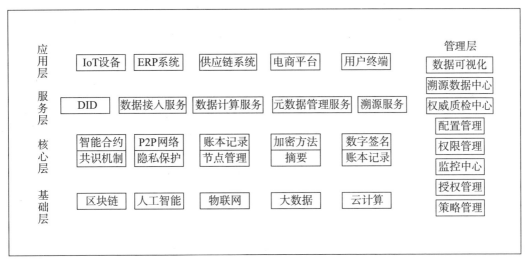

图 8 - 3　区块链溯源应用的总体架构图

应用层是溯源数据的来源端，也是溯源服务的接收端。如物联网设备、相应企业与个人前端应用。

服务层为溯源应用提供核心区块链相关服务，保证了服务的高可用性、高便捷性。例如，可信的分布式身份标识（decentralized identifiers，DID）作为物或人的认证标识、可靠的数据接入、精准的数据计算、安全的元数据管理。

核心层是区块链系统最重要的组成部分，将会影响整个系统的安全性和可靠性。例如，共识机制、P2P 网络传输、隐私保护。

基础层提供了基本的互联网基础信息服务，主要是为上层架构组件提供基础设施，物联网（internet of things，IoT）设备决定了数据来源的可靠性，区块链保证了数据的真实性，为数据安全的存储、分析和计算提供高效、精准的数据服务。

管理层是溯源应用落地过程中必不可少的重要组件。权威质检中心、溯源数据中心、监控中心提供了流转数据过程的可靠性，由区块链作为价值背书。

最后，我们介绍一下区块溯源系统中各个模块的定位（见图 8 - 4），它主要有三部分构成：智能终端、存证平台、镜链。

智能终端模块负责溯源基础数据的生成和采集。通过采用智能设备，能够实现数据的自动生成和自动发送，避免人工采集过程中可能出现的数据伪造现象。这里的核心技术是物联网技术。

存证平台模块负责溯源系统中的核心业务功能，不仅包括数据的存储和查阅，还包含用户管理、资源管理等配套功能。这里的核心技术是溯源全流程业务的有效组织。

镜链模块是此方案中基于区块链的可信溯源平台，主要负责数据的存储、查询等基础性功能。这里的核心技术是底层区块链系统的性能和稳定性。

总而言之，区块链通过加密算法、点对点网络、共识算法等技术体系，为交易双方

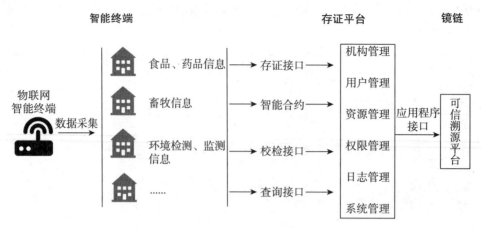

图 8 - 4　区块链各模块定位

提供了一种安全、高效、可靠、透明的商业交易模式。区块链技术以特定的方式形成了一种新的去中心化数据记录与存储体系，并给存储数据的区块链打上时间戳，使其形成一个连续的、前后关联的可信数据系统，这种系统的架构与溯源的行业特征天然契合，使得区块链技术更容易应用到溯源行业中。

四、应用案例

区块链技术在溯源方面的应用早就被大家所提出，但真正让市场花费大笔资金对此进行研究也就最近一两年才逐渐开始。自 2018 年以来，在政府发布区块链白皮书之后，各大公司对区块链的投资研究进行得如火如荼，尤其是那些大型互联网公司。我们从 2018 年可信区块链峰会得知，目前基于区块链溯源的应用案例可以分为 4 大领域：食药畜牧、知识产权、数字凭证和供应链。本节只讨论区块链在商品溯源中的应用，所以在这里我们只介绍区块链溯源的相关案例。

在食药畜牧领域，区块链溯源的作用是将全流程的关键业务数据上链，做到信息公开透明；将链上、链下相结合，确保信息真实和品质可控；智能合约让种植生产流程良性循环；共识机制确保数据的一致性且不可篡改。区块链的引入使得食药畜牧行业的流程受到多方监督，确保了食品、医药的安全，有了大家的共同参与，市场秩序也能得到进一步规范，同时企业的成本也能得到有效的控制，企业效益会进一步提高。

案例一————————————————————————————————

区块链+农产品追溯——京东数科

后疫情时代，生鲜食品安全更加受重视。为了大力保障居民菜篮子安全，近期京东数科依托其智臻防伪追溯链优势，把区块链技术应用到了多个生鲜品牌中，让居民扫码可知所买物品的前世今生。

近年来，随着区块链技术的普及和品牌商对自身品牌的重视，防伪追溯应用于行业的场景逐步扩大，消费者在购买商品时也更注重有品质溯源保证的商品。以京东数科的区块链防伪追溯平台——智臻链为例，数据显示，截至 2020 年 5 月，已有超 13 亿追溯数据落链、900 余家合作品牌商、7 万多件入驻商品、逾 700 万次售后用户访问查询，覆盖生鲜农业、母婴、酒类、美妆、二手商品、奢侈品、跨境商品、医药、商超便利店等丰富业务场景。值得一提的是，生鲜食品作为京东数科区块链防伪追溯中的一大重要领域，已经为黑猪肉、跑步鸡、多宝鱼、海参、跨境牛肉等近千种生鲜食品实现了从农场到餐桌的品质追溯，让消费者买得安心、吃得放心。

京东数科以区块链技术对跑步鸡进行溯源，比如在河北省武邑县与京东合作成立的"跑步鸡乐园"中，每一只鸡的脚上都会戴上二维码溯源脚环，成为小鸡们唯一的身份识别。在跑步鸡出栏后，经过加工、物流等环节直至消费者购买，消费者通过扫码，就能看到养殖场饲养跑步鸡的过程，如位于哪个养殖场？养殖人员是谁？这只鸡吃的食物是什么？大连鑫玉龙则通过与京东数科区块链的"千里眼"视频手段，将海参的"育种—育苗—养殖—加工"各阶段生产信息都加入追溯中，全程透明可追溯。

事实上，上线区块链防伪追溯服务，对品牌商的销量提升也有极大的促进。中欧-普洛斯供应链与服务创新中心与京东数科联合发布的《2020 区块链溯源服务创新及应用报告》就显示，应用追溯服务后，海产生鲜复购率提升 47.5%；营养保健品的销量提升了 29.4%；母婴奶粉的访问量提升了 16.4%。在退货率方面，营养保健品的退货率相对下降了 4.5%。而同时采用区块链追溯和千里眼视频直播/录播功能的生鲜追溯商品，销量提升幅度更是高达 77.6%。然而，尽管区块链溯源对行业、品牌商和用户来说利好多多，专家学者也曾多次呼吁要建立从田间地头到餐桌的产品可追溯供应链机制，保障食品安全。但在区块链的防伪溯源普及过程中的确也存在不少难点。有业内人士透露，目前接入区块链追溯应用的大多是规模大一些的企业，将其应用于电商线上渠道。在线下尤其是农产品批发市场流通的场景下，很多企业规模相对较小，品牌效应不强，加之在批发市场的售卖场景下，外包装也不尽齐备，这些都导致区块链防伪追溯应用的大面积普及尚存难点。

在京东数科的科技中，不仅有刚刚了解过的智臻链防伪追溯平台守护大家菜篮子的安全，为企业带来更好的市场前景，它还在多个产业和场景中得到了应用，例如，数字化养猪，智慧化管理城市，人工智能机器人为病人服务等，让科技改变生活近在眼前、触手可及。

案例二

区块链+跨境商品追溯——天猫国际全球溯源

国内跨境电商的飞速发展，给我国人民的生活带来了诸多便利。然而，跨境电商所带来的假货问题一直困扰着大家。为了解决这些问题，各大电商平台和监管机构都在加大打假力度，同时对产品溯源的方法一再改进，引入新的技术以确保溯源信息的真实可信。以跨境电商形式进口的商品表现出批次多、品种杂、来源广、收货人众多、涉及面广、疫情疫病传播风险大等特点。同时，我国进口跨境电商主要以食品、保健品、化妆品、婴幼儿用品等高风险产品为主，进口的正品和仿品高额利益差的诱惑导致跨境电商商品造假的现象较为突出。造假主要有两种方式：一种是产品造假，以假充真，以次充好。另一种是物流造假，漂洗身份，混淆视听。跨境电商这类碎片化贸易的特点，给传统监管带来了很大的难题，亟须一种全新的监管模式对跨境电商进行事前、事中、事后的全链条监管。

天猫国际自 2014 年 2 月上线以来，作为跨境电商的首创者，市场规模常年维持第一，引进了上万种海外品牌，天猫国际对产品的来源十分看重，确保产品的真实性和安全性。近年来，天猫国际和六十多个国家合作，将区块链技术、大数据跟踪等技术应用到产品的溯源中，汇集生产、运输、通关、报检、第三方检验等信息，给每个跨境进口商品打上"身份证"，确保国内消费者买得放心。天猫国际跨境商品的流程分为海外生产、海外质检、国外运输、国内运输、国内消费等几个部分，通过将这几个部分再细分到每一个环节，可将生产、运输、质检、销售等每一个阶段的信息实时记录到区块链溯源平台中。关于产品的所有信息都被记录在册，一旦产品出现问题，我们即可通过溯源快速地找到问题出现在哪一个环节，大大提高了产品的溯源效率。基于区块链技术的跨境进口商品溯源体系有利于产业链中参与方之间信息的共享，使得信息公开透明、责任制更加完善。

天猫国际的溯源体系由国内和国外两个部分组成，包括生产商和品牌方、海外仓、国内保税仓、消费者等环节，实现全程检测，而且，国内外的第三方质检机构在检测时会实行全程录像监控，并且汇成检验报告。每一个环节的相关信息都会通过数据、文件或视频的方式传输到区块链中进行加密，加密后的信息具有不可篡改和公开透明的特性，作为可查询的证据，证明产品品质的可靠性。消费者在收到货物的时候，通过扫描二维码并输入特有的验证码就可以看到产品的产地、入境报关单号和入境报关时间等每一个环节的详细信息，确保产品是正品。

天猫国际品质溯源体系将区块链技术、物联网技术、动态镭射技术和动态图像识别技术结合起来，把信息通过溯源码和视频监控的方式将整个环节的信息输入区块链中，实现了跨境商品信息的全程可追溯。采用特殊工艺制作的溯源码使其无法被伪造和复制，保证了产品信息的唯一性。溯源码中记录的信息全部被录入区块链中，无法更改和破坏。消费者通过扫描溯源码可以甄别商品的真假，这为消费者购买正品提供了有效的保障，消除了消费者在跨境网购中买到假货的顾虑。

第二节　区块链在智能物流中的应用

物流系统通过搭建连接生产、连接生活的桥梁，在物流过程中向客户输送各类有价值的物品和增值服务。作为国民经济的"血脉"，物流产业为各行各业提供物流服务，保障社会经济活动有序进行，在整个社会经济系统中发挥着重要的服务功能和保障支撑的作用，是整个社会经济系统中重要的桥梁和纽带。作为企业经营的"保障"，物流成为企业的第三利润源，通过科学、高效的物流活动使企业生产经营系统保持最佳的运营状态，有效地降低了企业成本，提高了竞争优势。

改革开放 40 多年来，我国物流产业从起步、探索、转型升级，到快速发展成为"物流大国"。自 2012 年以来，我国物流产业发展进入转型期，技术驱动和理念创新正推动着物流业从量向质的发展，推动着我国向"物流强国"迈进。目前，随着中国产业结构日益走向规模化和专业化的格局，伴随信息技术的大量应用、电子商务的兴起以及对成本控制要求的提升，物流行业也开始进入整合阶段，从无序走向有序，各种新的业态也开始涌现，例如，供应链管理、整车零担运输等，也涌现出很多具有很强竞争力和成长能力的公司。总的来说，我国物流市场经历了起步、积累、集中到联盟的多个阶段（见图 8 - 5），已经发展成为全球最大的物流市场。

图 8 - 5　我国物流行业发展阶段

从资本市场的角度看，目前已有优秀公司上市，因此从某种意义上说，优异的具备非常高成长性的投资标的相对增多，因此会更多地从行业驱动力来看行业未来的发展趋势以及在现有的公司中发现未来能够突破的公司。

一、传统物流的业务痛点

近些年，我国的物流行业飞速发展，由于物流行业门槛低、利润可观，吸引了不少从业者的加入。随着参与人数的不断增加，在僧多粥少的局面下，恶性竞争难以避免。相互压价、低成本揽货，已经成为物流行业的诟病。关于物流运输，很多物流公司都通过挂靠形式管理车队，收取管理费来运作。这种粗放式的经营模式造成了物流运作效率低、成本高、质量差。当前物流行业的交易信息不对称、信用体系未形成、支付结算风险大等问题一直阻碍着物流行业的进一步发展。

传统物流一般指产品出厂后的包装、运输、装卸、仓储，仍然以仓储和运输为主，业务较为单一，而且传统物流的配送渠道也很简单，是单纯地将产品从制造商经储运企业到批发零售企业再到消费者这样一个流程。传统的物流系统供应链不是特别畅通，某一个部位或者某一个环节可能会出现问题，即出现短路。另外，这种库存成本比较高，物流系统的反应速度比较慢，导致成本也相应提高。在传统物流系统中，部门各自为政，不能互相配合，使得物流成本不好控制。物流发展的主要精力集中在仓储和运输方面，没有涉及整个供应链的反应速度。在相互协调的过程中，大家都看着自己的利益，为本部门的利益着想去做物流工作。这些都是在传统物流中存在的弊端。

当前，第三方物流产业正处于快速成长阶段，许多物流企业却不能准确地把握物流市场的发展状况及其趋势，仅局限于提供物流基本服务功能，热衷于盲目网络化地进行地域扩张，缺乏合理的市场定位。由此，物流服务价格恶性竞争，市场拓展乏力，经营状况不容乐观。如何准确进行市场定位、赢得客户认同并形成竞争优势，这是事关第三方物流企业生存和发展的问题。现时第三方物流企业要根据自身能力、外部环境的变化、自身的市场定位等综合考虑各方面的因素来确定企业的价值取向。最后，第三方物流企业根据其市场定位和价值取向来选择其企业的商业模式。这样第三方物流企业才能提高客户满意度、占领更大的市场份额。传统物流企业的缺陷主要有：物流服务功能单一、服务意识不强；管理水平低下。传统的物流不论是管理水平还是管理方式，与现代的物流企业相比还有不小的距离，很难符合客户的差异化需要，信息化程度低，资源整合力度不够，企业间合作意向不是特别强烈，标准化程度太低。传统的物流企业使用的设备和物流设备生产企业生产的设备在设计、制造时没有统一的标准，为多式联运和降低更多的物流成本增加了硬件障碍。下面我们对传统物流的业务痛点做具体阐述。

（一）物流成本过高

由于目前物流公司信息的记录、储存、传递都是通过中心化的系统进行操作，在实际运行过程中，公司之间有着大量的数据信息需要进行交接。而在交接过程中，各个接口的信用签收凭证主要以纸质单据和手写签名的形式进行，其中合同、订单和运单等数据都以纸质的形式呈现，这种纸质记录产生了很多问题，例如，纸质化管理造成其成本过高，管理过程麻烦，而且数据很容易被篡改，安全性低等。在交接过程中，由于各个主体立场不同，逻辑不同，所以对数据的处理可能会出现偏差，再加上纸质化管理让数据的信服力又大打折扣，最终导致人工在审核大量纸质单据时效率低、成本高、结算周期长。

（二）交易信息不对称

由于供需双方存在信息不对称，所以供需双方对于信息的真实性问题存在疑虑，交易主体之间只要有一方篡改了信息、产生了对自己有利的影响，就不可避免地会对其他交易主体产生利益损害。供需双方的信息层转发难以获取导致供需双方的信息更新难以同步进行，信息滞后可能会对企业造成难以预估的危害。实际上供应链战略可以降低成本，缩短提前期，提高服务水平，然而其中最关键的是信息的实时性和真实性，信息不对称恰好是最大的业务痛点。也正是因为信息不对称的存在，企业之间的绩效难以检测，我们无法保证信息沟通的真实性和及时性，我们看到的一个企业绩效的增加可能是以其他企业付出代价为基础的。信息不对称还容易导致企业之间的合作难以进行，合作双方在切磋时，必须明确责任分工，建立约束机制，不然处于信息劣势的一方很容易在合作中处于不利地位。

（三）产品的真实性无法保证

随着人们生活水平和消费水平的提高，消费者更加追求高质量的产品，尤其是对食品质量的要求更加严格。然而，当前的物流供应链几乎无法给消费者提供准确的商品信息，消费者无法确定食品是否卫生、健康，再加上对人工造肉、禽流感、三聚氰胺等相关食品安全问题的大量报道，消费者在选购肉质食品和蔬菜水果等时十分谨慎。到目前为止，国家和企业都做过很多努力，但还是没能很好地解决商品溯源防伪中的最大难题，因而无法确保商品信息的真实可靠性。

（四）信任体系难以形成

近年来，物流公司"跑路"的新闻不绝于耳。然而，"跑路"的企业往往不仅伴随着工人工资无处可讨要的现象，而且会出现巨额货款一同"消失"的状况。例如，前几年山东临沂一家经营了十几年的物流公司老板没有预兆"失联"；通过对货运单进行统计，近600多万元的货款被卷走；西安某物流公司携款"跑路"，引发司机堵门讨要工资、货主哄抢货物等现象。目前全国每年有200万亿元物资的流动和10万亿元物流费用的流转规模。这么庞大的物流费用流转，七成以上要依靠物流公司代收货款进行。物流行业这样一块"大蛋糕"吸引了很多投资者加入，然而，有一些"黑物流"乘机而入，跑路、骗钱、骗货的黑公司层出不穷，这些"黑物流"事件让物流行业遭受了信任危机。

（五）中小物流公司筹资难

资金问题永远是中小企业的命脉，对于刚刚起步或者需要扩展规模的中小企业来说，其对资金的需求较大，影响融资问题的关键因素就是企业的信用等级。然而，中小企业的信用等级普遍偏低，甚至没有信用等级的凭证，很难得到投资者或者金融机构信任，从而无法获得贷款和融资服务。究其原因就是物流供应链企业没有良好的企业评级系统。

上述这些问题已经对传统物流行业产生了很大的困扰，阻碍物流行业的发展。传统物流行业若想跟上时代的发展，就必须解决这些棘手的问题。近些年，各大物流公司纷纷将科技的力量融入物流行业中，取得了一定的成效，但是有些业务痛点没有得到有效根除，仍然阻碍着物流行业向前发展。

二、物流行业的发展趋势

随着新兴技术的发展和国家扶持力度的加大，我国物流基础设施建设和新兴技术创新应用进一步加快，为发挥物流基础性、先导性作用提供支撑。依托物流基础设施网络化建设与新兴技术的广泛应用，我国将在现有政策、技术和理念基础上重点打造社会化物流，通过构建资源积聚平台、推进集约化发展方式，加快推进"资源节约型、环境友好型"社会建设进程。我国物流产业发展将呈现服务专业化、运营平台化和发展生态化三大趋势。

新兴技术创新应用成为物流产业升级的新动能。大数据、人工智能、物联网等新技术的发展及应用，推动物流业朝着智能化方向发展。相关数据显示，2019年我国人工智能与物流融合发展领域的市场规模达15.9亿元，预计2025年将达百亿元。亿欧智库的《2020智能物流产业研究报告》显示，我国智能仓储技术的发展水平和应用水平较低，其中仓储机器人应用渗透率不足1%，而智能仓储行业的竞争也逐渐由产品竞争转向服务竞争。物流自动驾驶、物流无人机等新兴技术，必将随着商业模式创新、市场监管政策成熟得到广泛的应用，从而推动物流业运营效率的整体提升。

（一）物流服务专业化

我国第三方物流服务模式已显现巨大的发展潜力，成为物流服务专业化发展的动力。我国对于城市物流、逆向物流、冷链物流、应急物流等物流业态的研究相对成熟，已经在应用实践中发挥了重要作用。因此，一方面，我国物流将融合多种物流业态和多种物流模式，提供更加精准、更加细致的服务；另一方面，我国物流发展将积聚资源、群策群力、构建服务产业链，促进物流业与制造业等关联产业联动发展。

（二）物流运营平台化

在大数据、人工智能、物联网等新兴技术快速发展的背景下，我国物流服务模式也随着技术的发展和应用不断创新。我国物流将贯彻共享、协同创新理念，在"新零售"场景下积聚信息、资源和能力要素，构建社会化物流协同平台，以数据驱动物流资源配置优化，提高物流服务效率和质量。在国际化运营背景下，一方面，我国将加快发展自主品牌物流企业，鼓励"走出去"、提升国际竞争力；另一方面，我国将依托"一带一路"倡议构建国际物流资源协调机制，保障国际物流稳定运营。

（三）物流发展生态化

在低碳减排发展的要求下，我国物流业正朝着低能耗、低消耗、低污染的方向发展。在物流运输、仓储方面，依托智能算法优化车辆运输线路、仓库选址，依托社会化物流协同平台提高车辆装载率、仓储资源利用率；在逆向物流方面，构建物流企业与制造企业、零售企业联动机制，推进可回收物的有效回收和环境污染物的无害化处理，鼓励快递、外卖等行业采用可重复使用的包装物，降低资源浪费和损耗；在能源使用方面，推进生物能源等可再生能源的使用。

在整个"十三五"期间，我国物流行业的发展虽然面临一些新的挑战和深层次的矛盾，但基于外部良好的政策和经济环境，行业仍保持稳定增长，物流服务能力不断增强。未来一段时期，随着国内经济发展进入新常态，我国物流业也将进入以质量和效益提升为核心的发展新阶段，物流基础设施网络布局将更加完善，政策层面继续坚持深化供给侧结构性改革，降低全产业链物流成本，提高物流供给质量，做好降本增效，不断增强实体经济竞争力。此外，行业也将积极引入新技术、新模式、新理念，提高全要素生产率，逐步优化行业运行体系，实现产业转型升级。

三、区块链在物流中的优势

现存的 RFID、传感器等技术由于标准众多、接口复杂，与现有的电商物流运输系统难以形成统一接口，而区块链技术提供了一种轻量化且独立于各种系统之外的统一接口，配合移动边缘计算（mobile edge computing，MEC）技术，可以在运输终端实现货物信息的智能化管理。当在途货物出现异动时，系统内货物数据会相应变化，区块链上各个节点在分布式账本技术支持下会对货物的变更数据同步进行记录和存储。在区块链赋能下，运输过程中的货物信息对于托运人、承运人以及其他相关人员都是公开透明的，从而确保了货物运输信息和资金的安全可追溯。

区块链技术的优势在于价值信息交换过程高效透明，信息高度安全保密，避免第三方中介参与。因此，对这些优势有所需求的绝大多数行业都有一定的适用性。关于传统物流的这些业务痛点，区块链凭借自身的技术优势恰好能解决大物流中的信任难题，不仅可以降低物流成本，实现物流平台的规模化运营，还可以提高物流生产关系之间的信任度。物流行业已成为区块链技术应用的重要领域，将显著提高物流效率并降低物流成本。

（一）区块链在物流领域的应用现状

目前，物流行业是区块链技术的典型应用领域之一，主要集中在商品信息溯源、物流金融、物流从业人员征信等方向，具体包括商品溯源、冷链运输、结算对账等内容。国内各大电商企业、互联网精英企业及快递行业纷纷于 2017 年前后进行区块链技术在物流领域的战略布局，并且抓紧开展技术研发和产品创新。目前我国在防伪溯源、物流金融、电子商务等领域已经取得了阶段性的进展，有助于整体提高物流管理效率、降低物流体系运营成本。在物流领域，整个供应链的数据共享可以实现更高的透明度，使消费者能够更好地选择要购买的产品。

在物流行业中，区块链有两大主要用途，即提高效率和建立新的商业模型。提高效率，即通过大大减少官僚主义和文书工作，区块链能够提高全球贸易的潜在效率。例如，使用防篡改数字格式存储信息的自动化流程来取代具有冗长书面记录的多流程。其他示例还包括当前需要的第三方自动化服务，如保险、法律、经纪和结算服务。区块链可被用于跟踪产品的生命周期和从产地到货架的所有权转移，就算产品在制造商、物流服务提供商、批发商、零售商和消费者之间辗转易手，区块链也能够轻松追踪到。区块链能够促进并自动执行每笔业务交易，从而在每位参与者之间建立更直接的关系（例如，自动支付，以及在各方之间转移合法所有权）。实现新的商业模型：微支付、数字身份、证书、防篡改文档等都可以使用基于区块链的服务进行引入和根本上的改进。例如，驾驶员培训机构可以用防篡改的数字证书来取代易伪造的纸质证书，从而产生新的身份相关服务。正如互联网引发的通信革命一样，区块链技术可能会颠覆当前的商业实践和模型。

区块链和物流的融合主要有存储与传递两种模式。

1. 存储模式

区块链存储包含信息存储与价值存储两种模式。信息存储模式主要通过区块链分布式存储的特点，为相互交接的信用主体存储结算凭证等数据，其优点是数据永远不会被删除。价值存储模式的主要形式是所有权证明与公共记录，以区块链不可篡改、可追溯的优点来记录各种价值类信息，而且方便对这些价值信息进行查询与管理。例如，仓单质押场景可以在区块链上记录仓单虚拟资产与交易信息，以防欺诈。

2. 传递模式

区块链传递包含信息传递与价值传递两种模式。信息传递模式主要基于区块链的分布式存储和加密传输的特性，这在征信领域已得到应用，例如，征信数据在促进双方达成交易方面的应用。当前的征信数据是中心化的管理方式，很容易遭受黑客攻击或盗取，而企业与个人的数据也没有形成标准的数据资产，无法进行流通。区块链能够把线下资产和权益数字化，通过权威机构将资产所有权进行背书，通过点对点网络的交易方式和链上记录交易过程，在保证数据隐私前提下完成交易，从而实现价值传递。

利用区块链技术可以对物流行业进行流程优化。传统物流供应链系统是中心化的系统，由于信任问题和全程纸质化管理，其运营过程非常复杂，成本高，效率低。区块链与电子签名技术相结合可以实现物流供应链运营过程无纸化管理，可以将物流信息通过区块链记录下来存证，在承运过程中运用射频识别技术等物联网技术，保证运输配送等过程中数据的真实性，结合车载全球定位系统（global positioning system，GPS）获取位置信息，使单据流、信息流和实物流在运营过程中保持一致，保证计费所需数据的真实准确。在对账环节，从订单生成环节就开始上链，然后依次是询价、报价、配送等期间产生有效数据的环节都要上链，经过信用主体电子签收后，生成基于区块链的电子运输结算凭证，通过智能合约来完成自动对账，并将异常调账过程上链，整个对账过程是高度智能化并且是高信任度的。全程无纸化管理，大大降低了成本并提高了工作效率，最重要的是形成了高度安全和高信任度的运营系统，交易主体很大程度上减少了顾虑。

区块链凭借自身优势能解决大物流中的信任难题，不仅可以降低物流成本，实现物流平台的规模化运营，还可以提高物流生产关系之间的信任度（见图 8-6）。

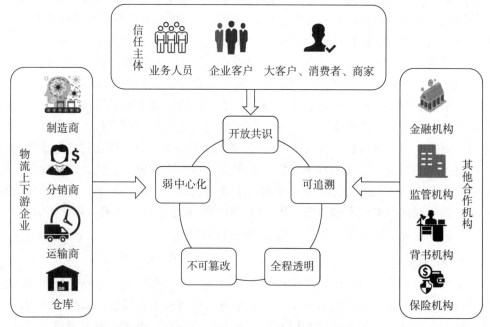

图 8-6　基于区块链技术解决物流信任问题

物流往往伴随着商流、资金流和信息流，在这些流的背后都存在商品所有权转移的问题。区块链技术被用来解决了大量的企业之间关于商品所有权转移产生的信任危机问题。因此，在多流合一的物流场景中，关于信任危机的问题同样可以利用区块链技术来解决。

利用区块链技术可以将物流、商流、资金流和信息流整合起来，在互信的基础上聚拢优质资源，打造立体化供应链新生态，并且基于物联网技术保障采集的物流数据真实可靠。同时，区块链分布式账本解决了信息隔离的问题，提升了实物流向信息流的投射速度和深度，进而增加信息流的可信度，大大缩短了实物流和资金流之间的距离。最后，现金流和持有库存是企业可持续健康发展必须考虑的关键因素，区块链技术可以为企业财务数据的真实性和实时性提供可靠保障，从而缩短企业的结算周期，提高企业融资的便利性。因此，物流企业在现有物流网络的基础上应用区块链技术，面向物流供应链体系中的制造商、分销商、承运商和零售商等，提供一体化物流服务，并且针对流通的商品进行生产制造、物流运输、仓储保管、分销流通的全流程监控和商品溯源，真正实现商品的来源可追溯、品质有保障，从而降低整个供应链的物流成本，提高物流业整体服务质量。

（二）物流追踪

由于区块链公开透明的特性，可以通过区块链账本与物联网技术实现商品从生产、加工、运输到销售等全过程的透明。区块链技术能够确保系统内存放信息的真实性，而物联网技术能够肯定数据在获取过程中的可靠性，所以消费者可以通过商品上的溯源码追溯商品的信息。在产品生产环节，通过物联网技术，把传感器节点布置在产品的生产基地中，实时获取产品在生产加工过程中的各种有效信息，如生产环境、生产时间和生产流程等信息，然后把这些信息自动地上传到节点数据库。在产品出库时，生产商要把产品信息、生产商信息、包装信息和存储信息等上传到链上，为系统提供源头信息。在生产商和下一信任主体物流商交接时，要把交易过程的有效信息上传到链上。物流商收到产品后，依次进行扫描，并把物流商自己的信息与交接过程中产品的状态信息上链，然后发车。在物流商与下一节点零售商进行交易时，零售商要进行入库扫描，并把交易信息、零售商信息和商品储存信息上链。在消费者购买商品时，可以通过扫描商品上的溯源码来追溯商品信息，消费者还可以对商品进行反馈，并把反馈信息上链。

物品邮寄流通过程对客户信息保密工作要求严格，为充分保证客户的信息安全，可以利用区块链中数字签名以及公钥和私钥机制来解决这个问题。在实际应用中，利用双方私钥签名完成快递交接，每一个快递领取点和快递员都应该有自己的私钥，只要在区块链中进行查找便可知道快递是否被签收。假如客户没有收到自己的快递，就不会有签收记录，且快递员无法伪造，该机制可以有效避免因快递员伪造签名导致货物被冒领。物流公司保障客户信息安全，客户会更愿意配合物流接受实名制，从而顺应国家物流的实名要求。

总而言之，物流业是融合运输业、仓储业、货代业和信息业等的复合型服务产业，涉及领域广，从业人数多；同时，物流运作本身由运输、仓储、包装、搬运装卸、流通加工、配送以及相关的物流信息等环节构成，上下游供应商、生产制造商、物流服务商等都参与其中，涉及信息流、物流、资金流的流动过程。作为参与方众多、服务类型多样、信息交互频繁且中小企业居多的复杂行业，物流业在迅猛发展背后，也面临用户信息泄露、数据孤岛、信息真实性、结算手续繁杂等痛点。借助区块链技术的可追溯、不可篡改、全程留痕等特性，可以更加真实可靠地记录和传递资金流、物流和信息流，优化资源利用率，提升行业整体效率，对于物流业转型升级的重要意义不言而喻。

四、应用案例

区块链是一种分布式、多节点的大家共同操作的数据库，每个区块包含详细信息，如卖方、买方、价格、合约条款以及相关的任何详细信息，并且上传到整个网络达到信息共享且信息的绝对安全。信息交互决定了物流的规模与效益，这样系统中的每个人都可进行记账，不仅使整个系统获得了极大的安全性，而且保障了账本记录的公开透明，去除人工信息、纸质信息的流程，大大降低了成本，提高了效率。

货物的运输流程也可清晰地记录到链上，装载、运输、取件整个流程清晰可见，可优化资源利用、压缩中间环节，提升整体效率。通过区块链记录货物从发出到接收过程中的所有步骤，确保了信息的可追溯性，从而避免丢包、错误认领事件的发生。对于快件签收情况，只需查下区块链即可，这就杜绝了快递员通过伪造签名来冒领包裹等问题，也可促进物流实名制的落实。此外，企业也可以通过区块链掌握产品的物流方向，防止窜货，利于打假，保证线下各级经销商的利益。

案例三————————————————————————————————

武汉长江中游航运

关于区块链物流的架构我们用武汉航运的例子予以说明。基于区块链技术的武汉长江中游航运结算中心架构通过航运大数据库形成航运价值链，实现武汉长江中游航运结算中心业务流量、代币流量和信息流量增长，通过数据挖掘和资源整合提高武汉长江中游航运结算中心价值创造能力。在此过程中，将区块链技术嵌入武汉长江中游航运结算中心架构，打造航运全流程区块链系统，打通武汉长江中游航运结算中心各子系统信息共享渠道。

武汉长江中游航运结算中心建设响应"结算武汉"倡议，应提供统一结算、资源配置、信息咨询和监管控制职能，拟解决航运信息安全与共享问题。

数据层是区块链技术的最底层，提供区块链系统运行所需环境。核心层为基础层提供硬件支持或网络的基础体系，包括P2P对等网络、共识机制、智能合约、加密算法、时间戳和数字签名等。数据层和核心层一般由专门区块链公司提供技术支持。应用层是由武汉长江中游航运结算中心所引出的一条主链，供应链子系统、金融子系统、航运物流子系统和政府监管子系统所组成的侧链，共同管理航运联盟链，并通过跨链管理实现主链与侧链之间的数据交互（见图8-7）。

武汉长江中游航运结算中心在"一带一路"倡议和长江经济带发展战略下建立，作为一个中心化平台，其内部庞大的航运数据库一旦被破坏，对社会影响巨大。因此，如何保证航运数据安全与实现航运数据共享是武汉长江中游航运结算中心未来拟解决的问题。区块链技术具有去中心化、分布式存储、可溯源、防篡改和智能合约的特点，与武汉长江中游航运结算中心发展要求相适应。

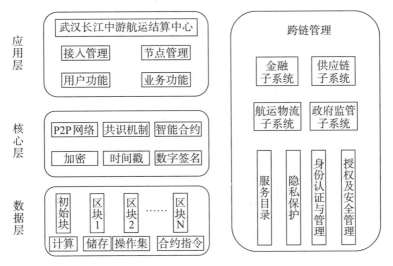

图 8-7　武汉长江中游航运结算中心架构

案例四

IBM 与马士基携手共建新型业务生态：TradeLens 平台

马士基作为全球最大的集装箱航运公司，一直关注如何运用创新技术变革和优化其航运线路中的流程来进一步提高企业自身的竞争力，降低成本，提升效率，从而为客户带来更好的物流体验。IBM 与马士基的合作由来已久，双方共同致力于实现这一目标。然而，全球贸易和航运物流的复杂度太高，每条航线都面临众多的买方卖方、供应商、第三方物流、港口监管、金融机构等网络参与方，想要通过集中化平台来解决航运物流所面临的问题是非常困难的。TradeLens 平台经过 IBM 与马士基几年的实践，通过区块链平台构建，在 2018 年年底正式商用，目前有超过 100 多个生态系统合作伙伴，旨在促进更高效、更安全的全球贸易，支持信息共享和透明，并推动整个行业进行创新。

全球贸易规模增长速度惊人，但也遇到了棘手的低效率和复杂性问题。面对陷入孤岛中的数据、截然不同的交易观点和低效的纸质流程，行业以及支持该行业的供应链合作伙伴都亟须颠覆性的变革。TradeLens 平台便是实现这一变革的核心。

TradeLens 平台是马士基与 IBM 签署的合作协议的产物，为构建数字供应链奠定了基础，该网络支持多个贸易伙伴开展合作，如发布和订阅事件数据，以便在不影响细节、隐私或其他保密权益的前提下制作统一的共享交易视图。TradeLens 平台支持参与国际贸易的多个利益相关方开展数字合作。托运方、海运承运人、货运代理人、港口和码头运营商、内陆运输商、海关当局及其他利益相关方均可实时访问运输数据和运输单证（包括物联网和传感器数据），从而更高效地进行互动合作。

TradeLens 平台正在建立由生态系统参与方组成的行业顾问委员会，帮助管理不断发展的网络，塑造平台并推行开放标准。该网络正与联合国贸易便利化与电子商务中心（UN-CEFACT）等机构以及 OpenShipping.org 等行业组织密切合作，帮助确保互操作性。未来，第三方可以构建应用并将其部署到 TradeLens 平台市场中，为网络成员带来新的价值。

◀ **本章小结** ▶

本章讲述区块链在供应链中的应用，两节分别阐述了区块链在溯源和物流两个领域的应用。大体脉络都是先叙述传统溯源和传统物流的发展情况如何、所遇到的问题有哪些，之后详细介绍了区块链在解决这些问题上的独特优势，最后附上相关的应用案例。

区块链利用其独特的优势完美地解决了数据存储中心化、成本高，以及数据孤岛、窜货等诸多问题。区块链利用其不可篡改、共享数据的特性，提升溯源信息的可信度，打破数据孤岛，建立全新溯源商业生态。区块链的分布式记账不依赖额外的第三方管理机构或硬件设施，大大提高了账本的真实性。降低假冒伪劣发生的概率，针对当前物流行业成本过高、交易信息不对称、产品的真实性无法保证、信任体系难以形成等问题，区块链都会给出完美的答案，可以说区块链的运用可以给市场形成一个数据真实、信息可信的环境。

关键词：供应链、溯源、数据共享、信息不对称、数据孤岛、储存模式、传递模式

◀ **思考题** ▶

1. 你有过通过电商平台海外购货的经历吗？哪些服务是你较为关心的？

2. 物流行业针对其业务痛点做了哪些努力？

3. 除书中提到的那些区块链应用案例外，你还了解哪些应用实例？

4. 在溯源过程中，为什么说引入区块链可以减少假货横行的现象？

5. 将区块链引入供应链中，目前存在哪些挑战？

6. 书中详细论述了区块链引入后所带来的优势，思考一下引入区块链会不会带来一些缺点，试着阐述几点。

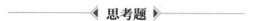

◀ **本章参考资料** ▶

[1] 蔡明，云峰，阿娜呼，谷仕威，戴梓轩. 基于以太坊 ERC721 区块链的商品防伪与可信溯源. 电脑知识与技术，2019，15（25）.

[2] 郭振华，陈换美. 食品溯源技术研究现状及分析. 新疆农机化，2017（6）.

[3] 龙萍，邢镔，胡小林，朱林全. 基于区块链的物流价值链数据安全共享技术. 信息技术与网络安全，2020，39（12）.

[4] 赵林度. 中国物流研究现状及发展趋势. 物流研究，2020（1）.

[5] 周毓萍，龙冬灵. 基于区块链技术的武汉长江中游航运结算中心整体架构研究. 金融理论与实践，2019（1）.

第九章
区块链在医疗养老中的应用

区块链技术已在能源、金融服务、投票和医疗保健等多个领域中产生了众多应用。医疗养老领域则是区块链技术又一潜在的应用领域，区块链在该领域可以解决数据安全、隐私、共享和存储等有关问题。

本章我们用两节的内容分别介绍区块链在医疗养老领域的应用。医疗在国民生活中扮演着极其重要的角色，医疗行业在保障人民生命安全、政治稳定、社会安定方面发挥着不可替代的作用。大力发展和改革医疗行业，让医疗行业高质量、高效率地发展，最终受益最大的还是广大人民群众，这对我们这个人口大国来说，有着十分重大的意义。

当前，人口老龄化已成为世界各国面临的共性问题。我国老龄化进程虽然较西方国家晚，但发展速度却很快。随之而来的养老服务需求的不断增长，对完善养老服务体系带来新的挑战。研究发现，智慧养老得到越来越多学者、企业与机构的关注、研究与探索，而当下热门的区块链技术，以其本质与特性为智慧养老提供了契机。之后，我们将重点解析区块链技术在养老领域的现状及未来。

区块链技术所具备的独特优势恰好能解决目前医疗养老领域的一些棘手问题，有望打破医疗数据面临的安全性差、共享难等窘境。首先，区块链的去中心化特性可以很好地保证数据的完整性和安全性；其次，区块链的可追溯、防篡改等特性，为安全性又提供了保障，同时也减少了数据的遗失；最后，区块链的点对点特性降低了数据储存的成本，提高了数据提取的效率。总而言之，区块链技术有望在医疗养老领域"大显身手"。

第一节　区块链在医疗中的应用

医疗行业包括医院所有的人事管理、设备耗材的使用及购买，以及为医院服务的设备耗材销售和设备维修公司，具体包括医疗器械、医药药品、生物制品、保健品及营养食品、体检、诊疗、医疗保险、陪诊、海外医疗这 9 大类，在国民生活中发挥着举足轻重的作用。尽管近些年随着科技的发展，医疗器械、生物药品、看病流程等都有很大的发展，但是医疗行业的问题仍然很突出，是我们需要迫切解决的。

医疗卫生领域中的数字化迅速普及，产生了大量有关患者的电子医疗记录。患者医疗数据的不断增长产生了在使用和交换数据时对医疗数据保护的需求。区块链技术作为一种透明数据存储和去中心化数据分发机制，为解决医疗保健中的数据隐私、安全性和完整性问题奠定了基础。

一、传统医疗的业务痛点

传统医疗的概念是相对于近些年出现的现代医疗、智慧医疗而言的。进入 21 世纪，大量科学技术的涌现，给各行各业都带来了翻天覆地的改变，医疗行业更是如此。在新兴技术的推动下，医疗行业飞速发展，然而，在发展的同时，很多问题也接踵而至，这些问题也一直制约着医疗行业及其相关行业的发展，如果不对这些问题及时加以解决，这些问题将会成为我们社会的内在风险，不利于国家的稳定发展。

过去，看病难，医院床位紧张，医疗管理系统的不完善，医疗信息整合难，尤其以"效率较低的医疗体系、质量欠佳的医疗服务、看病难且贵的就医现状"为代表的医疗问题成为社会关注的焦点。大医院人满为患，社区医院无人问津，病人就诊手续烦琐等问题都是由于医疗信息不畅、医疗资源两极化、医疗监督机制不全等原因导致的，这些问题已经成为我们建设社会主义强国的阻碍。针对这些缺陷，我们利用先进的科学技术可以进行弥补甚至解决这些问题。然而，有关于信息整合，隐私信息泄露等问题，仍然没有一种非常良好的解决方案，医院对于信息的中心化储存、处理方式以及监管力度让不法分子有机可乘。针对这些问题，我们必须对信息的收集、处理、传输，以及信息的监管，都要进行严格的约束。

医疗体制改革一直以来就是社会讨论的热门话题，许多重要会议都对国民医疗表现出极大的关注，提出问题解决的纲领。当前我国各地都存在不同程度的百姓"看病难、看病贵"，医患关系紧张，医疗资源使用效率低下等问题。此外，病历的泄露、隐私的贩卖等信息安全中出现的问题对人民造成了很大危害，也是我们一直致力于解决的突出问题。接下来我们会对这些问题进行详细的阐述，目的就是找出好的解决办法。

医疗行业目前比较突出的一个问题就是资源分布不均匀，无论是医疗器械、病房床位、自动化办理业务等设施，还是医学专家人员，大城市的资源分布很集中，小城市的资源分配就显得捉襟见肘。很多小城镇和农村病人辗转几个城市最后挤破脑袋想进入那些大城市的知名医院治病。毕竟从现实中来看，在治病这一方面，无论花费多少，人们基本上都会选择同意治疗。大城市的医院具有十足的竞争力，这就不可避免地导致病人想尽办法去大城市医院看病，成为医疗服务"看病难、看病贵"问题的关键。大医院排队看病熙熙攘攘，小医院的医疗资源却得不到充分利用。

专家大多集中在大城市的大医院，小城镇很多医院的医生在实操时经常会遇到很多在理论上甚至培训中都见不到的问题，很多底层或下级医院的医生缺乏的不是理论知识和大量的培训，而是这种实操过程中的指导，他们需要知道在手术过程中如何解决所面临的实际困难，很多问题并不是参加完一次进修班就能够解决的，他们需要专家"手把手"指导，这样才能更好地应对手术中的突发状况。然而，小城镇医院的医生很少能得到这样的指导，这就会更加拉大大医院和中小医院之间的差距，进而形成医疗资源分布不均的恶性循环。

大小医院的资源分布不均进而引发了大小医院信息沟通不顺畅。这种信息沟通不顺畅体现在大小医院之间的信任度不高，尤其体现在病人转院的时候。这容易不仅让病人多了开销，而且会浪费很多治病时间，最后为此买单的还是人民群众。对于医院之间的信任问题，需要由政府或者医疗行业协会形成一个合理的行业标准，大中小医院按照行业标准行事，这样可以避免很多不必要的麻烦，节省大量开支，具体方法我们将在下一节做详细讨论。

接下来我们讨论一个比较复杂的问题——医疗信息，这个问题表面上看来就是一个技术问题引发的信息问题，实际上是一个涉及很多方面的非常棘手的问题。我们先来明确一下医疗信息这个概念，现在的医疗信息是指利用计算机软硬件技术和网络通信技术等现代化手段，对医院及其所属各部门的人流、物流、财流进行综合管理，对在医疗活动各阶段产生的数据进行采集、存储、处理、提取、传输、汇总，加工形成各种信息，从而为医院的整体运行提供全面的自动化管理及各种服务的信息。医疗信息系统可以分为硬件系统和软件系统两大类，在硬件方面，要有高性能的中心电子计算机或服务器、大容量的存储装置、遍布医院各部门的用户终端设备以及数据通信线路等，组成信息资源共享的计算机网络；在软件方面，需要具有面向多用户和多种功能的计算机软件系统，包括系统软件、应用软件和软件开发工具等，要有各种医院信息数据库及数据库管理系统。

当前这个大数据时代，数据的飞速流通传播已经是一个不可逆的趋势，所以如何确保信息的真实有效、信息不会外泄是至关重要的问题。医疗信息是一类比较敏感的信息，如果医疗信息出现错误，可能会造成不可估量的损失，或者说医疗信息被不法者窃取，更会对患者造成更大的隐私侵害，严重时可能引发社会动荡。习近平总书记在看望参加全国政协十三届四次会议的医药卫生界、教育界委员时指出："把保障人民健康放在优先发展的战略位置。"由此可见国家对医疗行业的重视，我国在医疗服务体系建设上投入了大量的人力、物力。在相关有力政策的支持下，医疗环境切实改善，医疗服务效率显著提升，然而还是存在很多我们能解决但尚未解决的问题。

一般来说，医院信息化是为满足医院内部医疗数据互联互通，医疗资源整合共享，打破传统医疗模式的时间、空间限制，以医疗信息数据为介质，以各级医疗信息系统为基础的系统工程。但目前，在医疗信息化建设中我们主要面临医疗信息数据难共享、医疗隐私数据易泄露以及医疗数据质量难改观等问题。具体问题如下：

（一）医疗数据共享问题

医疗信息数据共享包含两层含义：一是通过高效的信息传导机制加强医疗机构间医

疗数据资源的开放共享，实现建设数字化医院的改革目标；二是通过信息传递的方式及时向患者和社会各界公布相关的医疗信息，提升医院医疗服务供给效率和质量。目前，由于现有的医联体体系建设普遍采用层级化的医疗信息传递机制，跨区域、跨组织、跨机构的信息互联互通并不通畅，信息阻滞和数据壁垒现象严重，集中表现在医疗机构间信息沟通不畅和医患信息不对称两个方面。

（1）医疗机构间信息沟通不畅。病人的病历报告、诊疗信息、影像数据、化验结果等均保存于各医疗卫生机构（云服务器），但医联体内部利益诉求难以协调，呈现一定的封闭性和排斥性。加之医疗机构间信息化系统标准不统一、转诊目录不一致、转诊流程不完善，致使医疗数据难以深度对接和兼容，而医疗数据校验和权限申请又需要花费大量的时间和资源，这在一定程度上阻碍了医疗信息的流通与共享。近些年，国内很多公立医院逐步开始化验单、检查单等数据的共享，但共享的安全问题也要引起我们的关注，对此，国家卫健委出台新规，鼓励医疗机构与相关企业共享健康医疗大数据，但须建立风险共担机制。由此可见，关于医疗数据共享，还有很长的一段路要走。

（2）医患信息不对称。医疗信息供求失衡是医疗市场失灵的关键，也是医患诚信危机的根源所在。由于医学科学的专业壁垒和医疗行为的不可替代性，医疗服务供给者在诊疗过程中往往处于绝对信息优势地位，而患者则沦为信息劣势方。然而，在市场化的医疗体制下，对医方而言，信息优势所赋予的经济利益与信息优势所要求的道德义务存在永恒的矛盾。换言之，医疗服务机构和医务人员并不能准确把握自身的医疗服务质量问题。而在频繁的医患纠纷中，源于现代社会重构的医患话语空间，患方更占有先天的道德优势。在此境遇下，医方治疗行为的结果不是以医疗费用与疾病难度的相关性来衡量的，而是以医疗费用、患者对疾病治愈与否的满意度来衡量的，这就使本就脆弱的医患关系更为紧张。

（二）医疗信息泄露现象严重

大数据在实现医疗数据社会效益与释放医疗数据潜在价值的同时，也加大了医疗隐私数据泄露风险的可能。国外安全机构 Risk Based Security 发布的报告显示，自 2015 年起，国内外不断出现健康医疗数据泄露事件，仅 2019 年上半年，全球医疗行业就发生了224 起数据泄露事件。医疗隐私数据泄露的产生既损害了医院公信力，也偏离了医疗数据开放共享的价值取向。因此，如何协调医疗数据开放共享与医疗数据安全、数据隐私之间的平衡关系是一个极费思量的法理问题，而当前医疗隐私数据易泄露主要体现在患者隐私信息保障不够和医疗信息系统安全不足两个方面。

（1）患者隐私信息保障不够。隐私行为选择经常夹杂现实环境的考量，医疗健康数据所具有的价值多元性和公共属性以及生命伦理由重视个体自治向集体共治切换的伦理观念，迫使患者不得不让渡出部分个人非核心隐私。但大数据与生物科技的发展催生了医疗健康信息的结构性变化。医疗数据应用呈井喷之势，亦使医疗数据隐私外泄导致严重的社会问题，而我国目前关于应对患者医疗隐私数据泄露的专门立法法律位阶不高或处于缺位状态。包括电子病历、医保数据、健康档案等在内的医疗健康数据虽然存储于各医疗服务机构或公共卫生部门的私有数据库中，这些私有数据因涉及个人隐私也很少被开发和利用，但由于立法保护缺失，无法表征数据安全与否。另外，医疗隐私数据是患者在诊疗活动中产生的相对敏感的信息，患者拥有信息的绝对控制权以及决定信息是否公开的权利，但事实上，多数患者个人隐私权利意识薄弱，且缺少独立的专门负责隐私数据保护的权威机构，这无疑加大了隐私泄露的风险。

（2）医疗信息系统安全不足。当前医疗信息系统大多采用以 P-PDR 主流模型为代表的基于静态安全技术的传统网络安全模型来构建安全保障体系，但缺乏系统性防御的被动式防御模式，忽略内在的变化因素使其难以应对有组织的分布式协同攻击和复杂多变的网络环境。再者，医联体内部各医疗机构信息系统的运维工作常常由第三方承接，信息平台的设计能力和终端设备的配置水平参差不齐，而医疗机构特别是基层医疗服务机构电子化的病历、检查单等尚未普及，信息化建设严重滞后，在信息共享过程中可能无力保障数据安全。此外，云服务器的数据存储中心化结构（"单点失灵"）同样给隐私数据泄露带来了风险。

（三）医疗数据的真实性有待观察

大数据背景下医疗数据质量的高低，直接影响和决定医院数据管理的成败和医疗信息价值的实现。据互联网数据中心（Internet Data Center，IDC）显示，全球医疗数据量2013 年已达到 153EB，2017 年超过了 600EB，到 2020 年达 2.314PB。然而，在医疗数据体量以爆炸式迅猛增长的同时，致病因素的复杂性、医疗诊断的主观性和医疗机构的差异性等却无形中增加了医疗行业优化医疗数据质量的难度。在医联体内部，各级医疗服务机构虽掌握着宝贵的医疗数据信息，但长期以来对原始医疗数据重视程度不足、缺乏专业的数据管理人员以及统一的数据标准和监控系统，在数据管理工作的整个流程（亦即数据生命周期）中尚未较好地保障医疗数据的准确性、一致性、时效性和规整性，从而导致宝贵的医疗资源异化为沉重的管理负担。

首先，医疗数据准确性不足。医疗数据准确性是指数据能够正确描述对象属性，不应有无效、错误或缺失现象。例如，一直以来困扰医疗行业的病历档案质量问题，质量较差的病例档案不仅会降低医师的治疗效率，也可能会招致误诊进而引发医疗事故。其次，医疗数据一致性不高。医疗数据一致性主要体现在同一数据在描述不同对象时能否采用相同的数据定义方法或标准。例如，当前医疗保险、医院信息居民健康档案等多系统并存，医疗数据碎片化现象严重，难以保证业务系统的连续性。再次，医疗数据时效性不强。关键的医疗数据能否及时获取以及获取数据的次序是否合理都会影响临床决策，甚至左右疾病治愈的效果。但从目前的状况来看，医疗数据时效性不强俨然成为医疗行业数据质量难改观的一个主要痛点，具体表现为医疗数据迭代意识欠缺、数据交换共享内生动力不足以及过分夸大数据保密的重要性。最后，医疗数据规整性欠佳，医疗数据结构和来源的复杂性和多样性对医疗数据收集、存储和使用流程中的规整性提出了更高的要求，因此，只有收集合格合规的数据，保证数据定义的统一性，并以标准格式存储，才能保障医疗数据分析的准确和医疗服务的科学。简言之，医疗数据质量难改观的症结，映射出医疗数据治理滞后于医疗服务实践的现状，为此，医疗信息化建设需要注重医疗数据质量及其重要性。

关于医院信息整合过程中的储存问题，目前大部分的医疗信息储存还都是中心化储存，对于医院来说，"去中心化"的分布式储存对数据安全、数据共享无疑有十分积极的参考作用。从宏观上来看，医疗行业需要更积极地以共享数据推动医联体、分级诊疗、医疗大数据产业链的形成；从微观上来看，医疗机构对患者隐私负有保密及安全责任。目前由于去中心化难度太大，以及无法预估去中心化后所带来的问题，所以基本上医院对医疗信息都采取中心化的储存方式。

在数字经济时代，我国的医疗水平已经有了很大的提升，可以提供很好的医疗服务，但同时在相关现代化信息技术的支持下电子化医疗档案的数量大幅增加，档案类型也呈现出多元化趋势。基于此，在医院档案信息资源的内容整合上，应该对医院中不同职能部门中产生的医疗档案进行精细化分类，详细掌握医疗信息方向，坚持"用户需求"导向，充分掌握病人对于个人医疗档案信息的应用需求，将人事档案、医学影像档案、科研档案、医疗统计档案中的相关内容进行全面整合，并借助信息技术在互联网平台上构建信息资源整合端口，实现多类型医疗档案信息的有效录入和快速处理，提升信息整合能力，加大档案服务力度，提高服务水平。另外，在数字时代医院档案信息资源的内容整合上，相关人员还应该借助数据挖掘技术，对医院不同类型的档案信息进行深度价值挖掘，掌握一段时间内医院医疗档案信息的演变规律，从而循序渐进地调整内容整合方案。

从技术层面来讲，由于近年来我国科技的飞速发展，现代化科技已经应用到各行各业中，并取得了非常良好的实质性效果，5G、云计算、物联网等先进技术可以在数字化医疗档案体系建设中发挥较高的作用优势，实现档案管理技术整合。当前，我国医疗服务体系日趋完善，医疗服务体系的内容复杂性也呈现了显著的上升趋势，要想有效加强医疗档案资源管理效果，技术整合是不可或缺的。在技术整合中，可以灵活地运用大数据分析技术、可视化分析技术和自动化技术。大数据分析技术可以在数字化医疗档案体系内容整合的基础上，对档案信息的内容进行智能统筹，并按照档案信息的来源、档案信息的用途进行精细化分类，提高医疗档案信息的处理效率；可视化分析技术可以在数字化医疗档案体系建设过程中对档案中的信息进行系统处理，以档案信息处理需求为基础，按照筛选要求，导出符合筛选条件的档案信息，并科学分析某一档案在一段时间内发生的主要变化，为医护人员了解病患信息、医治进展提供有力支持；语义分析技术可以在数字化医疗档案体系建设过程中充分识别档案信息的储存环境，支持医疗人员和其他相关人员按照档案的获取需求和处理需求，高效率地完成档案的调取。

从安全角度考虑，数字时代医院档案信息资源的整合能够进一步推进现代化医疗服务体系的建设，提高了医院的档案服务能力，而安全整合是指切实保障档案信息的安全，绝对保护病患的隐私权，为医院设置了安全信息屏障。第一，在数字化医院档案体系建设的过程中，应该合理引进信息安全保障技术，在原有的信息化医院档案环境中设置信息屏障，可通过设置档案获取权限，针对医院不同部门、不同医护人员等级，明确档案获取权限的设定标准。第二，为了进一步保障档案信息的安全，扩大数字化档案信息的应用优势，在安全整合的过程中，应该有效利用大数据环境，对档案信息的传输路径、传输方式进行严格管理，做好档案的安全传输保障工作。另外，还可以在档案数字化信息资源管理过程中，合理应用云储存，扩大医院的档案信息储存空间，将档案信息安全放在档案资源管理的重要位置上，通过云终端对云储存中的档案信息进行合理调取，实现档案数据信息的全面控制和精细化管理。

二、医疗行业的发展趋势

以"电子病历"为核心的信息化建设相关利好政策密集出台，5G、人工智能、大数据中心、物联网等新基建加快推进，当前医院信息化程度普遍较低、刚性需求大等多种利好因素共同驱动中国智慧医疗进入行业高景气的黄金五年。目前，在互联网和大数据的推动下，医疗行业构建医疗信息大数据平台包括数据整合、数据结构化转换、数据标准化归一、搜索引擎、数据筛选、数据分析、数据挖掘、机器学习（见图 9-1）。

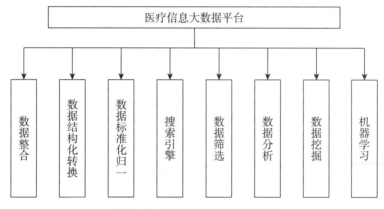

图 9-1　大数据平台的功能架构

数据整合是指大数据平台把医院多个信息系统产生的分散存储的数据整合起来，从数据库层面打通系统之间的数据通道，解决医院长期面临的数据孤岛问题。数据结构化转换也是非常重要的一环，医院的诊疗数据中除了一些简单的结构化数据（例如，患者姓名、性别、身高等），还有大量的非结构化数据，例如，"一诉五史"、病程记录、检查报告等，这些信息对于开展临床科研工作具有重要价值，大数据平台需要将这些数据进行结构化处理。结构化处理可以使得这些数据有更好的分类，易于查找。在结构化的同时，我们会对数据进行标准化。由于信息在录入时，大多是非标准术语，而我们在检索信息时都有一套标准术语，因此我们要对数据进行标准化。同时，我们要对数据进行筛选，将一些无用的信息过滤掉，留下有价值的信息，便于医生和患者查找，提高医疗服务的效率。最后就是大数据平台对数据的分析，医护人员可以应用大数据为科研项目研究对象进行数据服务，进行直观、实用的在线统计分析，并以数据图表的形式呈现。

新冠肺炎疫情的爆发，催化了我国互联网医疗行业的发展。在此期间，国家接连出台了《国家卫生健康委办公厅关于在疫情防控中做好互联网诊疗咨询服务工作的通知》《国家卫生健康委办公厅关于加强信息化支撑新型冠状病毒感染的肺炎疫情防控工作的通知》，强调了互联网医疗的重要作用。同时两份通知中都提到了要做好监管，规范地实施互联网医疗服务，这也再度体现了国家对于互联网医院行业未来要实现规范发展的指导方向。疫情还促进了一大批互联网医院的成立，同时现有医疗机构和各大互联网医疗厂商纷纷发起远程医疗、在线问诊平台，我国互联网医疗平台的用户使用率和渗透率明显提升。

总而言之，当前我国正处于现代医疗服务体系建设的关键时期，在数字时代中进一步提高医院档案资源整合能力现实可行，可在内容层面、技术层面和安全层面充分扩大数据信息处理优势，加强信息统筹能力和安全管理能力。

三、区块链在医疗行业中的优势

2019 年 10 月 24 日，习近平总书记在中央政治局第十八次集体学习时强调，"区块链技术的集成应用在新的技术革新和产业变革中起着重要作用。"并特别指出要加快推动区块链技术在养老、社会救助和医疗健康等领域的普及适用。区块链被引入医疗卫生领域，将给医疗底层技术架构、服务提供形式和产业生态结构带来深刻变革。将区块链技术应用到医疗行业这个方案的提出主要是由于随着互联网的飞速发展，医疗数据的储存量呈现出爆炸式的增长，数据的爆炸式增长给中心化储存带来了很大的挑战。基于区块链的技术优势，我们可以看出区块链非常适合解决数据存储和数据交换共享等方面的问题。下面我们来详细介绍区块链技术在医疗领域应用的优势。

（一）建立信任，化解医患矛盾

区块链不仅将病患的数据记录在链上，而且也会对医疗机构及医疗人员的相关信息进行记录，患者可以通过查看链上数据，考察医疗机构及人员的专业资质，了解医疗人员的操作记录，这在一定程度上缓解了医患之间的信息不对称。同时，在发生医疗纠纷时，链上数据为法律问责提供了取证来源。

（二）提高行业透明度，减少灰色地带

从服务机构的角度出发，应用区块链技术之后，患者在就医过程中的医疗记录、花费记录以及患者本身的身体情况，都可以实时记录在链上服务机构。人们可以快速、准确地查询到相关数据，并且以此作为依据，减少患者与服务机构之间的纠纷。从患者的角度出发，药品从制药商出发到流入个体消费者手中的整个过程都能监测到，假药问题就可以得到很好的解决，患者无须为此担心。

（三）基于区块链的数据管理

大数据时代，海量的医疗数据给信息的整合、储存和管理带来了很大的挑战，面对医疗领域每天产生的大量数据，基于隐私与安全的数据管理与存储成为普遍关注的问题。有研究人员提出一种以患者为中心的医疗数据管理云系统，使用区块链技术作为存储来帮助保障隐私，探讨如何将敏感的医疗保健数据保存在区块链上，通过确定一组安全性和隐私性需求来实现医疗数据的可靠性、完整性和安全性。研究人员基于区块链技术建立医疗数据存储机制，医疗机构现有数据库存储的单一性和集中性导致电子医疗数据安

全性、完整性和可追溯性无法保证，虽有云存储等数据存储方案，但需要依赖一个完全可信的第三方来保证交互的可靠性，为此研究人员提出去中心化的医疗数据存储系统、共识算法和数据交互系统架构来解决该问题。

通过区块链技术可搭建医疗机构的联盟链，构建医疗信息共享平台，保障数据共享安全，不仅可以实现医疗数据的可靠共享及共享记录可追溯，而且可以通过智能合约自动分配共享收益。医疗信息共享平台通过提供医生控制工作和健康促进工作，使患者能掌握和获取完整的个人健康资料，参与健康管理，并享受持续的跨地区、跨机构的医疗卫生服务，同时使卫生管理者能动态掌握卫生服务资源并利用相关信息实现科学管理和决策，从而达到有效控制医疗费用的不合理增长、减少医疗差错、提高医疗与服务质量的目的。

（四）基于区块链的医疗数据存储

在基于区块链的医疗系统中，每笔交易都存储在区块链的块中，而区块链是一种去中心化的存储方式，分布在各个节点中。在医疗保健系统中，患者医疗数据以电子医疗记录（electronic health record，EHR）的形式组织，被认为是大型分布式医疗存储的基础。EHR 可以存储在本地，也可以出于安全的考虑存储在云中。云存储主要由众多存储设备组成，所有存储设备连接在一起形成可以容纳大量信息的基础设施。基于区块链的医疗系统就是此类 IT 基础架构的一个范例。云存储技术的优点是传输速度快、共享性好、存储容量大、成本低、易于访问和动态关联。

基于联盟区块链的医疗数据存储方案总体设计为：系统可以分为两个主要服务，一是患者医疗记录的上传与访问；二是患者医疗记录对其他用户的共享。为了实现高效的医疗数据共享，通过分级加密和密钥管理来控制不同的访问权限，联盟链上的权威节点可以在不向患者发送数据请求的情况下访问患者部分医疗信息。为了保护患者的隐私，医疗数据中不包含患者身份信息。医疗联盟链是可行的机会，不管是从区块链技术的成熟度以及应用落地来看，还是从国家政府监管的角度来看，联盟链体系是目前比较可能实现的一个技术解决方案，一方面解决了数据共享的问题，促进整个行业的高效发展，另一方面各三甲医院也可以在国家监管的情况下进行有效的配合。

（五）数据加密及共享

区块链的医疗健康平台使用的是分布式计算方式，不再像传统的医疗健康数据平台一样由平台持有用户的所有信息，而是每一位用户手上都有一个账号和一份账单，该账单可以记录用户的所有信息，根据信息的重要性不同可能会有一定的加密处理。每个用户的信息都是掌握在自己手中的，不属于任何一个平台，所有用户可以根据制成不同信息的价值，基于不同的价格分享或者出售信息，做到了把用户掌握信息的权利还之于用户。区块链在保证安全隐私和可靠的同时，本身也具有公开的透明性，从医院到患者的整个过程都能得到保障。以电子病历为例，未来可以打造一个区块链电子病历系统，患者的所有就医以及身体健康数据都储存在链上，方便医生对患者有一个全面的了解，同时链上的信息可以通过医疗信息共享平台来共享（见图 9-2）。

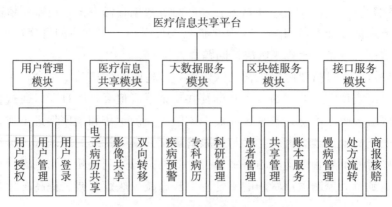

图9-2 区块链信息共享平台

用户管理模块：该模块为各类用户提供登录验证功能，为管理员提供各类用户角色的授权和管理功能。不同用户角色通过 HTML5 网页登录并获得平台授权，进行相应的业务操作。

医疗信息共享模块：在区块链存储节点中搜索患者 ID 映射到患者电子病历的存储地址，提供患者跨院区的电子病历共享，可调阅患者的门急诊记录、住院病历、用药记录、检查检验记录和病理影像信息，同时为区域医疗服务机构提供双向转诊功能，实时传输患者数据。以某三级医院医生看诊为例，医生需要跨院调取患者的电子病历、医嘱及检查检验结果，为确诊诊断、避免重复医嘱提供医疗数据支撑，节约了医疗资源。

大数据服务模块：支持电子病历数据的标准化清洗、转换和抽取，建立专科、专病模型，为临床科研提供数据支撑；支持对医疗服务数据多个维度的统计与分析，可敏感感知突发公共卫生事件，提供对疾病的预测预警功能。

区块链服务模块：各机构中抽取的患者索引、就诊索引存储在 Hyperledger Fabric 区块链的节点数据库中，确保患者医疗服务相关数据的每一次更新都是可溯源的可信计算。

接口服务模块：通过部署 Restful API 接口，提供与其他系统的对接能力，能够通过索引提供患者完整的就诊记录和详细的病历信息，并将展示内容封装成固定格式的 JSON 文件或 HTML 文件，以供其他系统进行解析和集成。

(六) 智能合约提高行业效率

智能合约的最大作用就是自动化执行相关程序流程，减少人员参与的环节，提高效率。区块链系统能够实现大部分计费支付程序的自动化，从而跳过"中间人"，降低行政成本，为病患和医疗机构双方节省时间。并且这一系列资金以及过程数据，可以为后期的保险理赔以及账单管理提供有效的依据，一方面可以减少医疗健康领域的骗保、报假账等灰色费用，另一方面也可以提高验证的效率。目前来看，区块链在医疗健康领域应该还是提供了一个可行的解决方案，主要在数据保护以及数据共享方面有一定的应用。除此之外，一个区块链记录都不可篡改，且其可追溯性在药品溯源等方面有一定的应用，主要还是在供应链方面的应用。前面对此做过详细阐述，这里就不做太多的叙述。

（七）哈希算法、非对称加密技术和分布式存储防范医疗数据泄露

关于医疗信息泄露、丢失等问题，基于区块链技术，其去中心化的特点可保证数据保存在所有参与节点上，不会因为部分节点下线或损坏导致信息丢失，并且大大降低数据存储的成本。在分布式存储或者云存储环境下，数据的存储通常不是明文存储，而是由用户加密后上传到分布式数据库中。那么就会产生一个问题，即服务提供者如何对加密的文件进行管理，比如想通过查询某个关键词而获得加密文件，而可搜索加密的实现解决了这个问题。可搜索加密有两种，其中加、解密密钥相同的为对称可搜索加密，加、解密密钥不同的为非对称可搜索加密。它们分别适用于不同的场景中：在对称可搜索加密中，只有拥有私钥的用户才可以对关键词进行加密和对关键词进行搜索；在非对称可搜索加密中，拥有公钥的用户可以对关键词进行加密，只有拥有私钥的用户才能对关键词进行搜索。为了实现区块链数据库的数据共享，我们采用非对称可搜索加密。

通过去中心化、多签名私钥、非对称加密技术、链式结构和哈希算法处理，区块链技术使得医疗数据不再由单一团体控制，而是让医患双方共同承担其安全性和真实性，患者的医疗隐私泄露问题能够在区块链架构上得到很好的解决。首先，哈希算法在算法原理上确保信息的传输安全和身份安全。在链式结构的区块网络中，各区块加密存储了相应患者的关键隐私数据（包含患者个人信息、电子处方、诊断记录、检查检验报告、访问地址或路径等），记载了录入数据的对应时间戳，并通过前继散列（Prev Block-Hash）维持整个链状结构的强关联性（被称为通过 Merkle 树验证整个数据存储的完整性），因此，恶意节点要想达到篡改或伪造医疗数据的目的，除非获取全网超过 50% 的算力或拥有伪造后续区块链的能力，否则难以实现，但实际上单一节点是不可能做到上述两点要件的。其次，非对称加密技术对信息进行匿名化处理以保护患者隐私数据。在医联体内部，患者隐私数据的存储、流转环节采用非对称密钥技术密文存储、密文运输，专属的公钥和私钥成为每个用户节点的身份象征，公钥全网公开，私钥则由本人掌握。一般而言，如果用公钥或私钥对信息加密，那么只有对应的私钥或公钥才能解密；如果用私钥进行数字签名，那么只有对应的公钥才能验证签名。因此，区块链中的非对称加密体系能够保护医疗数据安全并验证数据真实性。最后，分布式存储实现医疗数据多重备份，提升数据库容错率、安全性与检索效率。区块链分布式存储结构让所有节点共同维护医疗数据安全，既可以消除单个实体（即中心化数据样态）集中掌握数据带来的风险，提高医疗信息系统的安全防护水平，又可以改变各层级医疗机构信息建设标准化程度低、数据统计口径不一致的局面，改善基层医疗服务机构的信息化条件进而有效避免节点宕机、黑客攻击和网络操作错误等问题。图 9-3 为将区块链应用到医疗信息平台时的患者信息流程图。

患者到医院就诊时，医生会为患者提供一个医疗记录，即患者的个人健康记录（personal health record，PHR）信息，该信息会通过医疗机构的信息系统存储在自己的服务器上，并生成一个索引链接，其中主要包括医疗机构的地址、相应 PHR 信息的索引以及用户验证的数字签名，将该链接加密后录入区块链，这种方式可以减轻区块链数据存储和高频访问的压力。患者可以通过私钥从区块链中获取索引并从医疗机构获得自己

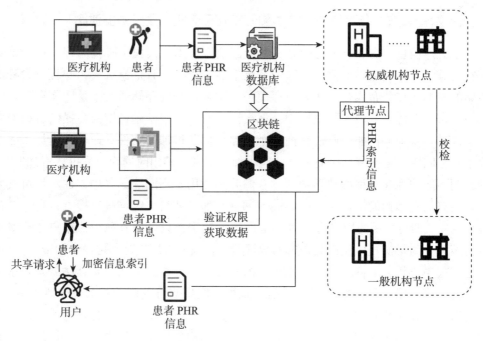

图 9 - 3　患者信息流程图

的 PHR 信息。其他用户需要发送数据请求，获得数据所有者（患者）验证后可获得索引并从库中获取相应的数据。

四、应用案例

区块链与医疗的结合，符合技术需要支撑纯数字信息技术之外的其他复杂应用场景落地的趋势，将区块链技术应用于生物医学和医疗卫生，其优势主要包括：去中心化的管理、不可更改的跟踪审核、数据溯源、可靠易用、隐私安全等。

医疗保险流程复杂、结算难，各个医疗机构之间存在访问壁垒。信息不流通的问题可以通过区块链平台来解决，患者在不同医疗机构之间的历史就医记录都可以上传到共享平台上，不同的数据提供者可以授权平台上的用户在其允许的渠道上对数据进行公开访问，例如，第三方医疗机构就可以通过医院共享的患者数据对特定类型的疾病进行建模分析，从而达到更好的辅助决策和治疗的目的，或者利用大量的患者数据来研制新药。现有区块链上的访问控制机制可以采取智能合约或者一些非对称加密算法来实现利用智能合约的流程，自动化既降低了成本，也解决了信任问题，但是随着区块链技术的日益普及和发展，它给医疗领域带来的革新显而易见。医疗机构、制药厂、保险公司、社区、设备厂、政府等都可以从中获利，区块链作为一种多方维护、全量备份、信息安全的分布式记账技术，为医疗数据共享带来的创新思路将是一个很好的突破点。医疗健康的数据可以以更安全、快捷的方式进行全网共享，更好地助力智慧医疗的发展。

案例一——

贵阳朗玛信息技术股份有限公司

贵阳朗玛信息技术股份有限公司实践了适用于慢病管理场景的区块链技术，通过共识算法智能合约，在统一网络中进行数据共享和管理监管机构、医疗机构、第三方服务提供公司，即患者本人均能够在一个受保护的生态中共享敏感信息，协同落实一体化慢病干预机制，确保疾病得到有效的控制。

朗玛信息帮助用户持有身份信息，创建独有的数字身份及相应的公司密钥，协助用户对个人数据授权进行管理。不同机构包括朗玛信息所收集的用户数据，打包加密储存至各自的节点中，而在进行各节点的身份管理时，机制将确保用户身份数据的合法写入、不同用户账号体系间的互联互通及数据关联建立，包括身份管理权限证明授权管理的所有参与机构。在明确有调阅非本机构产生的用户数据需求时，经用户授权许可之后，通过密钥对比可获取用户相关的实时医疗健康信息，确保用户的隐私安全，避免了传统医疗数据共享所带来的法律及伦理挑战，而监管机构无须一一比对数据即可实时获取可信数据，掌握居民慢病管理，大大提升了监管效率，通过区块链技术，该项目提供了全新的分级诊疗就医体验，保证用户隐私全程共享、全程协同、全程干预。

案例二——

上海三链信息科技有限公司

药品溯源也是区块链在医疗领域的主要落地方向，例如上海三链信息科技有限公司开发了基于区块链技术的医药溯源应用，主要落地在医药的溯源查询和医药溯源数据交易方面，也解决了供应链上下游之间的信息不透明、不对称以及企业间信息共享的难题。

一方面，联盟链上存储的数据在获得各节点授权后，可针对医药供应链全链条数据进行统计分析辅助计划策略的制定，简化采购流程，降低库存水平，优化物流运输网络规划，提供商品销售预测。

另一方面，医药溯源数据交易市场构建了大数据交易平台，提供溯源数据交易流程和定价策略，促进各企业主体依据自己的安全和隐私要求，对联盟内外的数据需求进行相应的满足并完成交易。

案例三——

元链

元链（deep health chain，DHC）是一个基于区块链的医疗健康服务平台，构建了一个资质的生态体系，打破了传统的中心服务模式，让每个人都可以获取全球优质的医疗资源和服务。患者在体系中是主要的参与者，患者可以将自己的医疗数据上传到元链中，通过智能合约设置一定的权限，有效地保证了用户自己的数据隐私。

元链的整个生态，目前拥有30多家三甲医院和数百家医疗机构的医疗数据，其创建的生态市场可应用于个人健康报告完整的药品供应链、医药临床试验和人口健康研究。

元链目前在全球拥有大量的合作机构，包括瑞联医疗、瑞格香草、瑞达医疗和

MIMIE；除此之外，其客户覆盖范围也比较广，包括移动影像、移动病例、远程会诊、实习生医学影像培训平台等。客户数量超过500多家平台，有3 000多名专业医生为患者提供服务日诊断影像10 000例，目前共计检查量达1 000余万例。

案例四

阿里健康

阿里健康宣布与常州市合作"医联体＋区块链"试点项目，该项目旨在将区块链技术应用于常州市医联体底层技术架构体系中，实现当地部分医疗机构之间安全可控的数据互联互通，用低成本、高安全的方式解决长期困扰医疗机构的数据孤岛和数据安全问题，该技术首先在常州武进医院和郑陆镇卫生院落地，后续将逐步推进到常州天宁区医联体内所有三级医院和基层医院，形成快速部署的信息网络。

阿里健康在常州区块链项目中设置了塑造数据的安全屏障。首先，区块链内的数据存储流转环节都是密文存储和密文传输，即便被截取或者盗取也无法解密。其次，常州医联体设计的数字资产协议和数据分级体系，通过协议和证书规定下级医院和政府管理部门的访问和操作权限。最后，审计单位利用区块链防篡改、可追溯的技术特性，定位医疗敏感数据的全程流转情况。

引入阿里健康区块链的技术后，可以实现业务数据互联互通，提高了医生和患者的体验，同时也保证了分级诊疗，双向转诊的落实。社区与医院之间通过区块链实现居民健康-信息的流转和授权。医联体内各级医院的医生在被授权的情况下，可了解病人的过往病史和体检信息，病人不需要做不必要的二次技术检查，减少了医疗花费。

案例五

医源坊基于区块链下的新医疗平台

美国HPC公司研究院正式发布区块链方案白皮书，首次总结了HPC在区块链上的研究成果，其中重点总结了HPC区块链方案使用场景方向，具体分为鉴证证明、共享账本、智能合约、共享、经济数字资产等5大类，其中区块链在数字资产领域所拥有的多方共识不可篡改。多方存储随时可查的优势使其成为医疗数据保管的最佳方案。

医源坊MWS1系统运用区块链技术，为监管方医院流通药企搭建了一条私有链，只对单独的个人或实体开放，在保证数据隐私安全的同时实现链上数据防篡改、流通全程可追溯，这就解决了医疗数据安全和患者隐私及保障这一医疗行业的核心问题，助力打造国内首个院内处方流转院外药房。正式依托区块链等技术应用，医源坊MWS1系统实现了服务、支付、理赔、安全和生态合作的5大升级，为医院带来了创新的智能化解决方案。

医源坊就是针对健康医疗提供信息化服务的区块链项目，通过标准化、数据化、数字化、闭环化的标准构建和打造一个大数据健康医疗服务平台，与大家所认知的第三方平台不同，医源坊平台目前提供两个应用服务通用的去中心化的大健康医疗信息共享平台，是基于区块链的医疗仪器、医药产品、医疗服务、保健服务等交易平台。区块链的核心价值在于实现不可篡改、安全可靠的分布式记账系统，而医源坊的灵魂便在于此。

首先，医源坊 MWS1 系统是一个信息共享交互平台、一个健康医疗保健护理服务的大数据共享平台、一个产品和服务交易平台。产品生产从原料加工、成品流通购买使用等形成一条完整的数据信息流，各个功能环节的人员都通过公用平台来完成功能的实现，在公立医院，想要介入其中有一定的门槛，而在医源坊下，数据变得共享和开放，只要你想都可以参与生态链的共建和共享，相比以往信息交换更高效、更自由、更低价。由于搭载区块链的缘故，医源坊具有完备的数据保护功能，能保障医源坊用户的数据在安全性上具有完整性、保密性以及可用性，有助于实现信息对象个性化、靶向化和精准化。同时，医源坊又是一个优秀的交易链平台，对医疗设备制定统一、规范的标准；对药品的交易信息，不同身份者都能够在区块链上记录信息，保障了药品的真实性，杜绝了假冒伪劣产品的流通。如今的医源坊已经是全球范围内最大、最完善的医疗服务平台。

第二节　区块链在养老服务中的应用

人口老龄化已成为世界各国所面临的共性问题。当前我国老龄化进程较西方发达国家虽然较晚，不过发展速度却很快。随之而来的养老服务需求的不断增长，对完善养老服务带来新的挑战。研究发现，智慧养老越来越得到众多学者、企业与机构的关注、研究与探索，而当下热门的区块链技术其本质与特性为智慧养老提供了契机。本节我们将重点解析区块链技术在智慧养老领域的现状及未来。

2000 年，我国 65 岁以上人口达到 7%，正式进入老龄化社会，同时老年人口占比不断提升，老龄化程度不断加剧。据国家统计局数据显示，2019 年我国 65 岁及以上人口为 1.76 亿，占比达到 12.5%，当前养老问题已然成了我国的重要课题。那么，怎样才让老年人得到实实在在的获得感，满足其实际需求，以提升他们的生活质量？运用科技手段发展智慧养老得到了大家的重点关注。2012 年，全国老龄工作委员会办公室首先提出"智能化养老"的理念，鼓励支持开展智慧养老的实践探索。智慧养老就是要针对养老服务中的痛点，实现精准服务。

一、传统养老产业的业务痛点

从我国养老产业发展的阶段来看，其时间线可以细致地划分为：2013 年养老产业启动元年、2014 年政策密集出台年、2015 年消化吸收落实年以及 2016 年养老产业全面开放年。从养老模式来看，其主要分为三种：居家养老、社区养老及机构养老，其中居家养老占比最高。

2009—2015 年，我国养老服务机构数量整体呈波动变化。2015 年，我国养老服务机构和设施有 11.6 万个。2010—2015 年我国社会服务机构床位以及养老机构床位均稳步上升。2015 年，我国社会服务床位共有 676.3 万张，其中养老床位有 669.8 万张。截至 2016 年三季度，我国社会服务床位共有 695.9 万张。2010—2015 年，我国每千名老人养老床位数整体呈上升趋势。具体来看，2015 年，我国每千名老年人拥有养老床位 30.3 张，比上年增长 11.4%。

综合来看，我国的养老产业还处于初级阶段。以养老床位测算，按照国际通行的 5% 老年人需要进入机构养老的标准，我国至少需要 1 000 多万张床位，而现在只有约 700 万张，缺口达 300 多万张。在中国，养老产业在实践发展中总结了很多经验教训，但相对于其他西方发达国家，我们的产业发展时日尚浅，也存在诸多问题，亟须进一步完善和改进。

(一) 政策资源有待统筹的问题

养老工作涉及多个单位，信息资源也被相应地割裂，部门之间信息流通不畅；在出台相关政策前，评估工作进展缓慢从而难以把控全局情况，应加强沟通从而打通政府单位间存在的壁垒，使得养老工作衔接得当，从而有效地利用政务资源。

(二) 需求多样化以及产业供给不足的矛盾凸显

我国老年人中患有慢性病的比例高达 3/4，其中失能老人为四千余万人。这就在养老服务方面产生了更高的要求，从满足最低级的看护照料需要到提供医疗服务以及长期康复、心理护理等需求，从需求侧倒逼养老产业的自我升级；然而在现实中，许多养老中心基础设施尚不完备，仅能满足老年人日常低层次的护理要求，无法提供更高层次的服务，凸显需求与服务之间的错位偏差。

(三) 各地产业发展与服务标准规范的不统一

国内不同地区都在积极摸索养老产业发展的未来道路。江西部分地区开展医养结合服务，将养老与医疗进行产业融合，就是有需求驱动产业创新发展的例证。然而，相关行业缺乏相应的标准。例如，养老护理员的资格认证、医护技术评价、人员素质的区别导致护理市场服务质量参差不齐；长期养老护理的保险健康评估标准等缺乏统一的规范，由此加大了监管难度；机构准入规范以及信息制度等也分别需要深入探讨和改进。

(四) 养老人才的缺乏

养老产业不同于其他产业，由于要照顾老人的需求，所以在从业人员的要求上更加细致，譬如对于患有慢性疾病或者失能、半失能的老年人来说，他们需要专业的医疗照护；而仅医疗机构自身医师便已不足，养老产业中的医疗人才则更加稀缺，此外相关护理和管理人员也相对短缺；从业人员供不应求的现象在养老产业并不罕见，一方面由于专业人才的培养难度较大，另一方面则是传统择业方向的观念阻碍。种种原因使得养老服务难以有充足的人员补充，难以继续发展壮大。

(五) 资金投入不稳定

我国养老产业发展时间较短，仍需要持续、充足的资金投入。然而除部分试点外，大多数城市并不乐于投入周期长、见效慢的养老产业，再加上缺乏政策鼓励，市场资本也未能发挥应有的作用，如此种种，造成了养老产业融资渠道的单一化，影响产业资金流动性和可持续性。

（六）传统养老观念尚未改变

现代家庭结构正在发生深刻的转变，反映在社会、人员、经济、生活方式及价值观等许多方面，对老龄工作产生深刻的影响；而相对于城市，广袤的农村地区依旧秉持传统的养老观念。一方面，由于城乡二元化导致经济发展差异，农村落后的基础设施建设及入不敷出的投资产出比例使得众多养老机构望而却步；另一方面，农村虽然有着相对包容的社会结构，无孔不入的现代媒体依旧无法植入当前众多农村老年人的生活，传统的生活方式、朴素观念使得现代所谓的养老新潮流无法触及城市边缘的乡村。

二、养老行业的发展趋势

新兴科技的不断推出，推动智慧健康养老产业发展和应用推广。工业和信息化部、民政部、卫生健康委员会在第一批智慧健康养老应用试点示范建设工作的基础上，决定组织开展第二批智慧健康养老应用试点示范工作。利用物联网、云计算、大数据、人工智能等新一代信息技术产品，实现个人、家庭、社区、机构与健康养老资源的有效对接和优化配置，推动智慧养老服务升级，提升智慧养老服务水平。

（一）医养结合，打造中国养老新模式

在以上老有所养的诸多问题中，医疗护理问题最为棘手。甚至有的老年人为满足自身医疗需求而在医院"压床养老"，占用医疗资源。

近年大热的"医养结合"是将现代医疗服务技术与养老保障模式有效结合，上游是健康管理、中游是急性医疗、下游是康复护理，形成医养结合的生态链，可进一步满足高龄、失能以及患有慢性病老人生活照料和医疗护理叠加的服务需求。

（二）强调社区、居家养老

从传统文化、居住习惯及经济条件等多方面来看，我国老年人普遍偏好居家养老，只有失能老人、高龄老人才是机构养老的重点对象。伴随着人口的急剧老龄化，机构养老只能解决3%的养老问题，剩下的则由居家养老（90%）和社区养老（7%）解决。

由于宜居社区养老缺口巨大，2013年之后养老地产最先"杀入"养老产业。目前，国内养老地产主要分布在环渤海、长三角、珠三角等沿海发达地区和海南等环境优异地区。用上千亩地、上千张床来做养老的项目随处可见，许多知名企业都已在养老地产上布局。

（三）智慧养老是大趋势

随着互联网产业的不断升级，传统养老服务产业联合物联网、云计算、大数据、智能硬件等新一代信息技术产品形成智慧健康养老生态，能助力养老资源实现有效对接和

优化配置，为老年人提供更有针对性和个性化的产品和服务。从智慧养老领域的企业来看，二开科技、麦麦养老、安康通、爱侬养老、雅达养老等较具代表性。

根据养老产业中众多养老创业企业的布局，可以看出中国智能养老的方向将可能出现在以下几个领域：提升失能及半失能老人生活质量、安全管理及预防（尤其是防摔）、情感陪护及心理健康、更细颗粒度的监测维度和流程。

除了预防保健外，养老最基本的问题是日常生活中的安全监护。2014 年曾有一则新闻，报道一对老年夫妇在去世半个月以后家人才知道，这件事引起了全国轰动。在这种严峻的环境下，大部分智慧养老领域的企业都在不断寻求"智能硬件＋APP＋数据"的先进解决方案，以更好地保证老年人的健康和安全。

例如，针对老人健康管理及安全监护问题，三开科技、麦麦养老等采用了 DARMA 体征监测垫，将监测垫铺设在老人床垫下，在毫不影响老人生活习惯的同时对老人生命体征进行持续性监测，包括心率、呼吸率等。相关数据可实时呈现在监护中心的显示屏上或子女端，当老人心率、呼吸率异常或者出现挣扎等体动异常、离床时间过长时，系统会自动发出警报提醒护工及时前往处理。

（四）从生存所需到精神所需：老年旅游、心理精神

随着社会经济的发展，现代老年人已经不再简单地满足于最基本的物质生活需求，追求更高层次的心理精神已经成为一种新的发展趋势。特别是对于生活能够自理、经济实力较好的老年人来说，旅居养老是一个不错的选择。另外，市场上也逐渐涌现出广场舞相关项目，以及老年社交、情绪管理等相关产品。

物联网、人工智能、5G 等技术的发展为传统养老升级带来了机遇。智慧养老将突破传统养老在居家照顾、出行、安全保护、健康管理、精神关爱等五个方面的难点。比如在家照顾老人的成本较高，但采用智慧养老，一部分老人可通过智慧养老替代，未来无人驾驶和智能辅助实现以后，老人出行将会更方便，因为未来老人独居是大趋势，智慧养老 VR 技术、远程陪伴等将会是智慧养老解决方案的重点。

三、区块链技术养老产业中的应用

区块链技术的出现，解决了养老健康数据在传输与保存过程中的安全以及数据共享等问题。在没有权限限制的区块链上，各方都可以查看所有记录；在有权限限制的区块链上，各方可以通过协议确定哪些用户可以查看哪些数据，从而维持数据的私密性，并且在需要时各方可以掩盖自己的身份。通过这种方式，区块能实现对健康数字资产全生命周期的完整记录并永久保存。在数字资产流经整个供应链的时候，无论是老人的健康记录还是医护人员的医疗服务，所有记录清晰可见。将区块链引用到养老服务中有以下好处：

（一）一站式医疗健康管理服务

利用区块链技术将医院、疗养机构、医生、药品配送企业和老年患者连成一个数据

网，实现线上线下互动、远程服务和可穿戴设备的连接，便捷地为老人提供一站式健康管理服务。将养老机构、医院、社区养老、金融保险等相关机构组织作为节点接入区块链网络，利用区块链技术的不可篡改、可追溯、高透明等特性，打造多方共赢的"区块链＋养老"服务体系。

（二）嵌入式社区养老护理

以家庭医生签约服务为支撑，以基层医疗卫生机构为平台，根据老年人健康状况和服务需求，分层分类设计签约服务包。通过区块链技术，由护理人员负责访问、记录和维护数据，将使护理人员可以更加确信数据的准确性和一致性，从而改善对病人的护理。

（三）增加医养结合服务的透明度

区块链有利于满足医养结合中各方的需求表达。例如，在现时的服务过程中，与长者监护人的信息交互过于单一，趋于不足或没有的状态，区块链能全方位地满足各方的需求。

（四）有利于监管审计

"区块链＋养老"监管审计功能，具体体现为利用区块链上的存证数据进行审计。这杜绝了养老金数据造假、不正常交易等舞弊行为，从而确保基本养老金按时足额发放。

围绕老年人衣、食、住、行、医、娱等生活需求，运用区块链等新技术助力智慧养老，能为老年人提供更为便捷高效的社会化养老服务，让老有所依落到实处。

（五）区块链技术在养老数据管理中的应用

在智慧健康养老体系中，老年居民的健康、行为、财产等数据是一切养老服务的实施基础，因此必须做好养老数据在传输、存储、应用等过程的管理。具体来讲，区块链技术在养老数据管理中的应用主要表现在以下两个方面：

（1）保证养老数据的管理高效性。存储载体的容量与数据信息的使用效率密切相关。现阶段，受惠于网络技术的不断演进，各类存储设备的数据容量已有较大增长，但仍存在不同程度的存储极限。一旦养老数据在传统数据存储模式下达到相关设备的容量阈值，整体智慧健康养老系统的运行负荷将急剧上升，甚至趋于崩溃。此时，将区块链技术融入养老数据的存储管理当中，可有效规避这一隐患。在区块链技术的支持下，用户的健康、行为等数据都将纳入分布式的存储和管理区块当中，从而通过调动国家乃至世界范围内的闲置存储空间，避免存储极限的形成。同时，基于区块链技术去中心化的特点，不同区块、节点中的养老信息都是可独立验证、可平行同步的，这进一步保障了智慧健康养老系统的调度效率。此外，在去中心化的技术特点之下，各类智慧养老行为并不需要大量冗余信息、烦琐流程的参与，因此还可在较大程度上降低整体养老平台的交易成本。

（2）保证养老数据的管理安全性。健康智慧养老涉及大量老年居民的个人账户、行为动线、健康水平等隐私信息，所以必须具备良好的数据安全性。将区块链技术应用到健康智慧养老领域中，可充分满足这一性能需求。一方面，区块链技术具备高等级、多层次的加密技术支持，可通过身份认证、访问监控、密钥识别等多种方式，实现养老数据的严密保护；另一方面，区块链技术的数据库架构为去中心化，无法被网络窃听或外部侵袭，有效地避免了养老数据被盗取、篡改、破坏的风险。例如，阿里巴巴与江苏省常州市政府于 2017 年 8 月合作开展了名为"医联体＋区块链"的智慧医疗项目，正是区块链技术实现了医疗领域下用户信息的隐私保护，这为健康智慧养老的数据安全管理提供了有力的借鉴基础。

（六）区块链技术在养老金融领域中的应用

通常来讲，当居民处于"养老"这一阶段时，其金融行为的重心并非积累财富或创造财富，而是将现有财富转化为可用资源，以此满足老年人生活的各类需求。同时需要注意的是，受我国文化传承的影响，多数老年人不仅要实现现有财富的价值最大化，还要为后辈留出一定量的财富。由此可见，与养老观念相对独立的西方国家比起来，我国的养老金融行为往往更加复杂。但与这一复杂情况相冲突的是，老年人在金融领域往往缺乏正确的判断力与广阔的投资视野，故而存在一定的行为风险。此时，将区块链技术融入养老金融领域当中，为老年人财富的精细化管理创造了可能。

在区块链技术的应用下，健康智慧养老系统会结合所处区域、既往消费行为、当前财富积累量等多种大数据信息，对老年用户的投资预期、财富理念、养老方式做出分析，并据此生成精细化的投资建议与支出规划。同时，随着医养结合、候鸟式养老、旅行式养老等新型养老模式的兴起，健康智慧养老系统还可依托区块链技术构建多元化、交互化的移动养老金融平台，从而在提高老年人养老生活质量的同时，实现老年人现有财富的价值最大化。

（七）区块链技术在养老安全保障中的应用

当人们步入老年后，其脏器功能、记忆能力、身体素质通常会随着年龄的增长而下降，使得其居家生活、户外旅行中的健康安全很难得到保障。因此，如何实现养老安全等级的提升，也是健康智慧养老系统在建立初期就必须考虑的重要问题。将区块链技术应用到户外服务与行为管理中，可较有效地保障老年人的健康和安全。例如，可将搭载高精度卫星定位系统的终端设备与区块链数据库结合起来，对老年人的户外行动轨迹、实时位置变化进行精准掌控。当老年人陷入危险境地或遇到个人难以解决的情况时，可触发终端设备的 SOS 警报系统，以此作为健康智慧养老平台相关服务人员的行为依据。再如，可将区块链技术与物联网技术相结合，对老年人的居家环境进行全面监测。一旦健康智慧养老系统通过区块链数据感知到居家环境存在水、气、电、外来人员等方面的安全隐患时，便会及时发出报警信号，提醒相关服务人员对老年人的生命财产安全做出保障。

（八）区块链技术在公共养老服务中的应用

目前，我国政府提倡并推行"9064"的现代养老模式，即做到 90％左右的老年人居家养老，并享受社会化、公共化的养老服务；6%的老年人通过购买社区服务实现养老，获取充足的有偿养老资源；4%的老年人进入养老院、老年医养中心等专业机构，得到集中式、规模式的养老服务。但无论是上述哪一种养老方式，都需要公共资源、社会服务的有效参与和协助支持。从现实情况来看，资源配置效率低、社会接受程度弱、设施配置尚未完善以及老年人缺乏主观消费意愿等多种因素，严重影响着公共养老服务的效率和质量。

面对上述局面，将区块链技术应用到健康智慧养老当中，可基于大数据的海量分析优势，实现社会资源的最优化配置，进而达成养老服务需求、供给与利用的有机平衡。例如，政府可通过区块链的数据信息，对老龄办、街道办、卫生局等相关机构的工作落实情况做出全面了解，并明确相关养老资金的具体流向，以此保证公共服务资源有的放矢、"到户到人"。同时，还可通过发放"养老币"这一虚拟货币的方式，吸引志愿者、公益组织等其他资源主体加入公共养老服务当中，从而有效缓解养老资源的供给压力，为老年居民及其照料者的实际需求提供充足支持。

综上所述，区块链技术在健康智慧养老体系的构建中具有重要价值。在区块链技术分布式、去中心化的应用特点下，养老信息的存储、传输与使用都将更为安全。同时，将区块链技术与物联网技术、卫星定位技术等技术类型相结合，可大幅提升养老服务的综合水平，充分保障老年居民的养老安全与生活质量。

四、应用案例

在智慧养老领域使用区块链技术，能够对养老主体行为全过程进行记录，并且数据真实可靠、不可篡改，有利于养老服务提供者整合大数据、提供优质服务。因此，区块链技术与智慧养老密不可分。不过，区块链技术还未发展成熟，与实体产业的结合才刚刚起步。

在养老医疗方面，区块链可以将老年人的健康数据与医疗机构联系起来。在区块链智慧养老中，通过智能数据收集设备，建成包含老年人生活状态、心理健康和身体健康的数据库，形成电子档案。这些信息在家属、不同的医疗机构、养老机构间共享，打破地域空间限制，简化患者就医流程，让医疗机构掌握患者的动态信息，实现诊疗、康复个性化和智能化。同时，家属可以迅速掌握老年人的身体健康数据，使用智能设备及时与医者沟通，医者可以根据老人动态健康数据给予远程治理，让每一位老年人都能享受到智慧医疗服务。链上数据记录患者的诊疗过程，并且数据具有不可更改性，为医疗事故中的责任确定提供了佐证，也解决了医疗系统数据孤岛的问题。

案例六

时间银行

"时间银行"的概念来自国外，指志愿者通过为他人服务来储蓄时间，当自己需要帮助时，再从银行提取时间以获取他人服务。目前，我国的成都、武汉、济南、南京、珠海等地区也开展了时间银行应用社区养老服务实践的探索，但在实践过程中还存在诸多问题与困难：志愿者服务时间存储跨度为几年甚至几十年，如何保障数据长久的真实可靠？志愿者离开目前城市后的时间存储如何流转？服务过程中产生的安全问题、纠纷如何解决？等等。

为了解决这些问题，蚂蚁金服携手浩鲸科技，以蚂蚁区块链为技术基础打造时间银行产品方案，基于区块链技术作为创造信任的新模式，完美解决时间银行运转过程中面临的这些痛点。因为区块链上的数据不可篡改、永久保存、终生可追溯，志愿者们在存储"时间财富"时不用担心现在储存的时间因为被修改、丢失或确权不明确而导致未来可能无法兑换的问题。

关于志愿者城际流动时存储时间如何处理的问题，区块链各个节点上的数据实时一致，天然打通跨社区、跨机构、跨异地等互联互通问题，自由流通，节约成本，同时满足高安全隐私保护。志愿者服务存储的时间不仅可以在全国范围内流转和兑换，还能做到时间代际传播，将时间转让、传承和捐助公益传给后人。产品还将爱心基金、慈善企业和保险机构纳入运营体系中，保障时间银行持续和长效运营。

与许多社区、机构等区域性类似服务活动相比，时间银行产品以用户基数、流量巨大的支付宝为入口和平台，老人、养老机构等在平台上发布需求，志愿者接单提供服务，加上区块链的智能合约账户体系，实现不同比例价值的自动累计支取计算，高效流转，实时对账，通存通兑，发挥最大的价值，让养老服务范围覆盖整个社会。同时，依托蚂蚁信用的分数、用户画像、AI智能推荐分析等技术，保障公益的诚信度，也不断优化和提升志愿者的服务质量。

时间银行作为补充养老机制，可以在一定程度上缓和社会以及政府的养老压力。更重要的是，时间银行契合人类与生俱来的利他、协作、依赖等社会性基础，倡导"奉献、友爱、互助、进步"的志愿精神，以打造养老生态的方式，让社会崇尚公益，崇尚民族美德。其中，服务交换在很大限度上只是一种手段。年轻人通过公益，多了解老人，增加社会和谐；远离家乡的漂泊工作者，通过公益赚取时间，孝敬异地父母，减轻后顾之忧，通过交换创造社会成员之间的凝聚力，建立一个互相关心、互相信任的美丽社会。

案例七

山东省人社首发"区块链+人社"

2020年6月23日上午，山东省暨淄博市人社区块链系统上线启动仪式在齐盛国际宾馆举行。仪式上，山东省暨淄博市人社区块链服务平台正式启用，这是全国人社系统首个上线的人社区块链综合应用平台，在政务服务"还数于民、还证于民"方面迈出了开拓创新的坚实一步，标志着淄博市人社政务服务信息化打开"区块链"全新局面，首批人社民生服务率先上链，将构建人社链上民生服务新生态。

手机登录淄博人社APP，使用"数字保险箱"功能，点击"申领养老缴费凭证"，相关信息就会实时传输到本人的"数字保险箱"里。利用该资料生成的二维码，徐洋轻松地在前台办理完成社保转移业务，整个过程不过几分钟，这是山东省人社区块链系统一个普通的应用场景。据悉，在全国人社系统上线省级人社区块链综合应用平台，山东是首个省份。"人社服务率先上链，实现了'证件、证明'跨部门、跨区域共享共用，构建起人社链上民生服务新生态。"山东省社保中心社会保障卡管理服务处负责人说。

据介绍，平台选取山东省本级和淄博市为试点应用单位，首批将个人参保缴费证明、养老参保缴费凭证、工伤认定书、劳动能力鉴定书、劳动合同、社保卡以及淄博精英卡等七类人社证照、证明资料利用信息化技术，全部转化为数字信息资料发行上链。随着平台的推广应用，企业开通"数字保险箱"上链后，可以直接使用"链上单位参保证明"，参与招投标、内部审计等社会经济事务，无须再专门派人到社保大厅开具"单位参保证明"，大大提高办事效率。下一步，山东省人力资源社会保障厅将继续升级"区块链＋人社"民生服务，打造覆盖全省各级服务对象的统一支撑平台。加快与财税、金融机构对接，利用人社信息资源和区块链技术，助力优化营商环境。

◆ **本章小结** ◆

本章用两节内容详细叙述了区块链在医疗领域和养老领域中的应用，行文思路按照行业的业务痛点、未来发展趋势以及区块链在医疗养老行业中的运用详细展开，最后介绍了相关案例的应用。面对医疗行业和养老行业的诸多问题，区块链技术的运用可以解决不少业务痛点，可实现去中心化的管理、不可更改的跟踪审核、数据溯源、可靠易用、隐私安全等。通过把区块链技术运用到医疗行业，可以建立信任，化解医患矛盾；提高行业透明度，减少灰色地带；智能合约的加入可以提高行业效率；哈希算法、非对称加密技术和分布式存储防范医疗数据泄露。将区块链技术应用到健康智慧养老当中，可基于大数据的海量分析优势，实现社会资源的最优化配置，进而达成养老服务需求、供给与利用的有机平衡。在区块链技术分布式、去中心化的应用特性下，养老信息的存储、传输与使用都将更为安全。同时，将区块链与其他新兴科技引入养老服务中，可以大幅提升养老服务的综合水平，在一定程度上缓和社会以及政府的养老压力，有利于社会的稳定发展。

关键词：电子医疗记录（EHR）、智能合约、医联体、智慧养老、候鸟式养老、时间银行

◆ **思考题** ◆

1. 将区块链技术应用到医疗行业存在哪些阻碍？主要面临哪些问题？
2. 查询资料，再举出几个区块链技术与医疗行业结合的案例。
3. 根据这几年的可信区块链峰会，谈一谈你对区块链技术应用到医疗行业的看法。
4. 谈一谈你对智慧养老的认知。
5. 你觉得区块链技术运用到医疗养老领域存在哪些挑战？

◆ **本章参考资料** ◆

[1] 钱晓艳. 区块链技术助力智慧养老. 企业观察家，2020（7）.

［2］唐衍军，宋书仪，蒋翠珍. 区块链技术下的医疗健康信息平台建设. 中国卫生事业管理，2020，37（11）.

［3］万永彪. 区块链技术在医疗领域的应用对策研究. 电子测试，2020（21）.

［4］汪静."时间银行"互助养老服务的优化路径分析——基于区块链技术的应用. 长治学院学报，2020，37（5）.

［5］熊辉，郭兴元，康娟. 区块链技术与医疗健康大数据应用简析. 中国市场，2020（11）.

［6］张雪，林闽钢."区块链＋社保"：何以能，何以为？中国社会保障，2020（1）.

第十章

区块链在知识产权与版权公证中的应用

　　知识产权，又称知识所属权，指在有限的时间内，权利人对其智力劳动所创作的成果和经营活动中的标记、信誉所依法享有的专有权利。知识产权主要包括对各类文学艺术作品、各种商标页面的设计和发明创新的产品等需要智力创造的产品拥有的权利。当某些个人或团体在规定的时间内出于营利的目的需要使用这些智力成果时，需要按照法律支付给知识产权的拥有者一定的报酬。知识产权本质上是一种无形的财产权，良好的知识产权保护机制有利于鼓励人们从事科学研究与文学创作，从而增强企业和国家的创新能力，在国际竞争中处于不败之地。

　　版权公证是指相关公证处根据当事人的申请，依照事实和法律，对具有法律意义的事实和文书的合法性予以证明的活动。公证活动一般在法庭诉讼之前，对法庭上可能出现的相关证据予以合法性证明，进而保证证据的真实性，同时减少纠纷，解决争议。目前，公证活动不仅可以有效处理国内纠纷，还在处理跨国纠纷中发挥一定的作用。本章第一节介绍了目前知识产权和公证管理的现状与痛点。

　　作为一门新兴的技术，区块链的分布式、去中心化、不可篡改等特性可以为目前的知识产权保护与公证难题提供帮助。这里区块链的分布式特性是指整个区块链有多个节点共同参与维护，去中心化特性是指区块链的交易信息由参与的节点共同存储，而非依赖于某个中心节点。由于区块链本身分布式与去中心化的特性，任何想要对区块链中的数据进行篡改的个人或团体都需要对链中每一个节点的信息进行修改，而这几乎不可能做到，这就是区块链不可篡改的特性。本章第二节介绍了区块链在知识产权公证中的优势。

　　目前，区块链技术已经在知识产权认定与版权公证中得到了广泛的应用。本章第三节介绍了区块链技术在知识产权认定与版权公证中具体应用的案例。

　　最后，本章的总结部分介绍了区块链技术在知识产权认定与版权公证中广泛的应用前景，对这一方向感兴趣的同学们也可以自己寻找相关的书籍进行阅读。

第一节　知识产权/公证管理的现状与痛点

一、知识产权/公证管理的发展与现状

随着中国对知识产权的关注度日益提高，通过公证处理知识产权的纠纷已经成为一个越来越普遍的事情。据不完全统计，全国 25 个省、市、自治区 2006—2013 年共办理知识产权公证事项 591 654 件，其中，2013 年办理知识产权公证事项 108 732 件，占当年公证业务总量（11 685 034 件）的 0.93%。而从公证的类型上看，商标权的公证占比最多，达到了 50%；其次是专利权和著作权。这也反映出公众对于知识产权公证的需求日益升高。而随着互联网在中国的蓬勃发展，目前知识产权的公证出现了从线下转为线上的新趋势。这在很大程度上是由于线下公证流程过于烦琐造成的，相关纠纷人不得不花费大量的时间与精力奔波在各个公证机构之间，极大地延长了处理一个知识产权纠纷消耗的时间。

下面的阅读材料与案例有利于同学们了解知识产权保护的发展历程及其蕴含的巨大经济效益。

阅读材料一——

知识产权保护的发展历程

作为一项保护公民的创新成果、鼓励公民的创新意识的重要手段，许多国外政府及相关机构都将知识产权的保护上升为国家的重大战略，并通过法律手段加以维护。美国独立战争后通过的 1789 年《宪法》明确规定，国会有权保障著作家和发明人对各自的著作和发明在一定期限内的专有权利，以促进科学和实用艺术的进步，并于随后的 1790 年颁布《专利法》和《版权法》，成为最早通过法律保护知识产权的国家。随着美国先后通过《商标法》《反不正当竞争法》《互联网法》《软件专利》，美国知识产权保护体系进一步完善。1979 年，美国政府宣布将知识产权保护战略上升为国家战略，并表示将通过立法加大对知识产权的保护力度，美国 1980 年通过《拜伦法案》，1986 年通过《联邦技术转移法》，1998 年通过《技术转化商业法》，1999 年通过《美国发明家保护体系》，2000年通过《技术转移商业化法案》。至此，美国已经形成了相对优越的知识产权保护的法律体系，这也让美国在知识产权保护方面领先于世界。

世界对于知识产权的保护可以追溯到 1873 年的维也纳世界博览会。当时，参会者们担心自己发明的产品被他人窃取导致参会的热情大幅下降。在同一年，世界各国在维也纳召开了专利保护会议，就欧洲各国之间知识产权保护的问题进行了讨论。1878 年，在巴黎召开的有关工业产权的国际会议上，各国一致通过了专利保护的基本原则。1883年，在另一次巴黎会议上，比利时、巴西等 11 个与会国通过了《保护工业产权巴黎条约》。随后，英国等国家相继加入条约，至 1984 年，签署《保护工业产权巴黎条约》的

国家已达 93 个。1886 年,《保护文学和艺术作品伯尔尼公约》诞生,标志着版权走上国际舞台。1967 年,上述两个条约的联盟(即巴黎联盟和伯尔尼联盟)在瑞典首都斯德哥尔摩共同成立了"世界知识产权组织"(World Intellectual Property Organization,WIPO),并于 1970 年通过了《建立世界知识产权组织公约》。1974 年,世界知识产权组织成为联合国下属的一个分支机构。1996 年,世界知识产权组织同世界贸易组织(World Trade Organization,WTO)签订了合作协定,对知识产权的保护开始成为国际贸易的一项重要制度。

相对于欧美而言,中国的知识产权保护起步较晚。1898 年光绪皇帝颁布《振兴工艺给奖章程》,成为中国首部保护知识产权的法律,随后清政府先后通过了《商标注册试办章程》与《大清著作全律》,不过随着清政府的垮台,上述法律都没有正式执行。接着北洋军阀与国民党政府先后于 1915 年和 1928 年通过版权法,都由于战乱未能施行。中华人民共和国关于知识产权的保护起步于 1979 年,《中华人民共和国中外合资经营企业法》成为中国历史上首部正式实施的知识产权保护法律。从 1979 年到 2000 年,中国先后通过了《中华人民共和国商标法》《中华人民共和国版权法》等相关法律,中国知识产权保护体系初步建立。从 2005 年开始,中国将知识产权保护战略上升为国家战略,政府对知识产权的保护力度进一步加大。

同样,知识产权带来的经济收益也是惊人的。其中,域名投资成为知识产权投资的一个代表。近期,小米公司宣布斥资 360 万美元收购域名 mi.com,创造了域名收购的价格新高。而下面案例中高诵公司与苹果公司关于专利的纠纷也从一个侧面反映了知识产权带来的巨大收益。

案例一

2017 年 9 月,高通就曾在北京知识产权法院对苹果公司提起过诉讼,称苹果侵犯高通三件与电源管理和 Force Touch 触屏技术相关的专利,并要求禁售相关的苹果手机(iPhone)产品。2018 年 12 月 10 日晚间,高通宣布,中国福州中级人民法院授予高通针对苹果公司四家中国子公司提出的两个诉中临时禁令,要求它们立即停止针对高通两项专利的包括在中国进口、销售和许诺销售未经授权的产品的侵权行为。相关产品包括 iPhone 6S、iPhone 6S Plus、iPhone 7、iPhone 7 Plus、iPhone 8、iPhone 8 Plus 和 iPhone X。所涉的两项专利之前已经在专利无效程序中被中国国家知识产权局认定为有效。这次的禁令不包括苹果公司 2018 年 9 月刚刚推出的新机型。2018 年 12 月 11 日,苹果提出上诉,希望推翻 iPhone 在中国的销售禁令。美国时间 2019 年 4 月 16 日,苹果与高通达成和解协议,双方撤销在全球范围内的法律诉讼。双方对外公开的新闻稿里称,和解协议中包含苹果向高通支付一笔金额不详的款项。双方称将继续合作,同时公布了为期 6 年的新授权协议,且可以选择延长两年,此外还有一项为期数年的芯片组供应协议。2019 年 3 月 15 日,美国圣地亚哥的一个联邦陪审团判决苹果公司向高通公司支付约 3 160 万美元的专利侵权款。高通公司股价上涨 2.17%,盘后微跌。本次的诉讼只是两家公司全球大规模诉讼的一小部分。整个诉讼的规模高达数十亿美元。2019 年 3 月 16 日,高通宣布,美国加利福尼亚州南区地方法院陪审团裁定苹果侵犯高通三项专利,令其支付 3 100 万美元的赔偿款用于补偿侵犯高通公司技术带来的损失。这三项侵权专利涉及高通公司在圣地亚哥发明的技术。

二、知识产权/公证管理的痛点

虽然近百年来各国对于知识产权保护的关注度显著升高，对知识产权的保护力度也达到了空前的高度。然而，目前各国知识产权保护体系仍不完善，关于知识产权的保护仍有很多的痛点亟待解决。

（一）知识产权公证存在认定难、成本高、流程长的困境

随着我国对知识产权的保护力度不断加大，现在的知识产权侵犯手段也在不断翻新，这也导致在知识产权公证时存在取证难、认定难的困境。例如，目前市场上的盗版软件，它的使用与删除极具隐蔽性，而被侵权的企业又必须经过政府相关部门的允许才能够进行调查，这样往往很难取得直接的证据。此外，由于我国的知识产权保护法律体系不够健全，制作盗版软件的机构或团体往往会通过相关法律的漏洞逃避或降低侵犯知识产权带来的法律处罚。这样，侵犯知识产权的违法成本远低于其带来的经济收益，这也导致了类似的侵权行为"既打不痛，也打不死"。下面的案例展现了中国游戏市场知识产权保护面临的困境，知识产权侵权极大地干扰了中国游戏市场的正常运转。

案例二

中国游戏市场是中国知识产权侵权案件的高发领域。据《南方都市报》2018 年统计，在所有调查的 321 个游戏侵权的案件中，游戏内容侵权 32 件，其中涉及代码抄袭 11 件，美术资源抄袭 12 件，美术、玩法、设定、规则等多种因素排列组合综合侵权 9 件。在这其中，涉及美术抄袭起诉案件较多，这也是因为其相对而言取证更加容易。人们从用户前端页面就能看到作品是否涉及美术抄袭，可以直接比对核心元素（人物形象服装道具场景）相似性。至于代码抄袭，由于源代码的加密保护，一般很难获取侵权方的代码，但如果权属方可以提供一定的初步证据证明侵权方的代码与其存在相似性，则在案件审理过程中可以向法院提出申请，要求侵权方提供源代码进行比对。然而，关于游戏核心玩法的侵权纠纷的确是一个很难界定的法律边界。游戏玩法不同于游戏形象、名称、故事情节等很容易认定的侵权行为，很多游戏玩法很难从本质上判定是否存在抄袭，而这也导致很多游戏公司往往将他人的游戏"换个外壳"就上架盈利，极大地扰乱了游戏市场的秩序。

另外，游戏行业侵权的违法成本极低，按照广悦律师事务所统计表明，在 281 个胜诉案件中，判决赔偿金额在 1 万元以下的案件数量最多，为 158 件；1 万元以上 10 万元以下的案件数量为 58 件；10 万元以上 100 万元以下的案件数量为 38 件；100 万元以上 1 000 万元以下的案件数量为 9 件；1 000 万元以上的案件数量仅有 5 件。这主要是因为侵权并非"赚多少赔多少"，很多侵权行为导致的损失往往难以计算，这也导致很多赔偿

都是酌定赔偿。例如，2014 年广州胜思起诉谢坤抄袭，"原告主张侵权导致其实际损失超过 1 000 万元"，而最终判决结果谢坤向胜思赔偿所有违法所得仅为 441 万元。

除此之外，游戏的侵权认定还存在流程长的困境。根据广悦律师事务所提供的数据：在其统计的 281 个胜诉案件中，诉讼流程在 1 年以上的案件超过 95 件，2 年以上的案件数量为 35 件，有的案件流程甚至超过 4 年以上。对于平均 3 个月到半年兴衰的手机游戏而言，司法实践对权益保护有很大的滞后性。很多时候网络游戏的规则、UI 等内容，相对而言比较简单，很难认定具有独创性，属于著作权法保护的作品。而一般游戏的黄金期尤其短，长时间的案件审理往往会使被侵权的游戏公司错过游戏盈利的黄金期。例如，2015 年蜗牛移动起诉爱奇艺与天象互动的游戏《花千骨》侵犯其旗下的游戏《太极熊猫》，要求停止改编《太极熊猫》作品、登报道歉以及赔偿 3 000 万元。整个案件审理的流程长达三年，直至 2018 年 4 月，法院才最终认定《花千骨》对《太极熊猫》的抄袭成立，而此时早已过了游戏盈利的黄金期。《花千骨》的发行方爱奇艺的副总裁徐伟峰曾透露，该游戏首月流水就超过 2 亿元，也就是赔偿金仅为首月流水的 11％。

(二) 现有的公证流程不规范，部门职责不清晰，侵权行为的审判与执行难度大

由于中国的公证起步时间较晚，因此中国很多公证流程不规范，各个公证部门之间职责界定不清晰。这就导致了同级的职能部门之间相互推诿，谁也不愿意承担相应的责任，而对于知识产权公证这种本身就存在认定困难的公证，各个部门更是"能推则推，能拖则拖"，降低了政府的公信力与办事效率。一旦发生侵权行为，法院很难根据现有的结果形成完整的证据链，也就很难对侵权行为进行公平、公正的审判。

而随着国家推行的"简化审批流程"的政策，目前中国公证也在逐步迈向统一化、规范化、高效化。2018 年，国家先后通过《关于深入推进审批服务便民化的指导意见》和《国务院办公厅关于做好证明事项清理工作的通知》，全面清理奇葩证明与规范政府部门职责。然而，公证要真正达到统一化、规范化、高效化尚需时日，这也在一定程度上阻碍了中国知识产权公证的发展。

(三) 各国对知识产权的保护标准不统一，相互之间缺乏信任

随着知识产权的概念被越来越多的公众所接受，各国政府也相继通过了保护知识产权的相关法律。然而，目前世界各国仍存在经济发展不平衡的问题，即使是在同一个国家的不同地区，产业发展也很不平衡。因此，不同的国家和地区根据自身实际制定出来的知识产权保护的相关法律也难免会有不同。自 20 世纪 90 年代以来，经济全球化加速推进，越来越多的跨国公司对不同国家和地区不同的知识产权保护法律感到无所适从。不仅如此，一些别有用心的国家或机构还滥用本国知识产权保护的法律对他国的科技发展进行打压。因此，建立一个国际统一的知识产权保护标准已经成为国际知识产权保护的首要任务。

另外，目前各国之间的信任危机也增大了跨国知识产权保护的难度。各国政府都怀疑其他国家的政府在本国的专利申请上"开后门"，以保证本国在科技竞争中处于领先地

位。因此，建立一个各国都能够接受的信任机制也成为国际知识产权保护的另一个重要任务。

第二节　区块链在知识产权公证中的优势

区块链去中心化和不可篡改的特性可以很好地应用于公证问题。简单来说，当一个协议达成时，区块链会自动将合约转化为内部文件储存在区块链的各个节点中，并为其分配一串内部编码（私钥），将这串内部编码告知证明的所有人。一旦将来发生纠纷需要进行公证，证明的所有人只需要拿着这串编码，区块链系统就会自动识别并与内部储存的编码比较，如果二者匹配，就能够证实所有人的身份。这种基于区块链的公证方法不仅简单、快捷，避免了原来冗长的公证流程，而且区块链的去中心化、不可篡改等特性也能够很好地避免数据遗失的问题。同时，基于区块链的公证也能够避免出现各公证部门之间相互推诿的问题，大幅降低了公证的时间经济成本。

图 10-1 显示了区块链技术在诉讼流程中的应用。

图 10-1　区块链技术在诉讼流程中的应用

资料来源：陈云峰．区块链存证的应用场景与挑战．金融界，2019-06-21.

具体来说，区块链技术可以在如下方面为公证提供帮助：

1. 快速确定所有权，降低数据遗失与恶意篡改的风险

与传统的公证需要耗费大量的时间和经济成本不同，区块链技术确定所有权仅需注册即可，而这几乎是即时的。同时对于政府部门来说，区块链技术可以帮助政府精简大量不必要的公证部门与公证人员，在一定程度上降低了政府的负担。而区块链分布式、不可篡改的特性，与人工相比，大大降低了数据遗失与恶意篡改的风险，有助于避免日后的所有权纠纷。此外，区块链技术使作者对作品的所有权变得更加公开透明，在政府监督的基础上引入公众监督，从而为知识产权保护又增添了一道屏障。下面的阅读材料二介绍了利用区块链技术确定所有权在版权登记方面的应用。

阅读材料二————————————————————————————————————

版权，亦称著作权，指作者或其他人（包括法人）依法对某一著作享有的权利。作为知识产权的一种，版权的保护对鼓励国内文学艺术的创作具有重大的意义。目前版权的登记主要是通过传统的方式进行的，即版权的所有者或所有公司前往国家相关的版权登记机构进行登记。然而，登记版权所要消耗的时间与经济成本偏高，对一些无人问津的作品来说，登记其版权所消耗的成本远大于收益。

区块链技术为上述问题提供了另一种解决方法，即版权所有者可以先通过区块链加盖时间戳，这个过程几乎不消耗成本。一旦作品受到市场的好评，版权所有者可以立刻前往相关机构进行登记。这些机构依据区块链中的时间戳数据将区块链中的版权转为真实的版权。而对于那些无人问津的作品来说，版权所有者也不必再花费时间与经济成本去传统机构进行版权登记，这也会在一定程度上帮助他们降低成本。

2. 规范所有权的使用，降低成本的同时又避免滥用知识产权牟利

传统的知识产权使用需要知识产权所有者与需求方线下签订合同，这往往需要很高的成本。由于目前的经济全球化，不少知识产权的所有者和需求方甚至可能不在同一个国家和地区，这也在一定程度上增加了供需匹配的难度。同时，由于目前各国知识产权的保护标准不尽相同，也会增加日后纠纷的概率。此外，不少拥有知识产权的大公司或大的金融机构滥用知识产权保护的相关法律打压小公司，从而非法获利，严重违背了知识产权保护的初衷。

区块链技术通过建立点对点的匹配机制帮助知识产权的所有者与需求方进行快速匹配，减少了线下签订合同等复杂冗长的环节，节省了成本。同时，区块链的透明化与公开化也为供需双方提供了更多的选择，维护知识产权市场走向更加透明合理，防止部分公司利用知识产权牟利。区块链与人工智能大数据结合可以更好地预测供需双方的需求，加速二者匹配的效率，一举解决知识产权变现难题。下面的阅读材料三介绍了运用区块链技术进行知识产权保护在版权印方面的应用。

阅读材料三

版权印是基于"作品与版权不再分离"的理念设计的一套描述作品版权信息的可识读标识，通过标识可实时读取作品对应的版权信息，同时也可以连接到版权认证、授权交易、版权监测、版权维权等专业版权服务。目前，版权印主要通过二维码、超链接、Meta 标签与 NFC 实现。不过，上述版权印很容易被抹除，无法很好地起到保护作品版权的效果。

而一种新兴的方法是通过区块链技术对版权印进行保护。简单来说，版权所有者通过区块链技术构建能够展示作品自身版权信息的版权印。而利用区块链去中心化与不可篡改的特性，这些作品的版权印很难被抹除。这样，当作品通过不同平台多次流转时，使用者依然可以通过作品上的版权印查询到作品的版权所有人，这使得盗版变得更加困难。

此外，基于区块链技术的版权印也为作品的授权提供了一个更加方便的通道。作品需求者仅需要扫描版权印就可以通过区块链找到版权的拥有者，进而获得作品的授权。这在很大程度上避免了因授权的中间流程增多而导致授权费用提高。

3. 建立高效的维权机制，快速确定侵权主体及其所需承担的赔偿责任

正如前面介绍的中国游戏行业知识产权保护存在的维权成本高、维权周期长、无法明确确定侵权责任人与赔偿代价等问题，传统的知识产权维权可谓举步维艰。通过区块链技术内部的算法可以自适应地了解相关行业的知识产权规则与法律。而区块链在此前已经进行过所有权的认定，此时仅需查看过往的数据即可明确所有权归属。又由于区块链自身不可修改的特性，免除了复杂的确认与仲裁环节。同时，由于区块链本身点对点的特性，使得无关的第三方不会加入所有权的纠纷，这会在很大程度上降低案件审理的难度，极大地提高维权效率，降低维权成本。

同时，区块链引入的信用机制也会使侵权者付出相应的侵权成本。简单来说，侵权者的侵权记录会在全网呈现，每一个参与区块链构建的节点都会知道侵权者存在信用问题，侵权者以后基于区块链的交易将会大受影响。同时，滥用自身的知识产权对他人进行打压的公司也会通过区块链广播出去。这样，本身在知识产权保护体系中处于弱势的公司和个人都会通过区块链技术获益。而对于侵权者或者滥用知识产权进行牟利的公司来说，区块链的信用机制会大大增加它们的违法成本，也会在一定程度上束缚它们的违法行为。下面的阅读材料四中介绍的基于区块链的所有权跟踪技术可以有效地对知识产权侵权案件进行维权。

阅读材料四

所有权跟踪是指通过版权印等手段对作品交易流程进行跟踪的技术。一旦交易双方对作品的所有权产生纠纷，公安机关就可以很容易地根据以往的跟踪信息判断作品的真实所有者。所有权跟踪技术会在一定程度上降低公安机关的办案难度，同时也为法院的判罚提供更加准确的证据。

而区块链技术为所有权跟踪提供了帮助。简单来说，区块链技术将每一次的授权交易与所有权变更都记录在区块链中。又由于区块链自身不可篡改的特性导致所有权跟踪变得更加方便快捷且不易篡改，极大地增加了所有权跟踪的有效性。

智能合约作为一种应用区块链技术进行所有权公证的方式已经被越来越多的企业和个人所使用。下面的阅读材料五则对智能合约进行了简要的介绍。

阅读材料五

智能合约是区块链在版权公证方面的一个重要应用。具体来说，智能合约是在个人、机构与财产之间形成关系的一种公认工具，是一套形成关系与达成共识的协定。智能合约的内容通过区块链技术存入各个节点中，区块链去中心化与不可篡改的特性使得其违约成本极其昂贵。

"智能合约"一词最早由计算机加密科学家尼克·萨博在其1994年撰写的书《智能合约》中提出。在书中，尼克·萨博阐述了智能合约的三个要素：

（1）一把可以允许智能合约签订双方进入同时排除非法第三方的锁；

（2）一个允许债权人秘密接入的后门；

（3）后门只在违约且没有付款的一段时间内被打开；当电子支付完成后，后门将被永久关闭。

智能合约的工作流程类似于智能售货机。这里，我们简单地对智能合约的工作流程进行阐述：

智能合约中存在一个条件 A。系统会自动判断条件 A 是否完成，当条件 A 完成时，上面的后门会自动打开，而签订合约的双方通过这个后门进行汇款，一旦汇款完成，系统将永久关闭后门，并判定智能合约结束。

当我们使用互联网执行智能合约时，合约的双方只需要在签署纸质合约后再签订一份数字化合约。这份数字化合约的内容与纸质版合约的内容相同。当双方都确定数字化合约内容无误时，这份数字化合约将会被存入区块链中，同时为签订合约的双方各分配一把私钥。其后，计算机会自动判断合约条件是否执行成功。一旦计算机判定合约中的条件成功执行，则签订合约，双方再通过私钥完成支付。随后，系统将判定合约执行完毕并将合约存入区块链中。因为智能合约是运行在可复制、可共享的账本上的，因此合约双方都能够确定合约输出结果与合约内容一致。

需要指出的是，当尼克·萨博在 1994 年提出智能合约的概念时，区块链技术尚未诞生，这就使得智能合约在技术上有难以逾越的瓶颈，并一度被大众忽视。直到 2009 年中本聪提出区块链的概念，智能合约才又重回人们的视野。应用区块链技术进行知识产权保护与公证管理已成为时下一个越来越热门的话题。这主要是因为与传统合约相比，智能合约具有如下优势。

（1）区块链的自动化技术保证智能合约的高效执行，降低执行错误的风险。区块链完全自动化地读取与执行智能合约内容，自动判断智能合约中的相关条件是否满足，从而执行相应的下一步事务，完全排除了由人工参与可能导致的数据遗失的风险，在提升合约执行效率的同时也保证了合约执行的精准度。

（2）智能合约的违约惩罚机制在一定程度上降低了维权的成本与难度。一般来说，智能合约需要合约双方以比特币等数字化的资产进行抵押。而一旦系统判定智能合约的某一方违反合约的内容，其数字化资产将被没收。同时，智能合约还有诚信惩罚机制，即区块链将违反智能合约的一方广播到其各个节点中。这样，合约违反者的信誉将大大降低，之后的交易也会受到系统更为严格的审查。这样，不同于传统合约最后只能诉诸法律，漫长的诉讼过程会消耗诉讼人极大的时间与经济成本。同时，法律无法明确被侵权人的精神损失等隐形伤害，也就无法对违反合约的一方做出合理的惩罚。而基于区块链技术的智能合约则自动对违反合约的一方进行惩罚，合约双方也可以避免漫长的诉讼，这也在一定程度上降低了维权的时间与经济成本。

（3）智能合约可以扩大合约的使用范围，避免合约双方因处于不同的国家和地区而造成合约执行难的困境。在经济全球化的背景下，跨国的合约签订往往会遇到语言不通、法律与政府管理部门不同等多个门槛。即使合约成功签订，人们也会因为身处不同的国家和地区而遇到合约执行难的问题，严重的甚至会对薄公堂。智能合约技术通过互联网扩展到全球，世界各地的公司或个人均可通过互联网进行方便而快捷的通信。同时，智能合约高效的惩罚机制也可以避免合约双方因法律、文化不同而造成合约执行难的困境，有助于跨国、跨地区合作的高效进行。

图10-2显示了与传统合约相比，智能合约具有低成本、高效率、容易认证等方面的优势：

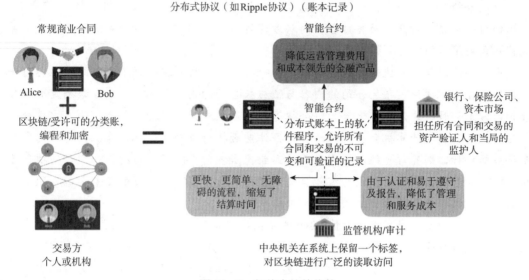

图10-2　智能合约的优势

资料来源："师太说区块链"个人专栏。

目前智能合约已经被应用在金融领域，例如，数字现金协议。所谓的"数字现金"是指银行数字签名表示的现金加密序列数，是以盲签技术为基础的一种数字化货币，它适合于在互联网上进行小额实时支付。而数字现金协议在帮助使用者实现网上支付的同时又保留了纸币现金的不可伪造性。除了支付领域外，数字现金协议也被应用于众多股票与证券的交易中。如果在以往的数字货币现金协议的基础上引入智能合约，就可以将交易双方统一到一个系统中。这样，如果收货方付款，智能合约就会判定执行条件已经完成，并通知供货方。而供货方在收到智能合约发来的信息后向收货方供货。当收货方收到供货方发送来的货品通知合约后，智能合约再将货款打入供货方的账户中，并判定条约执行完成。通过智能合约进行交易的模式在降低交易成本的同时，也大大减少了商业欺诈事件发生的概率。同时，由于区块链系统会对每一个执行完成的智能条约进行存储，一旦日后发生纠纷也会降低调查取证的难度。

除此之外，智能合约还能够解决低收入群体生活困难的问题。在没有智能合约的时代，大的金融机构（如银行）往往不愿意向低收入者贷款。这主要是因为低收入者承担风险的能力较低，而导致很多流向低收入者的贷款最终往往会变为坏账和死账。而智能合约相当于为银行向低收入者贷款增加了一重保障。这样，大型金融机构可以通过合约内部的评价系统查看低收入者的信誉，而那些信誉良好的低收入者也更容易获得金融机构的贷款。

不过，智能合约目前也同样存在一些缺点。由于区块链不可篡改的特性也使得一旦合约内容出现错误，对合约内容的修改将比传统合约更加耗时耗力。此外，智能合约基于比特币等数字资产进行交易，这默认交易双方必须对数字资产相当了解，而这会缩小智能合约的受众范围。同时，智能合约排除了法律监管，不排除有居心叵测者通过智能合约进行诈骗。区块链自身的隐蔽性与不可追踪性使得这些人可以轻易地逃避法律的制裁。

简单来说，虽然智能合约可以有效地解决传统合约存在的成本高、维权难、易出错、适用范围小等问题，但是目前仍没有关于智能合约相关的法律与监管机构。应该说，将智能合约应用于知识产权的保护与公证管理尚需时日。

第三节　应用案例

一、 Ascribe：应用区块链技术保护艺术家

艺术作品的知识产权保护一直是人们关心的一个话题。目前，一家总部位于柏林的公司 Ascribe 尝试使用区块链技术与比特币系统对艺术品的知识产权进行保护。Ascribe 的基本想法是将艺术品转化为数字形式，并通过区块链技术为这些数字化的艺术品加盖"版权印"，其中包括产品的发行日期、发行编号、发行公司等信息，以保护艺术品的知识产权。同时，Ascribe 还为用户建立了一个可以自由进行艺术品交易的市场。在这个市场中，交易双方可以快速地进行艺术品知识产权的转让，同时免除手续费，极大地降低了艺术品授权的难度。

同时，Ascribe 还为艺术品交易过程中的安全性提供保障，这也是通过区块链去中心化与不可篡改的特性实现的。简单来说，使用 Ascribe 进行艺术品的知识产权交易就像人们在超市中购买实物一样简单。同时，Ascribe 应用人工智能与大数据技术寻找潜在的买家与卖家，降低了供需匹配的难度。

事实上，创办 Ascribe 的想法早在 2013 年就开始酝酿。当时 Ascribe 的 CTO 特伦特·麦康纳基（Trent McConaghy）与联合创始人玛莎·麦康纳基（Masha McConaghy）、布鲁斯·庞（Bruce Pon）就应用区块链技术保护知识产权的想法进行深入的交流。"既然比特币可以通过区块链自由交易，为什么我们不创建一个类似于比特币的数字化的艺术品？"特伦特·麦康纳基如是说。

事实上，特伦特·麦康纳基、玛莎·麦康纳基与布鲁斯·庞都有相关的技术经验与策划能力。很快，他们就从 Earlybird 风投、数字货币集团、Freelands 风投和其他一些天使投资人手中得到了超过 200 万美元的风投。紧接着，Ascribe 创立了一个可以自由对艺术品的所有权进行交易的平台。目前，Ascribe 正致力于让平台中的交易变得更加简单和便捷。

二、 Colu：利用数字钱包进行知识产权交易

随着互联网的兴起，数字化资产也引起了人们越来越多的兴趣。所谓数字化资产是

指企业或个人拥有或控制的，以电子数据形式存在的，在日常活动中持有以备出售或处于生产过程中的非货币性资产。与传统资产相比，数字化资产支付快捷、储存稳定、成本低廉，同时在很大程度上避免了通过制造假币进行牟利等违法行为。

自 2014 年以来，以色列的科技公司 Colu 一直是数字化资产的坚定支持者与推行者。2014 年，Colu 创建了支持数字货币与本地法币的数字钱包应用程序。目前，Colu 公司宣布已经从 IDB 开发公司筹集 1 450 万美元用于进一步开发数字化钱包。这也标志着传统资产与数字化资产得到了进一步整合。

不过要说明的是，与其他比特币钱包（如 Counterparty）仅支持简单的代币交易不同，Colu 不仅支持代币交易，还支持将代币转化为各种形式进行交易。同时，Colu 公司应用大数据技术将数字资产存储在 BitTorrent 的网络上，同样保证了数字资产的安全。

现阶段，Colu 公司正在试图将股票交易和知识产权交易整合到数字钱包中。Colu 公司单独为数字钱包创建了一种数字资产层。这样，即使数字钱包的使用者对比特币系统完全不了解也一样可以轻松使用数字钱包进行资产与知识产权交易，拓展了数字钱包的受众范围。Colu 公司正致力于与越来越多的国家政府和相关企业进行合作，以期让数字资产被越来越多的人接受和使用。

三、 Factom：应用区块链技术进行公证防伪

"世界正在进入一个信任缺乏的时代。"美国著名的价值投资专家沃伦·巴菲特（Warren Buffett）如是说。这里的"信任缺乏"不仅体现在人与人之间，而且体现在公司与公司之间，甚至是国家与国家之间。因此，公证防伪技术也正显示出越来越重要的地位。而区块链自身去中心化与不可篡改的特性天然具备了公证防伪所需的公开透明与安全性的条件。因此，应用区块链技术进行公证防伪也正在成为一种新的手段。

2015 年成立于美国得克萨斯州奥斯汀市的 Factom 公司目前正在尝试一种基于区块链的公证防伪系统。Factom 使用区块链加密技术对公证文件中的数据进行加密，以保证信息的完整性与准确性。与传统加密方法不同的是，Factom 使用一个独立于比特币系统之外的新系统。不过，这个新系统依然需要借助比特币的力量以扩展其算力。这样，整个公证系统才能真正做到透明和公开。

Factom 的另一个创新在于突破了比特币系统原有的公开交易（open trade，OT）规则。所谓公开交易规则是指用户使用密码签名、签名收据和余额证明，这样用户不需要出具所有的交易历史来证明其余额，只需要最后一张收据。基于这种类似于中心化服务器的交易规则，比特币系统可以有效避免金额被篡改的风险。而 Factom 的一大改进是使用去中心化的区块链系统，这样做的优势是 Factom 可以记录不符合公开交易规则的数据。这样会给使用 Factom 的用户在记录数据时提供更多的选择。

Factom 这种利用区块链技术进行公证防伪的方法正在革新大型公司与政府部门记录与存储数据的模式。人们也在越来越多地选择使用 Factom 的区块链技术进行应用程序的开发。基于 Factom 构建的应用程序旨在通过直接利用区块链技术来获取跟踪资产和合同实施的能力。Factom 不是将事务插入区块链，而是将条目记录在自己的结构中。在这个

基础上，Factom 在目录区块时间内，把链相关的条目添加到 Factom 中。扫描这些记录，应用程序可以挑出感兴趣的链。Factom 独立记录每个链，因此应用程序可以提取需要的链数据。

Factom 通过区块链的时间戳技术维护了一个长期性的、不可篡改的公证防伪系统，减少了进行独立审计、管理真实记录、遵守政府监管条约的成本和难度。而 Factom 独创的新型数据记录与管理模式也在很大程度上解决了数据遗失或恶意篡改的问题，降低了企业与相关政府部门数据监管的难度。

四、　Skuchain：供应链数字化时代的到来

从 20 世纪 90 年代开始，世界开始进入经济全球化，各国之间的经济越来越紧密地联系在了一起。而自 2001 年中国加入世界贸易组织后，中国的进出口贸易额也在飞速增长。不过，受限于各国的进出口贸易法律不同，各个从事进出口贸易的公司需要投入大量的时间和精力应对冗长的进出口流程、大量的文件以及可能产生的贸易纷争。同时，随着 21 世纪以来各国之间的信任危机加剧，各国对进出口产品的技术管制不断加大，关于进出口商品的知识产权纠纷案件比例也在不断上升。这些都会在很大程度上增加进出口企业的成本。而这些成本终究会转移到消费者的头上。

为了解决这一困扰各国多年的问题，美国区块链初创公司 Skuchain 尝试使用区块链技术解决这一难题。简单来说，Skuchain 的目标是通过区块链技术存储进出口贸易中的数据以取代原有的纸质化数据，因为纸质化数据不仅价格昂贵，而且极易因为纸张丢失而产生数据遗失问题。利用区块链去中心化与不可篡改的特性，可以保证进出口数据的安全性与可靠性，避免数据遗失和数据被恶意篡改的事件发生。同时，利用区块链技术也能够避免冗长的进出口贸易流程与昂贵的进出口贸易成本。如果将来出现因进出口贸易而产生的纷争，利用区块链储存的数据也可以被快速调出，以加快区块链纷争的处理速度。

目前，Skuchain 公司已经获得包括数字货币集团、分布式资本、AminoCapital 等公司的风投，并正在与全球多家银行展开业务对接与合作开发。相信在不久的将来，Skuchain 公司将彻底改变现有的进出口贸易模式与格局。

五、　BitProof：利用区块链技术进行学历公证

学历是指一个人受教育的学习经历。大部分中国人对学历这个词一定不会感到陌生。因为无论就业、考公务员、出国留学，甚至买房、落户、结婚，一个人一生所要经历的种种，都离不开学历二字。可以说，在"学历＝能力"的今天，一个人的学历已经不再仅仅代表他的受教育程度那么简单，更重要的是代表这个人的素养、能力以及其未来可以达到的高度。而对于一个低学历者，想要进好的公司、获得好的岗位往往困难重重，即使是创业，也会因为学历低而很难拿到风投。社会对于学历的看重催生了学历造假的产业链。一个低学历者，不再需要经历残酷的高考与考研，不再需要在假期伏案做实验、

写论文也一样可以拿到很高的学历，这本身就是一种对那些寒窗苦读数十载的勤奋学子的不公平。2010年轰动全国的"唐骏学历造假门"就是其中一例。

在国外，近期也陆续爆出企业高管学历造假事件，涉及米高梅公司CEO、RadioShack公司CEO、Broadcom公司副总裁等。而学历造假在世界范围内如此猖獗的原因一方面是由于社会的学历崇拜，另一方面则是由于人力们没有太多的时间与精力去核实面试者学历的真实情况。

一家名为"BitProof"的公司正在尝试使用区块链技术解决学历造假的难题。BitProof致力于对多种文件（包括合约、图片、视频等）的内容进行验证。最近，BitProof看到了将区块链技术应用在学历验证上的前景，转而与加利福尼亚州的霍伯顿学校进行合作。而BitProof进行学历验证的方法是将学历中的数据提取并记录在区块链上，从而保证证书的真实性。不仅如此，由于区块链技术去中心化与分布式的特点也让篡改学历变得更加艰难。同时，应用互联网与区块链技术能够简化学历信息记录、存储、查询的流程。通过区块链分布式的特性将学历信息广播出去也可以做到学历信息的公开和透明。如果人力想要查证求职者是否存在学历造假的问题，仅需要从区块链中调取数据即可。可以肯定地说，BitProof公司利用区块链技术进行学历验证在未来会使各种学历造假"无处遁形"。

六、 Stampery：为用户提供安全可靠的存在性证明服务

在现实中，人们往往需要以文件的形式提供具有法律约束力的证明。这些文件涉及遗嘱、合同、通信、知识产权转移等各个方面。这种文件可以很好地反映出当事人的意愿，同时也减少了日后发生产权纠纷的概率。然而，出于人类逐利的本性，一些人可能会通过伪造文件谋取利益。例如，遗产继承者可能会通过伪造遗嘱获得更多的遗产继承权利，而诈骗分子也可以伪造通信内容冒充被害人的亲人或朋友而实施短信诈骗。

Stampery就是一家应用区块链技术在为用户提供安全、可靠且无法篡改的存在性证明的同时保证用户通信完整性的公司。相比于传统的文件公证，Stampery的一大创新在于用户不必再携带纸质文件亲自前往公证机关证明文件的合法性，只需要通过电子邮件与Stampery的邮箱进行交互，并将所需证明的文件上传至Stampery的系统中。而Stampery通过内置的算法进行文件存在性证明，相比于传统复杂的公证流程，使用Stampery进行公证省时又省力。目前Stampery公司已经推出了与Dropbox、Box等产品的整合，以期在未来完全占据公证市场。

Stampery选择区块链的原因是区块链具有去中心化与无法篡改的特性，这意味着存入区块链的数据都将是安全、可靠的。同时，区块链的去中心化特性也使得存入区块链的数据不必依赖任意一家中心化的公司或政府部门，会在一定程度上降低数据泄露的风险。

Stampery的产品的主要用户是需要文件证明的律师、技术产品的创作人和注重知识产权保护的公司。Stampery还推出了一款电子邮件标记系统，这些数据同样也将被存储到区块链中。这样，使用该系统的用户就有证据证明其是否曾经发送过某个文件，同时系统也会显示文件是否已被阅读。这样，诈骗分子再想通过伪造通信内容进行诈骗就将

变得十分困难。此外，由于 Stampery 使用区块链而非传统的数据库存储数据，也就降低了因数据库被恶意攻击而导致数据泄露与被篡改的风险，提升了存储数据的安全性。

现阶段，Stampery 公司已经发布了可扩展性问题的解决方案，可以在几秒之内验证数百万份文件。同时，Stampery 公司已经允许任何人免费访问、注册和使用 Stampery 的产品与服务，这意味着用户不必再支付高额的成本进行公证。像 Stampery 这样的公司可能会改变未来的公证市场。

七、　Wave：重新定义国际航运供应链

随着互联网与区块链的普及，越来越多的行业已经或正在被改变。电子购物、移动支付、跨境电商、数字货币等一系列新词汇也被越来越多的人所熟知。事实上，一些原本与互联网影响不大的行业可能也在被互联网改变，比如国际航运业。近期，一家名为 Wave 的以色列初创公司正尝试着改变国际航运的方式。正如 Wave 首席执行官加迪·鲁斯钦（Gadi Ruschin）所言："运货商还在按数百年前的方式做事，原因就在于国际文档系统间明显缺乏信任。我们的技术基于因比特币而出名的区块链，可杜绝诈骗或伪造文件的出现，最终可让运货商跟上 21 世纪的脚步。"Wave 公司正在试图将金融行业正在进行的数字化革命引入传统运输业，进而在运输业掀起一股更加强烈的数字化革命风暴。

鲁斯钦表示，传统的国际航运业一直延续着自大航海时代以来的贸易流程，即购货者向出货者下单后，购货者向出货者提供一种贸易凭证，被称为提单，提单中包含一系列的贸易记录。一旦货物通过航运到达目的地，出货人再将提单原件返给收货人，收货人再凭借提单原件提取货物，结束整个交易。然而，这其中存在很多问题。例如，提单在被传送的过程中牵扯的人太多，依靠提单的方式出现混乱、诈骗的可能性较大，最终可能会导致无休止的法律纠纷。

而为了解决这一问题，Wave 公司引入了数据区块链技术。数据区块链采用无须依靠任何实体的比特币系统进行结算，由于区块链本身去中心化与不可篡改的特性，任何对合约内容进行的修改必须经过合约各方同意。而合约各方同意也就表示合约各方都认可合约中的内容，这就帮助各方建立了互信机制。利用这种互信机制，合约各方就可以消除在数据泄露或数据被恶意篡改方面的担忧，进而省去冗长的提单传递过程，提升航运贸易效率的同时降低航运贸易的成本。

Wave 公司的目标是利用区块链去中心化的特性创建一个点对点的通信机制，将包括出货商、取货商、银行、海关部门、航运机构等全球航运贸易链中的各方连接到一起。利用这种点对点的通信机制，可以使各方直接进行通信而不必依赖一个中心化的机构，在防止中心化机构垄断贸易链的同时也避免了因中心化机构单点故障而导致整个航运贸易链的中断。

现阶段 Wave 公司将主要精力放在建立一种新的提单解决方案上。以往的提单模式很可能存在文件管理方面的问题。同时，由于各国对航运中货品的关税与知识产权保护的法律不尽相同，这也导致提单在各国之间流转时很可能会出现各种意想不到的问题。

Wave 公司正在尝试使用一种新的提单解决方案来解决这一问题。具体来说，Wave 公司通过和联合国下属各机构及参与全球航运链的各个企业进行谈判，争取将它们纳入一个统一的区块链中。这样，全球航运的各个部分就有了统一的标准与通信机制。而 Wave 公司也同样在尝试将这一想法应用到其他领域中。正如 Wave 公司的首席执行官鲁斯钦所言："我们现在的目标市场非常庞大，也是时候利用我们能够实现的技术为 200 年前的模式更新换代了。"

八、法链：深度融合区块链与电子文件

法链是由法大大（一个电子签名与电子合同云平台）联合微软中国、Onchain 等机构联合发起的大型商用电子存证区块链联盟，这也是走在中国乃至全世界前列的将区块链技术应用于法律场景的联盟。

通过法链，电子文件的签署时间、签署主体与文件哈希值等信息都会通过区块链广播到各个节点上。一旦各个节点将信息存储后，任何一方都无法篡改信息，进而满足电子证据司法存证的要求。一旦日后产生法律纠纷，存储在区块链中的电子文件将会成为重要的证据。法链正在传统的存证业务中掀起一场风暴，在不久的将来可能会彻底颠覆传统的存证模式。

法链的出现无疑会加速司法机构的数字化进程。一方面，法链将专业法律术语存入区块链，使用时再将区块链中存储的数据翻译成法律语言。这种方式在保护相关法律文件不被篡改的同时也方便相关法律从业人员随时调取法律文件，提升了案件审理与宣判的效率。另一方面，大量法律从业人员开始认识与了解区块链，甚至开始主动学习区块链技术，而这无疑会进一步增强区块链技术在法律行业的影响力。

九、 UProov：应用区块链技术进行权益证明

时间戳是指对某一特定事件（如拍照）发生的时间点的记录。当这一事件被区块链记录时，区块链会为这一事件分配一个独一无二的时间戳密钥，并将其直接写入区块链中。而时间戳一旦记录将无法更改，这个时间戳也会成为将来法律纠纷中的铁证。

一款新的手机 APP——UProov 尝试探索时间戳的潜力。UProov 尝试利用时间戳来扮演公证人的角色。这样，就能降低公证的成本。同时，由于时间戳是无法更改的，这也就使得时间戳的可信度高达 100%，而传统的公证人的证词却可能因为这样或那样的原因无法具备较高的可信度。

所谓文件的时间戳，实际上是一个文件独有的哈希值。这个哈希值写在区块链上，同时区块链内部的算法设定这个哈希值无法修改。一旦黑客希望恶意篡改文件内容，文件的哈希值也就随之改变。这样，文件与哈希值无法相互匹配，恶意篡改文件内容的行为也就暴露了。

UProov 与其他应用时间戳的 APP 不同的是，UProov 允许用户上传包括照片、视频、PDF 文件在内的多种类型的文件。同时，UProov 也解决了文件上传之前就被伪造

的这个问题。UProov 的联合创始人约翰·布利奇（John Bulich）表示，UProov 设置了一个内部算法，在文件被设备记录后，会立即产生一个哈希值上传，而如果用户还使用 UProov 上传其他文件，这些文件的时间戳将是不同的。除此之外，UProov 还会在用户上传的文件底部盖上一个 Ezy-id 标识。其中，绿色的 Ezy-id 标识代表用户上传的文件已经被 UProov 处理过，值得信任；而红色的 Esy-id 标识则表示这是一个预先存在的文件。这样，其他使用 UProov 的用户可以方便地使用文件的 Ezy-id 标识来验证 UProov 中上传的文件。"也许，在不久之后，UProov 将遍及世界各地。"约翰·布利奇充满自信地说。

十、　Mediachain：应用区块链技术保护媒体领域知识产权

媒体领域——包括摄影作品、艺术或综艺视频、音乐版权等领域一直是知识产权侵权案件的高发领域。媒体行业吸引着大量的专业人才。这些人才的涌入一方面促进媒体行业不断诞生优秀的作品；另一方面也加剧了媒体行业的竞争，而最终只有少数有创意、有想法、能够吸引大众的艺术作品能够在激烈的竞争中胜出。因此，剽窃其他优秀产品的创意与想法也在媒体行业内屡见不鲜。加强媒体行业知识产权的保护已经成为完善中国知识产权保护体系中重要的一环。

总部位于纽约的初创公司 Mediachain 尝试使用机器学习和区块链技术解决这一问题。Mediachain 通过查询作品的数据与相关属性将用户的身份信息添加到作品上，也就相当于为作品添加了一个版权标识，而通过这个版权标识，Mediachain 可以迅速通过机器学习相关技术匹配对作品感兴趣的用户，而用户也同样可以通过版权标识找到自己喜欢的作者的其他作品。由于区块链去中心化与不可篡改的特性，任何想要窃取作品知识产权的尝试都注定会失败。

Mediachain 的联合创始人杰斯·沃尔登（Jess Walden）和丹尼斯·纳扎罗夫（Denis Nazarov）表示，他们试图借助互联网与区块链的力量改变媒体运营的商业模式，以解除媒体行业工作者对自己的作品一旦发布到网上就可能被窃取知识产权的担忧。而正如纳扎罗夫自己所言："通过拖拽、复制粘贴等手段，图像是最容易在互联网上分享的媒体类型。图像会像病毒一样传播，但是创造者和内容所有人却很难从中受益。我们非常看好 Mediachain 担当图像的全球知识产权数据库。"

目前，Mediachain 正在将数据库与 Instagram 进行连接，通过可靠的元数据库搭建一个新的大数据平台。这个大数据平台允许产品知识产权的拥有者将自己的作品上传到数据库中，而想要重新发布图像的用户仅需要从 Mediachain 的数据库中查找历史信息即可。

沃尔登和纳扎罗夫希望这个平台在未来可以发展成为一个新的 Spotify 或 Netflix，成为一个方便快捷的信息识别平台。

虽然 Mediachain 的想法十分先进，但现阶段 Mediachain 还面临种种挑战。其中很重要的一个挑战是公众对区块链信任的缺失。作为一个新技术，区块链从诞生到现在也不过短短十余年时间，而公众普遍会对新技术持怀疑的态度。沃尔登和纳扎罗夫尝试将公共机构引入平台以提升公众对平台的信任。同时，Mediachain 也为平台增设了一个信誉

系统，通过这个信誉系统，使用该平台的用户可以判定平台上数据的可信度到底有多高。而沃尔登和纳扎罗夫正在试图将 Mediachain 整合入新媒体平台（如 Tumblr），Mediachain 可以帮助新媒体更好地分析用户的需求；反过来，通过新媒体平台，Mediachain 也能进一步扩大自己的影响力。

十一、 Chronicled：应用区块链技术进行球鞋防伪

从 2016 年开始，区块链开始在公证防伪领域有所突破，许多人认为其很有可能是区块链一个潜在的应用场景，越来越多的资本开始尝试进入这个领域，其中，一家新晋的公司——Chronicled 开始受到越来越多的关注。

Chronicled 尝试利用区块链技术进行球鞋防伪。"与传统的奢侈品市场不同的是，球鞋的流通性较强，一双球鞋一般半年到一年就可能转手。"Chronicled 的 CEO 瑞恩·奥尔（Ryan Orr）如是说，"我们在收藏品中加入芯片，这样，区块链与收藏品之间就建立了牢不可破的联系。我们为收藏品提供一个独一无二的数字记录，同时用户会得到一个匹配这个数字记录的 ID，这样我们就可以在收藏品与记录之间建立一个加密链接。通过这个加密链接，我们可以检验收藏品的真伪。"而对于球鞋市场，奥尔也表示："我们正在开发这个市场，利用这个市场来证明我们开发的平台验证真伪的能力。"

在 Chronicled 成立初期，奥尔计划建立一个专门验证的团队，消费者可以在 Chronicled 相关人员的指导下验证球鞋的真伪。随之而来的一个问题是，Chronicled 必须雇用大量专业人员对球鞋逐一进行检查。"事实上，作为一家新成立的公司，我们无法负担如此庞大的成本。"奥尔表示。

紧接着，Chronicled 调整了战略，利用销售点让零售商在球鞋上加盖标签。目前，Chronicled 已经推出了自己的芯片，通过让零售商在球鞋上安装芯片并配以数据分析的套件，消费者可以清晰地看到每一双二手球鞋的交易数据。Chronicled 已经使用比特币和以太坊的区块链技术建立了几个原型，并且探索了授权型的分布式总账系统在球鞋防伪上的应用。

不过，Chronicled 目前仍面临技术与资金储备不足的难题。"我们要等到有足够的技术融合后，再宣布推出一个特殊的区块链层"。对于 Chronicled 的前景，奥尔显得信心十足，"Chronicled 拥有'逻辑层'，它可以适用于任何区块链。"

十二、 Everledger：应用区块链技术鉴定钻石真伪

从古至今，钻石都被视作身份与地位的象征。虽然钻石常作为奢侈品在市场中交易，但在一些战火频仍的地区，钻石常常被用来购买武器。这种钻石也常被称为"吸血钻石"或者"冲突钻石"。2002 年，联合国通过金伯利认证系统，试图消除国际市场上的"吸血钻石"。

不过，旧有的金伯利认证系统仍然以纸质化的方式进行管理，导致其中存储的数据极易产生遗失或被人为篡改。为了改变这一现状，Everledger 尝试使用区块链技术进行

钻石认证。Everledger 记录 40 个元数据以识别钻石，这些元数据包括钻石的序列号、形状、切割风格大小、克拉数等信息。同时结合钻石交易的历史信息，通过收集区块链中一定数量节点的签名对钻石认证。不过 Everledger 尚未公布系统的具体工作流程。

除了消除"吸血钻石"外，Everledger 还尝试打击非法的钻石走私行为与欺诈行为。为此，Everledger 开发钻石鉴定账本，钻石鉴定账本 Everledger 是 BigchainDB 的首位客户。

在 2015 年的移动生态论坛举办的 Fintech 颁奖典礼上，Everledger 成为第一个获得"Meffy 奖"的区块链初创公司，Everledger 也随之火遍全球。2015 年 12 月，Everledger 加入安联孵化器，接入安联公司的投资与顾问网络，并获得包括 Bpifrance 和 Idinvest Partners 等在内的机构的大力支持。同时，Everledger 与保险业巨头安联旗下的 Allianz France 合作，利用自己在区块链技术上的丰富经验协助保险公司降低风险。

2016 年 3 月，原来低效率的比特币区块链已经满足不了企业的需求，因此 Everledger 也开始寻求与更前沿科技公司 Ascribe 的合作，以控制钻石行业的欺诈行为。Ascribe 的 BigchainDB 的高速处理能力和 PB 级容量弥补了比特币区块链的不足，给行业发展带来了新的可能。Ascribe 的 BigchainDB 是一个每秒可处理 100 万次输入的可延展性区块链数据库，其第一个授权用户是钻石行业账本 Everledger。

2016 年 5 月，Everledger 与展览数据库服务公司 Vastari 合作，计划将艺术品的完整生态链信息放到区块链上，为艺术品博物馆和私人藏家提供稳定可靠的平台支持。展览数据库服务公司 Vastari 主要提供商品流通过程中的信息追踪。

应该说，Everledge 将会对未来的钻石鉴定行业带来广泛而深远的影响。同时，Everledger 使用永久的记录保护商品的真实性。同时，Everledger 与供应商合作，确保每一个钻石流转环节的通畅。区块链去中心化与不可篡改的特性也保证了 Everledger 中数据的真实性。除此之外，Everledger 严格控制访问权限，区块链中数据的读取和修改仅限于与交易有关的几个使用者。Everledger 在钻石认证方面的成功预示着区块链技术将在包括钻石认证在内的多个认证领域有更大的作为。

─────────◀ 本章小结 ▶─────────

本章介绍了区块链技术在知识产权认定与版权公证上的广泛应用。简单来说，区块链技术可以在快速确定知识产权所有人、规范知识产权的使用与建立高效的维权机制等方面提供帮助，很好地解决了目前存在的公证流程不规范、成本高、时间长等痛点。随着我国对区块链技术的关注与投资日渐增多，区块链技术具备了越来越广泛的应用前景。

2017 年 5 月，我国首个区块链基础标准《区块链和分布式账本技术参考架构》正式发布，对区块链的架构、体系与核心功能组件等方面进行了详细的规定。几个月后，知识产权与区块链技术研讨会暨强国知链发布会在北京召开，会上，与会代表就区块链在知识产权领域落地实践、数字内容产业深度转化路径等展开讨论，重点包括将区块链技术与知识产权保护结合，试图通过区块链技术为知识产权相关的科学研究、技术投资等领域带来变革，营造科技成果转化、知识产权认证与合法授权的良好环境。

区块链数字化的特性使知识产权保护更加高效、便捷。任何与知识产权认证与转移相关的条约将被迅速转化为数字化的信息在区块链系统中进行快速存储和备份。此外，区块链去中心化与不可篡改的特性使黑客恶意篡改数据变得极为困难。知识产权侵权案件的认定与审理也变得更加容易。同时，利用区块链技术的知识产权注册与转移的成本极低，可以在一定程度上缓解政府知识产权相关管理部门的压力。目前，已有中国信息通信研究院知识产权中心、中国技术交易所、中关村中技知识产权管理有限公司、清华控股发展有限公司、京北投资等公司对区块链在知识产权的应用上表现出兴趣。未来，区块链技术可能会带来一个空前庞大的知识产权市场。

关键词：知识产权认定、版权公证、区块链技术、去中心化、不可篡改

◀ 思考题 ▶

1. 本章介绍了哪些知识产权保护与公证管理的痛点？你认为其中哪一个痛点对构建一个良好的知识产权保护体系的阻碍最大？你有什么证据支撑你的观点吗？

2. 本章案例二中介绍了中国游戏产业知识产权保护存在哪些问题？除了游戏产业之外，你认为中国还有哪些产业也存在类似的问题？

3. 本章阅读材料二、阅读材料三、阅读材料四、阅读材料五中分别介绍了哪些区块链技术在知识产权保护与公证管理上的应用？你还能想到什么其他的应用吗？

4. 什么是"存在性证明"？Stampery 公司是如何利用区块链技术进行"存在性证明"的？Chronicled 公司又是如何利用"存在性证明"进行球鞋鉴定的？

5. Skuchain 公司与 Wave 公司都利用区块链技术进行进出口贸易管理。传统的进出口贸易的流程是什么样的？与传统的进出口流程相比，应用区块链技术的进出口贸易有哪些提升？

◀ 本章参考资料 ▶

[1] 蔡辉. 游戏玩法难界定，四成案件诉讼流程超一年. 南方都市报，2018 - 12 - 28.

[2] 长铗，韩锋. 区块链：从数字货币到信用社会. 北京：中信出版社，2016.

[3] 丹尼尔·德雷舍. 区块链基础知识25讲. 北京：人民邮电出版社，2018.

[4] 井底望天，武源文，史伯平，赵国栋，刘文献. 区块链与大数据. 北京：人民邮电出版社，2017.

[5] 井底望天，武源文，史伯平，赵国栋. 区块链世界. 北京：中信出版社，2016.

[6] 徐明星. 刘勇，段金星，郭大治. 区块链：重塑经济与世界. 北京：中信出版社，2016.

第十一章

区块链的价值、局限性与发展趋势

著名的物理学家爱因斯坦曾经说过，想象力比知识更重要，因为知识是有限的，而想象力概括着世界的一切，推动着进步，并且是知识进化的源泉。严格地说，想象力是科学研究中的实在因素。事实上，从古至今的任何一次变革都可以说是一次想象力的革命。随着微软、谷歌等公司的技术革命，世界开始进入"互联网时代"。近年来，基于互联网领域的区块链技术正在成为金融互联网领域新的风向标。在中国，随着阿里巴巴、腾讯等互联网公司在区块链方面的投入，区块链的价值正在引发越来越多关注和讨论。本章第一节介绍了区块链技术的价值及其在资产数字化、电子病历等方面的广泛应用。

虽然区块链有很多的价值，但区块链同样也存在很多局限性。本章第二节介绍了区块链存在的缺陷，例如，区块链相关法律法规尚不健全，大众对区块链的接受程度仍有待提升。

区块链去中心化、分布式、不可篡改等特性正在引发学术界和工业界越来越多的关注。本章第三节介绍了区块链的发展趋势，可以帮助同学们更好地了解区块链技术的光明前景。最后，本章总结部分给出了区块链技术未来发展的一些建议。

第一节　区块链的价值

一、区块链的概念与应用范围

区块链具有分布式、去中介、去信任、不可篡改、可编程等特性。而对于传统的金融机构，尤其是进行跨国业务的金融机构而言，寻找到一个可信任的第三方是一个艰难而痛苦的过程。因此，找到一个去中心化的系统，使得每一个参与者都成为金融数据的监督者，共同维护数据的安全与可信度是一个很好的解决方案。对于传统金融机构来说，这种做法可以大大节约寻找可靠的第三方的成本。而对于造假者来说，修改数据就意味着要对区块链中的每一个节点的数据进行修改，而不是像中心化的系统那样只需要入侵中央节点。随着区块链参与者的增加，造假的成本会远远大于造假的收益。而对于政府来说，一个安全、稳定、运行良好的金融系统对国家的稳定发展至关重要。可以说，区块链技术可以在很大程度上提升金融机构的运行效率与安全性，降低宕机风险。在可以遇见的未来，区块链技术在金融市场上将会有非常广阔的应用前景。

除了传统金融机构外，区块链的价值还体现在数字货币与全球金融一体化上。众所周知，目前全球的货币结算体系仍然以美元为结算标准，而美元又直接与石油挂钩。然而，近二十年来，随着以美国为代表的西方国家的衰落和以中国为代表的亚洲国家的崛起，仅以美元为结算似乎已无法满足世界的需要，而贸然引入其他传统货币又会引发全球金融体系的混乱。因此，构建一个超越主权的跨国货币结算体系似乎已经成为解决传统货币体系缺陷的唯一方法。目前，各国央行已经尝试使用区块链技术发行 eSDR 来构建一套基于数字货币体系的跨国支付结算系统。我国已发行法定数货币。而在这之前，我国央行在考虑是否发行基于区块链技术的央行数字货币时，时任央行行长周小川如是说：

> 数字货币的技术路线可分为基于账户（account-based）和基于钱包（wallet-based）两种，也可分层并用而设法共存。区块链技术是一项可选的技术，其特点是分布式簿记、不基于账户，而且无法篡改。如果数字货币重点强调保护个人隐私，可选用区块链技术。人民银行部署了重要力量研究探讨区块链应用技术，但是到目前为止区块链占用资源还是太多，不管是计算资源还是存储资源，应对不了现在的交易规模，未来能不能解决，还要看。

除了中国央行外，目前英国央行、澳大利亚央行等也在探讨发行基于区块链的数字货币的可行性。澳大利亚储备银行（Reserve Bank of Australia）支付政策部门主管托尼·理查兹（Tony Richards）就提出："可行的方案是由中央银行发行货币，再由授权机构监管货币交易和流通，当然现有的金融机构可能会参与其中。"

可以肯定地说，如果以区块链技术为支撑的数字货币被大面积使用，原本基于纸币的会计、运输、存储等成本将大大降低。同时，基于不同国家之间的货币结算成本也将显著下降。同时，在纸币时代，各国央行的政策往往很难传递到市场，而如果大面积地使用数字货币，央行就可以更好地实施各种调控政策，从而更好地保证各国金融体系的平稳运行。这也是 DNBCoin、RSCoin 等数字货币尝试的原因。

区块链的另一个重要价值是智能合约的广泛使用。智能合约是一种旨在以信息化方式传播、验证或执行合同的计算机协议。智能合约允许在没有第三方的情况下进行可信交易，这些交易可追踪且不可逆转。简单来说，智能合约是个人、机构和政府之间信任的桥梁，根据智能合约理论的创始人尼克·萨博的构想，一个智能合约必须符合以下三个要素：

（1）一个仅由债务人和债权人掌握、排除非法第三方的锁；同时，这个锁中的合约任何人都不可以更改，甚至包括债权人本人。

（2）一个仅允许债权人通过的后门。

（3）这个后门仅在债务人违约且没有付款的一段时间内打开，一旦交易完成，这个后门将永久关闭。

智能合约在区块链未进入大众视野时长期停滞不前的一个重要原因是缺乏一个足够安全、稳定的系统保证任何人或机构都无法对合约内容进行篡改。而目前，随着区块链技术的发展，基于区块链的智能合约也成为一个新的研究方向。

二、区块链的价值体现

总的来说，在互联网蓬勃发展的今天，区块链的价值主要体现在以下四个方面：

（一）区块链体现了规则的创新

虽然区块链表面上是技术的创新，实质上是对规则和制度层面的创新与挑战。虽然过去几年，以蚂蚁金服为代表的互联网金融机构在中国快速发展。但实际上，我国与发达国家在互联网金融领域的发展差距仍然明显。国际电信联盟发布的 2015 年衡量信息社会发展的报告，陈述了 2015 年全球信息与通信技术（information and communications technology，ICT）发展指数的排名，其中中国位居第 82 位，较 2014 年上升 5 位。而区块链技术诞生时间短，目前各国之间的差距并不明显。同时，由于金融本身的目的就是让更多人受益，而区块链的广泛应用使接触金融服务的人群空前扩大，更使得这方面的尝试变得重要。因此，积极进行区块链的探索，有助于我国互联网金融实现"弯道超车"。

实际上，每一次技术的进步都会带来制度的变革。互联网的广泛应用改变了人们的交流方式与获取信息的途径，而移动支付的使用也使人们的支付手段发生了重大改变。当未来技术获得变革与突破时，技术会从根本上改变人们的组织形式、管理模式、信息传递、资源配置，而当达到理想中存在的稳定、有序的宏观均衡时，货币与金融的存在也就失去了意义。这样，技术才真正改变了金融系统的运行规律，解决了经济运行中存在的矛盾，区块链的诞生也为现有金融制度的更新与发展提供了一条新的道路。

（二）区块链将极大地改变实体行业的格局

在数字经济蓬勃发展的今天，"互联网＋服务""互联网＋医疗"等"互联网＋"经济已经成为新的时代潮流。2020 年国务院《政府工作报告》指出："电商网购、在线服务等新业态在抗疫中发挥了重要作用，要继续出台支持政策，全面推进'互联网＋'，打造数字经济新优势"。这也是继 2017 年、2019 年《政府工作报告》之后，数字经济第三次被写入《政府工作报告》。可以说，目前实体行业的格局已经极大地被互联网改变。正如亚马逊 CEO 杰夫·贝索斯（Jeff Bezos）所言：

> 互联网正在颠覆每一个媒体行业，这你是知道的。人们可以抱怨，但抱怨有用吗？颠覆图书销售的不是亚马逊，而是未来。

　　虽然以阿里巴巴为代表的电商对实体行业冲击巨大，但同样，互联网时代也是实体经济转型升级的一次重大机遇。利用互联网的优势进行资源整合与信息共享，从某种程度上来说也促进了实体行业的升级。这样，不需要通过任何中间商，利用互联网直接在供应商和客户之间搭建的桥梁正式形成。这种新的消费模式摆脱了冗长的中间商环节，降低了商品的流通成本，在一定程度上促进了消费。

　　区块链基于互联网而生。目前，区块链技术越来越多地与实体行业进行深度融合，主要体现在以下几个方面：

　　（1）"区块链＋智能制造"：区块链技术可以为制造业产品的研发与创新提供指导，使制造业能够一直保持对行业前沿的高度关注。同时，区块链去中心化的特性也使得制造业充分发挥信息共享与价值共享的特性，有力地支撑"制造业服务化"和"产业共享经济"的升级，从而有效推动制造业转型升级，打造"智能、高效、快捷"的制造业新格局。

　　（2）"区块链＋物联网"：物联网是指通过各种信息传感器、射频识别技术、全球定位系统等技术与设备，实时采集各种人们需要的数据，通过互联网接入，实现物与物、物与人之间的泛在连接，实现对物品和过程的智能化感知、识别和管理，使世界成为一个互联互通的整体。区块链为物联网提供了内在驱动力。应用区块链技术去中心化、分布式、不可篡改等特性，可以促进数据共享、优化业务流程、降低运营成本、提升协同效率；其中，区块链的去中心化可以从源头上保证数据真实性，区块链不可篡改的特性可以降低恶意篡改数据的行为，区块链分布式的特性可以让每一位使用物联网的用户便捷地了解实时数据。最后，通过人工智能技术对得到的数据进行分析总结，从而达到物联网的"与时俱进"。

　　（3）"区块链＋产品溯源"：近年来，"毒奶粉""毒疫苗"等事件不断挑战人们脆弱的神经。随着人们对使用物品的安全性与可靠性重视程度的日益增加，"产品溯源"也显得越来越重要。而"产品溯源"是"区块链＋物联网"落地的一个重要场景。区块链可以保存重要数据，这些数据通过物联网被用户接收，这样保证了信息的可追溯性，以此实现价值链信息透明、安全、共享。同时，区块链不可篡改的特性也可以防止源头数据被恶意篡改，政府与监管机构也可以更好地利用"区块链＋物联网"技术追溯产品源头，普通民众也可以更放心地消费。

　　总的来说，区块链目前在我国仍处于起步阶段，相关的法律法规与市场监管仍不到位，但是区块链已经显示出对实体行业强大的影响力。实体行业如何拥抱区块链、如何通过区块链技术实现产业的转型升级也将会是未来区块链发展的一个重要课题。

（三）区块链将成为传统金融与新兴互联网金融之间的桥梁

　　就现状而言，传统金融与互联网金融之间存在很深的代沟，传统金融的从业者无法很好地理解互联网金融，而互联网金融的从业者也没有找到很好的方式将几百年来传统金融的经验整合到互联网中。在这种情况下，区块链扮演了二者之间沟通的桥梁，上文介绍过的"数字货币"就是区块链整合传统金融与互联网金融的一个很好的例子。通过互联网"数字化"的特征使传统金融的贸易手段"货币"转化为互联网金融领域的"数字货币"，这不仅使得贸易结算变得方便快捷，同时也控制了货币交易的风险。

除了前文介绍的数字货币之外，"区块链＋供应链金融"也是另一个具有广阔前景的应用方向。供应链金融是指银行围绕核心企业管理上下游中小企业的资金和物流，并把单个企业的不可控风险转变为供应链企业的整体风险，从而将整体风险控制在最低的一种技术手段。在构建供应链金融的过程中，区块链不可篡改、去信任、去中心化等特性可以帮助供应链金融更好地走向数字化模式、O2O 模式、智能化模式，依托区块链的范式共同构建未来供应链金融的产业生态。目前，以腾讯为代表的互联网企业和以平安银行为代表的金融机构正在积极探索区块链和供应链金融的整合，从而更好地实现资金流转的平台和上下游的供应商和经销商建立更加紧密的商业合作愿景。腾讯公司在近期发布的《智慧金融白皮书》中也披露了类似的区块链与供应链金融的应用案例。

如图 11-1 所示，以应收账款为例，一级供应商与核心企业产生应收账款后，一级供应商将应收账款记录到区块链中，生成对应的数字资产。当其与二级供应商（对应为一级供应商的经销商）产生赊销关系时，一级供应商可将与核心企业产生的数字化应收账款债权进行拆分，并在围绕核心企业的多级供应商和经销商之间进行流转。

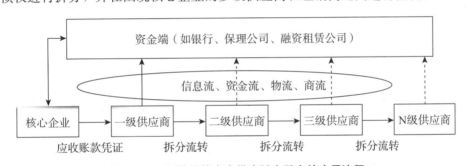

图 11-1 区块链技术在供应链金融中的应用流程

资料来源：融易学. 区块链＋供应链金融的三种基础模式与四点建议，搜狐网，2018-04-26。

目前小微企业贷款难、融资难的难题仍是制约中国经济发展的一个顽疾。如果能够通过供应链了解到各个小微企业的资金需求，精准地把国家的贷款通过供应链传递到小微企业的手中，将在很大程度上缓解小微企业贷款难、融资难的问题。

众所周知，金融政策的出台具有延期性与滞后性，这往往是由于政府不能及时了解金融市场的运行情况造成的。例如，2008 年的金融危机正是由于美国政府错误地判断美国金融市场的运行情况，没有及时对雷曼兄弟银行进行资金支持而酿成的一场全球性的金融风暴。而"区块链＋供应链金融"已经成为可以快速帮助政府了解金融市场的运行状态、及时出台政策对可能出现的金融危机进行控制的一种有效途径。同时，"区块链＋供应链金融"也可以更快地将政府的金融政策传递到金融市场中，更快地发挥金融政策的调节作用，保证金融市场安全平稳运行。

（四）区块链将促进共享经济与普惠经济的发展

从根本上看，共享经济实际上是技术进步的结果。共享经济的目标是以互联网为媒介，让大家公平地享有社会资源。共享经济的参与者以不同的方式进行付出，也同样以不同的方式获取收益。共享经济在经济层面的特点是所有者暂时让渡所有权以获得租赁经济，但是这种模式需要一种迅速、快捷的信息传递方式，否则将极大地提升租赁经济的成本。而互联网的出现恰好符合了共享经济媒介的需要，互联网可以让世界两端的共享经济参与者在短时间内获取相同的信息，减少了参与者之间的信息不对称，使资源的配置更加高效、方便、快捷。

基于共享经济而生的共享金融也正在受到越来越多的关注。所谓共享金融，是指通过大数据技术支持金融服务与金融产品的创新，构建以共享经济为中心的金融服务模式，努力通过金融手段实现资源高效、公平的配置，促进金融行业的高效发展，让金融更好地服务社会。

作为一种以去中心化、分布式和不可篡改为特性的共识机制，区块链正在推动共享经济的模式不断发展和演变，从而使得全产业链实现资源的公平配置，保证每一个参与者都能够获取优质的金融服务。

区块链在促成共享经济的同时也提升了普惠经济的发展。区块链改变了过去以大的金融企业和金融中介为中心的金融系统，用去中心化的分布式系统让每个参与者都成为维护整个区块链平稳有效运行中不可或缺的一员，这可以让普罗大众享受到优质的金融服务，也就是所谓的"普惠金融"。目前，世界上还有很多欠发达国家，还有很多无法接触到互联网金融服务的贫困人口。据2012年美联储的一份报告，即使是在发达国家美国，仍有11%的人享受不到银行服务，11%的人享受的银行服务不足。如何让普惠金融的概念深入人心，如何让人们都享受到现代化的"互联网＋金融"服务，仍然是全世界关心的一个问题。由于无法接触到高效的金融服务，许多人往往只能投资一些高风险、低收益的小型金融公司的理财产品，这大大降低了他们抵御风险的能力。

中国政府一直把让全民享受到优质的金融服务作为工作的重中之重。2016年国务院《政府工作报告》指出："支持分享经济发展，提高资源利用效率，让更多人参与进来、富裕起来。""要推动新技术、新产业、新业态加快成长，以体制机制创新促进分享经济发展，建设共享平台，做大高技术产业、现代服务业等新兴产业集群，打造动力强劲的新引擎。"

虽然普惠经济本身很诱人，但是在大量的资本涌入市场同时政府监管尚未完全到位的情况下，许多本身没有资质或者资质不足的点对点网络借款（peer to peer，P2P）公司也打着"普惠金融"的旗号在市场上招摇撞骗。许多不了解内情的投资者轻易地相信了所谓的"低风险、高回报"的幌子，把多年的积蓄投入其中。应该说，目前中国的共享经济仍不成熟，探索出一条让普罗大众收益的共享经济模式仍将会是未来中国需要面对的一个难题。

第二节　区块链的缺陷

一、区块链的高成本

众所周知，区块链开放式、分布式的特性是通过不断增加区块链的节点数，也就是不断对区块链进行延展实现的。这种方式可以在保证原有的交易记录不被篡改的前提下不断添加新的交易记录。然而，区块链要求在添加新的区块时给出对哈希难题的解答，这样可以防止历史交易记录被篡改。解答哈希难题需要极高的成本，这将极大降低区块链的处理速度，而这也是工作量证明机制一个很大的弊端。

比特币区块链系统运行成本惊人。研究发现，比特币一个月的运行成本高达 5.4 亿美元，而以比特币为模板诞生的以太坊一个月的运行成本也高达 1.16 亿美元，EOS 的运行成本则达 2 800 万美元。巨大的成本使许多比特币挖矿企业不堪重负。然而，维护公有链的成本与保护公有链抵御外部风险的能力正相关，盲目地降低运行区块链的成本也同时会降低区块链的安全性。

此外，过于庞大的成本使得开发新区块的能力被拥有大量金融资源的人所占据，而空有技术却没有资金支持的人注定将在区块链新节点的竞争中败北。这样，越来越多的区块链节点将会被拥有大量金融资源的大型金融机构占据，造成区块链的垄断。原本分布式的、多样化的区块链也将成为大型金融机构的私人产物，这就形成了潜在的中心化风险，不利于区块链被更多的人接受。

目前，一些区块链发烧友们使用区块链组件库帮助企业部署区块链。企业可以选择适合于自身业务的共识算法、加密算法、智能合约等模型部署自己的区块链。而许多致力于构建区块链公有链项目的公司也提供了区块链组件库，例如 Cosmot 和 Plokdot。这样，一个完整的区块链从区块链组件库中拼接而成，这在很大程度上降低了企业部署一个区块链所需的成本，很可能会成为未来区块链部署的一个主流方式。

二、区块链的管理仍是一个亟待解决的问题

虽然区块链去中心化、分布式的特性增强了区块链的稳定性，但是如何管理区块链安全、稳定的运行也是目前企业面对的一个挑战。由于区块链诞生的时间短，基层的很多设施都无法实现稳定的自动化。因此，当面对一套如此复杂而又如此新的系统时，区块链管理的难题也随之出现。事实上，仅仅依靠组建庞大的区块链工程师和技术人员的队伍是不可能完全解决这个问题的，想要让区块链便于管理，最有效的方法还是从区块链本身入手，更新区块链的技术，同时简化企业部署区块链的过程。

印度区块链管理平台 Elemental 的管理人员正在试图解决这个痛点。公司的首席执行官和首席技术官首次尝试使用彩色币解决问题。简单来说，通过仔细跟踪一些特定比特币的来龙去脉，可以将它们与其他比特币区分开来，这些特定的比特币就叫作彩色币。它们具有一些特殊的属性，比如支持代理或聚积点，从而具有与比特币面值无关的价值。彩色币可以用作替代货币、商品证书、智能财产以及其他金融工具，如股票和债券等。彩色币本身就是比特币，存储和转移不需要第三方，可以以已经存在的比特币为基础，因此彩色币可以为现实世界中难以通过传统方法去中心化的事物铺平道路。然而这种基于彩色币的想法所起到的管理区块链的效果不是很理想。紧接着，他们又使用了像 Hyperledger 和 Tendermint 这样的企业的解决方案。

Elemental 的目标是建立一个可以不需要管理员的自动对区块链进行管理的系统。

他们将一个名为"Hadron"的节点级软件和一个名为"联邦网络协议"的管理通信和决策的分权协议组合在一起。正如 Vaisoha 本人所言,"我们试图解决的问题是,为大型企业的网络提供分散决策的物流。"

Elemental 管理区块链的方法是使用类似于"大厅监控"的模式。简单来说,如果一个新成员必须添加到网络上,那么每个人都必须将新成员的 IP 列入白名单中,打开某些端口,并对配置文件进行修改,比如生成文件。这样,当一个新成员加入或者离开网络时,整个区块链可以更好地协调与同步。在这种情况下,自动化这些任务将更具效率、更具可靠性,而这正是联邦网络协议设计的目的。

因此,Elemental 团队形象地使用"大厅监控"来描述整个系统。这里联邦网络协议就像是一个"大厅监控器",这个监控器保证整个区块链健康、稳定运行。当这个"大厅监控器"检测到区块链中的某个节点运行出现异常即将崩溃时,则会执行"预测校正功能"(Hadron)。这样,联邦网络协议保证了区块链管理系统在每个时刻都知道区块链中节点的数量和每个节点的运行状况,同时 Hadron 可以预测区块链中崩溃的节点并通过旋转验证器来防止故障的发生。这样,一旦系统判断区块链运行处于一个"危险"的状态,系统就会及时采取措施进行补救。

目前,Elemental 团队开发的这个区块链管理系统正在与印度国家证券交易所进行合作,已建立一项名为"了解客户"的合规计划,帮助印度国家证券交易所管理区块链安全、健康运行。

除了更好的管理区块链外,Elemental 团队希望更进一步,当私人区块链中的一个节点能与另一个节点保持通信时,一个运行 Hyperledger Fabric 的组织就可以连接到另一个运行 Hyperledger Sawtooth 的组织。这样,Elemental 就可以将它们扩展到公共区块链上,使区块链的网络管理成为无风险和无漏洞的点击体验。如果这项尝试成功,那将是区块链管理领域一次史无前例的创新。

三、区块链相关的法律尚不健全

目前,日本、俄罗斯和中国香港等国家和地区都通过了区块链相关的法规和政策,区块链的法律监管日趋完善。不过,虽然目前各国都陆续出台区块链相关的法律文件,区块链仍面临一些法律问题与监管问题。

1. 区块链开发者是否为可能被黑客利用的漏洞负责

在公司法中,有关于"公司面纱"的相关规定。公司面纱,即公司法人的独立人格。公司作为法人,必须以其所有资产独立地对其法律行为和债务承担责任,公司股东以其出资额度为限对公司的债务承担有限责任。但是在很多情况下,这会帮助公司的所有人逃避公司违规的个人责任。

区块链的开发团队也面临这个问题。如果因为某一个区块链开发人员的失误导致黑客窃取了大量的信息,那么损失应该由开发者本身承担还是由整个团队承担? 同时开发者是否面临刑事责任? 目前普遍的共识是,区块链开发者拥有类似于"公司面纱"的"技术面纱",当开发团队中的某个开发人员出现失误时,"技术面纱"可以帮助开发人员逃避法律责任。

然而，"技术面纱"制度正在引起越来越大的争议。如果区块链开发人员出于个人利益或者其他考量故意在区块链中留下漏洞，导致黑客攻击得手，最后再通过"技术面纱"逃避法律责任的话，将会给参与区块链普通用户的利益带来巨大的伤害。对于这种情况，美国商品期货交易委员会（Commodity Futures Trading Commission，CFTC）专员布雷恩·昆廷斯（Brian Quintenz）建议，在合理可预见的情况下，智能合约代码开发人员明知用户使用该合约可能会违反 CFTC 规定，仍然继续开发，开发人员应该因错误行为而被起诉。不过，如果这项建议付诸实施，又将大大降低普通技术人员参与区块链开发的热情。因此，如何界定区块链开发人员的责任，目前仍是区块链法律中的一个空白。

2. 不同国家的区块链监管机构如何联合

随着区块链技术在全世界范围内的推广，越来越多的国家和地区都参与区块链的开发。然而，由于各国不同的国情和政治体制，将各国的区块链监管机构联合到一起显得困难重重。同时，区块链地理上去中心化、分布式、匿名性的特性导致仅凭借一个国家的监管力量无法对区块链进行有效监管。

阅读材料一

目前国际上正在针对区块链的联合监管进行讨论。2018 年在阿根廷举办的 G20 峰会把与"加密货币"相关的议程纳入部长级会议中。在此之前，有关"加密货币"的相关讨论只停留在讨论金融稳定问题的各国专家会议桌上。

同时，希望把加密货币问题放在桌面上讨论的不止日本，还包括俄罗斯和欧盟的许多核心成员国。

日本的内阁官房长官在接受采访时表示，希望在会议上分享日本作为数字货币领域发展的前列国家到底是如何看待加密货币的，以及日本认为与数字货币相关的行业将对全球经济产生什么影响。

欧洲银行管理局一直对过度监管加密数字货币行业持反对态度，多次发出警告：过度监管将影响金融创新。欧洲银行管理局也于近期发布了一个路线图，用来定义两年内如何能有效监管而不过度限制数字货币发展的监管事项。

欧盟的主要核心成员国也对全球联合监管数字货币行业报以殷切期待并且持有这样务实的态度："规范而不限制""让事情发生"。规范将有助于保证数字货币消费者的权益，以及防止洗钱和恐怖主义行为，而对待充满创新与未知性的新金融领域，则保留其"呼吸"的空间。

不过，虽然目前各国已经针对区块链的国际监管达成共识，但是针对各国如何进行监管以及谁负责监管的问题仍在讨论中。不得不说，这仍是目前区块链法规中的一个空白。

资料来源：链闻 Chain News. 数字货币各国联合监管时代，即将来临. 搜狐网，2018 - 03 - 15.

3. 政府是否应该对比特币交易所及比特币相关交易进行监管，这是否触犯用户隐私

在区块链诞生之初，很多人为这种可以逃避政府监管的新技术欢呼雀跃。然而，随着区块链应用越来越广泛，利用区块链技术进行诈骗的案件也变得越来越多，因此针对比特币交易所进行监管的呼声也变得越来越高。目前，包括美国、中国在内的很多国家都针对比特币采取了监管手段。

阅读材料二：

2017 年 4 月，华盛顿政客达成一致意见并确定了针对比特币交易所的监管规定。这些监管指导方针和规定如今正式生效。立法者在参议院和众议院推动通过了第 5031 号法案，并且已经获得华盛顿州州长杰伊·英斯利（Jay Inslee）的正式签署。

这些规定声明任何在华盛顿州经营加密货币交易所的人都必须申请该州颁发的许可证。他们必须与一家第三方审计机构合作，披露自己的系统并接受监督。

这个法案表示，"对于代表其他人存储虚拟货币的业务模式，企业申请资质时必须提供一份有关所有电子信息和数据系统的第三方安全审计。"

立法者还创建了一条规定，要求交易所必须具备一种与其业务相关联的保证金。保证金大小与其前一年进行的交易额相关。

资料来源：巴比特资讯. 美国华盛顿正式监管比特币交易所. 中国电子银行网，2017 - 08 - 02.

阅读材料三：

在对加密货币的监管方面，中国一直处于前沿位置。2017 年，中国对新加密货币认购平台（initial coin offerings，ICO）和加密货币交易实施了全面禁令。然而，这并不意味着中国对来自加密货币及其底层区块链技术视而不见。事实上，中国正在试图将加密货币和区块链区分开来。然而，尽管区块链行情一路看涨，监管机构最近却发出了一系列呼吁。银行业监管机构已经表示，将区块链技术过度神化会带来危险。与此同时，中国人民银行的另一监管机构也重申了对 ICO 的禁令，称有关加密货币和 ICO 的相关业务将受到"打压"。要理解中国对整个加密货币领域的立场，可能不会那么容易。2017 年，监管机构颁布了 ICO 和加密货币交易禁令，表面上看，似乎它在否定区块链和比特币。但随后不久，其对区块链的态度就发生了转变。6 月 26 日，中国央行提交了一项数字钱包专利，并且有消息称，政府正在开发中央数字货币。所有这些，政府对比特币的看法让人感到不解。更令人困惑的是，监管机构最近正在对区块链进行淡化处理。一些人的解读是，鉴于区块链已陷入炒作浪潮，监管机构很可能是想借此确保国民不会因这一革命性技术而冲昏头脑，否则，它可能会对区块链的潜力造成危害。

不过，针对各国政府对于比特币交易所的监管，一些交易所并不买账。针对阅读材料二中美国华盛顿州关于比特币交易所的监管，大型比特币交易所 P 网（Polonix）和 B 网（Bitfinix）表示它们将停止在华盛顿州开展业务。同时，一些比特币持有者也认为政府针对比特币交易所的监管侵犯了他们的隐私，并对政府关于区块链监管的新政策表示了抗议。总的来说，如何在针对比特币交易的监管与保护比特币所有者的个人隐私之间达到平衡，仍将会是未来区块链法律中面临的一个重要问题。

资料来源：数字货币风向标. 中国对于比特币的监管态度. 搜狐网，2018 - 07 - 31.

四、大众对于区块链的接受程度仍有待提升

虽然目前区块链在中国乃至全球都获得了不错的发展。然而不得不说，由于区块链本身门槛较高，同时比特币数字货币的属性又与以往人们投资的黄金、货币这类实体货币有所不同，因此比特币的货币与投资属性一直存在很大的争议，下面的阅读材料列出一些关于比特币和区块链的看法。

阅读材料四：

1. 区块链在量子计算面前一钱不值。——任正非
2. 感谢币圈的朋友看得起我，但发币我自己也会，只是没打算去做。——罗永浩
3. 比特币根本不可能成为法定的数字货币。——黄奇帆

在中国，不管是在普通民众还是行业精英中，区块链的接受度都不高。总的来说，现阶段区块链的技术发展与区块链追求的高效、透明、快捷等目标相去甚远，大量的信息还无法通过区块链进行实时共享，大量针对区块链的攻击频频得手，再加上比特币价格动荡都让大众对比特币产生畏惧情绪。具体来说，现阶段大众仍存在如下几个误区：

1. 去中心化＝没有中心

在大众的普遍认知中，任何团队和组织都需要一个"领导"来协调团队中的每个成员更好地完成任务。这个"领导"就相当于"中心"，一个没有中心的团队将会是一盘散沙。这本身并没有问题，但是很多人将区块链"去中心化"的精神狭隘地理解为"没有中心"，认为区块链是一个各自为政、混乱不堪的系统。而实际上，"去中心化"是指区块链去掉原有的中心，形成了新的中心，或是打破原来的中心，形成多个中心。区块链"分布式"的特点让区块链中的每一个节点都成为一个独立的中心。这些中心"高度自治"，同时又通过区块链与其他的"中心"相互通信形成一个节点之间互通有无的区块链系统。因此，这里的"去中心化"是指区块链采用分布式的网络代替了原来的中心化网络，而这绝不等同于没有中心。

2. 不可篡改＝不能修改

大众对于区块链的另一个担心源于区块链"不可篡改"的特性。因为人们担心当自己因为某些原因希望修改存入区块链中的数据时，区块链的特性导致这些数据无法被修改。但实际上，区块链的不可篡改是指区块链的每一个区块都记录着前一个区块所有信息的哈希值，一旦上一个区块的数据发生变化，下一个区块的哈希值验证就不会通过，进而确保无法篡改。如果黑客试图篡改某个节点的数据，也会被区块链系统自动检测到，然后把这笔被篡改的记录从链上踢掉，从其他的存储节点把健康的交易数据同步过来。

但是要注意的是，这里的"不可篡改"不同于"不可修改"。"不可篡改"是防止第三方使用非法的手段修改存入区块链的数据，而当数据本身的储存者试图修改存入的数据时，一般会采用两种方法：重新计算整个链条，或者在发生不良事件之前重新计算链条。这会消除并重现历史。在比特币出现的早期，就会发生这样的事情。另一个是分叉，

它保留了历史代码和交易，但意味着现在软件的工作方式不同了。这方面最著名的例子可能就是引入用于处理 DAO 被黑事件的以太坊硬叉。

3. 分布式＝没有隐私

在不少人的认知中，分布式系统会让其他所有的区块链参与者获得自己存入区块链的数据，进而侵犯自己的隐私。而实际上，分布式的系统通过分布在全球的区块节点一起存储数据，它不仅不会侵犯用户的隐私，反而会帮助用户更好地保护个人隐私。目前，许多对政府和大型机构不信任的人选择将自己的数据存储在区块链中以保证自己的数据不被政府和机构监管。然而，许多不法机构也使用区块链作为自己逃避追踪的手段。如何保证区块链更好地保护大众隐私也将会是区块链未来面对的一个主要问题。

除了上面列举的之外，人们对区块链还可能存在其他误解，如何向很多并未接受过高等教育的人普及区块链，如何让他们了解区块链、接受区块链，也将会是未来区块链发展中面对的一个挑战。

第三节　区块链的发展趋势

区块链不是已经得证的数学定理，不是一项静态的技术，诞生之后仍在不停地进步发展、更新换代。随着比特币系统近年来的快速发展，区块链这一支撑数字加密货币体系的核心技术也得到了长足的发展。近年来区块链技术的研究和应用呈现出爆发式增长态势。区块链技术是继大型机、个人电脑、互联网、移动/社交网络之后计算范式的第五次颠覆式创新，区块链技术是下一代云计算的雏形，十分有可能像互联网一样彻底重塑人类社会活动形态，并实现从目前的信息互联网向价值互联网的转变。

目前区块链技术的迅猛发展和美好前景引起了金融机构、政府部门以及科技从业者的关注。英国政府于 2016 年 1 月发布区块链专题研究报告，报告中提及积极推进区块链技术在政府事务中的应用；中国人民银行于 2016 年 1 月 20 日召开数字货币研讨会，会议探讨了采用区块链技术发行虚拟货币的可行性，以及虚拟数字货币是否能够提高金融活动的效率和透明度。2015 年 12 月，美国纳斯达克率先推出基于区块链技术的证券交易平台 Linq；IBM 和 Linux 基金会推出了"超级账本项目"（Hyperledger Project），通过开源社区的方式吸引多家国际领军企业共同参与区块链技术的研究；德勤和安永等专业审计服务公司为提升其客户审计服务质量相继组建区块链研发团队；成立于 2015 年的英国公司 Everledger 应用区块链技术为公司里的钻石提供了一个记录身份和交易信息的账本；法国巴黎的一家企业 BlockPharma 用区块链技术进行药品追溯和防伪造；还有很多研究人员正在基于区块链探索未来网络基础设施的架构，希望能够通过区块链技术实现未来互联网的革新。研究人员都在探索区块链技术能够应用的领域和空间，使得区块链技术不再局限于加密数字货币，而是拥有更为宽广的发展空间。

一、行业标准规范日趋严谨

目前我们可以确定的是，区块链技术已从探索阶段进入应用阶段，中华人民共和国工业和信息化部在 2018 年 5 月发布的《全国专业标准化技术委员会筹建申请书》中提及在 2015—2017 年三年时间内，全球对区块链领域的创业资本投入已经超过 14 亿美元，目前也已经有超 2 500 项专利申请成功。区块链技术应用领域涵盖资产交易、云存储、数据身份管理、医疗数据管理等领域。全球著名咨询公司德勤于 2018—2020 年均发布了当年的《全球区块链调查报告》。从德勤公司每年从不缺席的报告来看，区块链技术已经渗入公司生产运营的方方面面了。从内容来看，2018 年的调查报告描述道："目前区块链技术正处在一个从区块链技术探索到区块链实际应用的转折点，传统企业正在将数字化技术整合到它们现有的业务中以构建所谓的数字企业。"报告中明确指出区块链技术处于发展初期，正从区块链测试转向构建真实的业务应用。2020 年的调查报告指出："人们对于区块链技术的疑问和过时的想法在进一步的消失，并且区块链正在扎根于跨行业、跨部门和应用程序的组织战略思维中。"

在 2018 年发布的报告中，采访的人群选取了加拿大、中国、法国、德国、墨西哥、英国和美国 7 个国家、10 个行业年收入超过 5 亿美元的企业中的 1 000 多名熟悉区块链的高级管理人员，到 2020 年发布的报告中，增加了爱尔兰、以色列、新加坡、南非、瑞士和阿拉伯联合酋长国 6 个国家，可以看出区块链技术已经不只是发达国家的专利，而是受到各国重视得以迅猛发展的一项技术。2020 年，区块链技术被视为战略重点，各国为发展区块链技术投入更多人力和资金的支持，有 55％ 的受访者将区块链的发展视为优先事项，这个数据在 2018 年时还是 43％。

在 2020 年的报告中，有 82％ 的受访者表示他们正在招聘具有区块链专业知识的员工或者计划在未来一年内招聘具有区块链专业知识的员工，这个数字在 2019 年还是 73％。全球 39％ 的受访者表示他们已经将区块链纳入生产，较 2019 年的 23％ 有显著增长。报告中显示，较多企业已经考虑将区块链技术应用到实际业务系统中，例如，金融、供应链、物联网等众多传统或新型行业中都已经出现了区块链的身影。以上调查都代表着区块链技术已经从理论跃升为实际操作，人们所担心的更多是行业法律法规的制定和遵守。区块链技术的实施涉及客户、供应商、投资者、监管机构、政府部门以及整个社会，首要的问题就是网络安全、全球数字身份，以及对于既定的会计、审计政策的内部控制、税收和财务政策的遵守。因此，想要进一步开发区块链技术的企业家或是投资者会选择已经明确区块链发展路线的国家或组织，那些对于区块链持保守态度的国家很有可能就失去了初始的市场份额。

2020 年的报告显示，有 31％ 的美国受访者表示区块链技术已经在生产中，与之形成鲜明对比的是中国，达 59％ 的中国受访者表示区块链技术已经应用在实际中。总体而言，亚太地区的该比例达到 53％，爱尔兰和阿拉伯联合酋长国则分别为 48％ 和 43％，这三个地区是目前推动区块链技术较为积极的地区。在中国，由中华人民共和国工业和信息化部于 2018 年牵头成立的可信区块链联盟吸引了各个行业数以百计的单位参与，推进区块链基础核心技术和行业应用落地。华为等行业巨头不仅推进区块链服务平台的建设，而且积极引导税务、金融、供应链、通信等诸多领域的技术实施，并参与区块链与行业业务的融合与落地。可信区块链联盟成立之后，政府也做出了多项推进区块链技术实施落地的工作，例如，2018 年 9 月工业和信息化部组织召开的区块链专家研讨会，2018 年 12 月组织开展的中国区块链技术和产业发展论坛第三届区块链开发大会，2019 年 4 月举办的区块链技术与数据治理高峰论坛，2019 年 11 月工业和信息化部信息化和软件服务业司组织召开的区块链标准化工作座谈会，都给区块链的发展提供了肥沃的土壤，使得区块链技术能够在中国这片土地上茁壮生长。

为了推动区块链技术和产业创新发展，中国信息通信研究院于 2016 年发起可信区块链推进计划，并且组织相关研究人员编写了《中国区块链技术和应用发展白皮书（2016）》。其中明确指出，随着区块链技术的不断发展，区块链技术体系正在逐步建立。虽然区块链技术在各个细分领域上的应用有所不同，但是在基础架构上存在一定的共同特性，比如它们都包括共识机制、账本、智能合约等关键技术。《中国区块链技术和应用发展白皮书（2016）》认为联盟链是目前区块链进入应用阶段的最重要的形式，预计在下一个阶段联盟链和公有链的架构将开始融合，未来可能出现联盟链和公有链结合的混合架构模式。这种模式可能会形成一种新的技术生态。与此同时，区块链技术将通过云计算平台帮助用户以更低的成本和更高的效率构建区块链应用，可以使开发者专注于开发区块链技术在不同领域不同场景下的可能性，也为企业、政府等客户提供更为便利的渠道和更为新颖的产品。除了编写发布《中国区块链技术和应用发展白皮书（2016）》外，国家还首次将区块链列入《"十三五"国家信息化规划》，文件中这样写道："物联网、云计算、大数据、人工智能、机器深度学习、区块链、生物基因工程等新技术驱动网络空间从人人互联向万物互联演进，数字化、网络化、智能化服务将无处不在。"

随着区块链技术的不断创新升级和逐渐成熟，以及区块链技术和云计算、大数据、人工智能等先进前沿科技的深度融合和集成创新，区块链的技术体系架构逐渐成熟。在不久的将来，我们就能看到区块链技术在金融、司法、工业、游戏等多个细分领域的应用，区块链技术也将真正为实体经济和数字经济建设做出巨大的贡献。

在可以预见的未来，区块链的应用领域将逐渐细分并且日趋复杂，区块链技术也将更为紧密地和各个产业相结合，侧链技术、跨区块链协同发展，线上线下交互和安全隐私保护等核心区块链技术的重要性也将日渐凸显，区块链技术地位的日渐显要和日益增多的关注度将为区块链技术带来新的机遇和挑战。

前面我们说到区块链技术和实际生产的结合正加速落地，那么参与区块链技术的企业也会越来越多，自然而然就会导致各个企业之间的竞争逐渐白热化，竞争的范围也会不断扩大。企业可以直接秉持"拿来主义"，不在开发区块链技术方面费心，专注于区块链技术、产品的实际应用。然而，作为开发区块链技术的企业对于区块链相关专利的竞争和保护将逐步展开，在可预见的未来企业将对专利保护更为重视。

区块链发展初期正是各大公司和组织跑马圈地的好时机，各大公司纷纷投入区块链知识产权竞争这一赛场中。"2018 年全球区块链专利企业排行榜（TOP100）"是由全球领先的知识产权专业媒体 IPRdaily 正式对外发布的榜单。排行榜中区块链专利申请量达到 20 个以上的公司有 36 家，其中以中国和美国两国的公司居多，分别占据半壁江山，阿里巴巴作为榜首申请专利数量高达 90 个。知识产权产业媒体 IPRdaily 与 incoPat 创新指数研究中心于 2019 年联合发布了"2019 年全球区块链专利企业排行榜（TOP100）"，排行榜对 2019 年 1 月 1 日至 12 月 31 日公开的全球区块链技术发明专利申请数量进行统计排名。在 2019 年的榜单中，阿里巴巴以 1 505 件专利位列第一，腾讯以 724 件专利排名第二，中国平安以 561 件专利排名第三。从全球区块链发明专利申请公开数量上看，前十位的企业有 7 家来自中国，前百位的榜单中有 52 家中国公司，可见中国区块链发展之迅猛。其中，阿里巴巴以 2 344 件专利位列第一，甚至以数倍的优势远超第二位的腾讯。IPRdaily 与 incoPat 统计分析了 2020 年 1 月 1 日至 2020 年 6 月 30 日公开的全球区块链技术发明专利申请数量后发布了"2020 上半年全球企业区块链发明专利排行榜（TOP100）"，其中阿里巴巴以 1 457 件专利位列第一，腾讯以 872 件专利排名第二，浪潮以 274 件专利排名第三。入榜前 100 家企业主要来自 14 个国家、组织或地区，中国企业占比为 46%，美国企业占比为 25%，韩国企业和日本企业各占比 7%，德国企业占比为 5%。从连续三年的榜单来看，各大公司申请区块链专利的数量连年攀升，从 2018 年到 2019 年申请数量实现了质的飞跃。目前区块链专利的申请量依旧处在一个井喷期，各大公司和组织都在争分夺秒地鲸吞市场份额。从行业角度来看，中国的互联网巨头阿里巴巴、腾讯、中国平安领跑整个榜单，通信巨头华为、中国联通等高科技公司纷纷上榜，榜上也能够看到金融巨头中国银行、中国工商银行的身影。从地域角度来看，目前区块链专利的申请主要分布在亚洲的中国、韩国和新加坡，北美洲的美国，大洋洲的澳大利亚以及欧洲的德国和英国。其中以中国最为突出，无论是专利的申请数量还是申请公司的数量都远超其他国家。毫不夸张地说，其余国家申请区块链专利的数量之和都比不上中国目前的申请数量。

根据上面的三份报告，结合目前区块链技术的发展状态，我们可以做一个大胆的猜测，未来区块链发展的主要阵地在中国，且依旧会保持一个迅猛发展的状态。未来区块链专利申请依旧以企业申请为主，并且专利申请中心应该还是以互联网科技、金融科技巨头，向其他类似物流、大众消费等领域辐射。可以预见的是随着区块链的价值被进一步探索，未来专利申请的争夺战将开始上演，区块链知识产权的保护也将逐步走向激烈化。

区块链技术作为一种足以颠覆现代互联网体系的创新应用模式，它广泛的应用领域在具有价值创造优势的同时也迎来了一些挑战，各个细分领域都缺乏基本技术共识和核心理念，使得与区块链结合的行业发展碎片化严重。同时，区块链所拥有的跨领域、跨业务的特性一方面促进了不同领域间的协同发展，但另一方面也增加了社会交易成本。从区块链技术出现到现在，各种共识机制、跨链交易等新兴概念层出不穷，研发区块链的项目日益增多，区块链技术的成熟度也有了显著的提升，但是由于没有统一规范的项目标准，项目的质量参差不齐，大多数项目存续的时间也十分短暂，加上公司竞争的日益激烈，市场上亟须有一套完整的指导区块链技术和监管的规范标准体系。一套规范的标准体系有利于指导区块链项目的开发和部署，有利于安全、可靠、合理地评估区块链项目，有利于降低区块链技术跨领域发展的衔接成本。

目前，国内外的区块链研究组织都在努力推进区块链标准化工作，组织开展了标准研制等一系列工作，并取得了一些进展。澳大利亚标准化协会于 2016 年 4 月向国际标准化组织（International Organization for Standardization，ISO）提交了新领域技术活动的提案，提案中明确指出成立新的区块链技术委员会，明确互操作性、术语、隐私、安全和审计的区块链标准。2016 年 9 月，该提案获得通过，ISO 成立了区块链和分布式记账技术标准化技术委员会 TC 307。2017 年下半年，ISO/TC 307 将工作重点放在研制参考架构、智能合约、安全隐私、互操作等标准上。截至 2018 年 4 月，术语、参考架构、分类和本体等 8 项国际标准已完成立项（详见表11-1）。

表 11-1 ISO/TC 307 现阶段标准研制情况

序号	英文名称	中文名称
1	ISO/AWI 22739 Blockchain and distributed ledger technologies——Terminology	区块链和分布式记账技术——术语
2	ISO/NP TR 23244 Blockchain and distributed ledger technologies——Overview of privacy and personally identifiable information（PII）protection	区块链和分布式记账技术——隐私和个人可识别信息（PII）保护概述
3	ISO/NP TR 23245 Blockchain and distributed ledger technologies——Security risks and vulnerabilities	区块链和分布式记账技术——安全风险和漏洞
4	ISO/NP TR 23246 Blockchain and distributed ledger technologies——Overview of identity	区块链和分布式记账技术——身份概览
5	ISO/AWI 23257 Blockchain and distributed ledger technologies——Reference architecture	区块链和分布式记账技术——参考架构
6	ISO/AWI TS 23258 Blockchain and distributed ledger technologies——Taxonomy and Ontology	区块链和分布式记账技术——分类和本体
7	ISO/AWI TS 23259 Blockchain and distributed ledger technologies——Legally binding smart contracts	区块链和分布式记账技术——合规性智能合约
8	ISO/NP TR Blockchain and distributed ledger technologies——Overview of and interactions between smart contracts in blockchain and distributed ledger technology systems	区块链和分布式记账技术——区块链和分布式记账技术系统中智能合约的交互概述

区块链国际标准化工作正在顺利推进，国际标准的制定有利于打通不同国家、行业和系统之间的认知和技术屏障，国际标准的制定也为全球区块链发展提供了重要的标准化支撑。在全球纷纷发力制定区块链标准时，中国也在积极参与区块链标准的制定。工信部信息化和软件服务业司于 2016 年 7 月印发了《关于组织开展区块链技术和应用发展趋势研究的函》，委托工信部电子标准院联合国内多家重点企业开展区块链技术和应用发展趋势研究工作。为贯彻落实函中的要求，2016 年 10 月 18 日中国区块链技术和产业发展论坛在北京成立。中国区块链技术和产业发展论坛由工信部信息化和软件服务业司、国家标准委工业标准二部牵头，联合中国电子技术标准化研究院、蚂蚁金服、万向区块

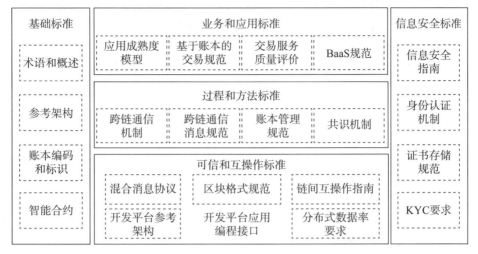

图 11 - 2　区块链标准体系框架

链、微众银行、平安集团、用友、三一集团、海航科技等国内研究区块链技术的事业单位或是重点企业共同组成。论坛的建立是为了积极推动我国区块链和分布式记账技术应用和产业发展，主要任务是研究区块链技术和应用发展趋势，加快制定区块链技术和应用团体标准以及组织召开各种类型的区块链技术和应用研讨会等内容。论坛于 2016 年 10月编写发布了《中国区块链技术和应用发展白皮书（2016）》，随后又研究发布了《区块链：参考架构》团体标准和《区块链：数据格式规范》行业标准。前者系统分析了区块链的发展现状和典型应用场景，提出区块链技术发展路线图和标准化路线图；后者给出了区块链相关的术语和定义，规定了区块链和分布式记账技术的参考架构，统一规范了大家对区块链的认识。2017 年 5 月 14 日至 16 日，论坛理事会在工信部信息化和软件服务业司、国标委工业标准二部的指导下，在杭州萧山（G20 峰会）举办了首届区块链开发大赛。2017 年 8 月，论坛理事会拟定了《中国区块链技术和产业发展论坛开源社区章程》。工信部于 2018 年 6 月公布《全国区块链和分布式记账技术标准化技术委员会筹建方案公示》，在文件中提出了基础、业务和应用、过程和方法、可信和互操作、信息安全等 5 类标准（见图 11 - 2），并初步明确了 21 个标准化重点方向。基础标准用于统一区块链术语、相关概念及模型，为其他各部分标准的制定提供基础支撑。业务和应用标准用于规范区块链应用开发和区块链应用服务的设计、部署、交付，以及规范基于分布式账本的交易。过程和方法标准用于规范区块链的更新和维护，以及指导实现不同区块链间的通信和数据交换。可信和互操作标准用于指导区块链开发平台的建设，规范和引导区块链相关软件的开发，以及实现不同区块链的互操作。信息安全标准用于指导实现区块链的隐私和安全，以及身份认证。方案中 21 个标准化重点方向分别为基础标准分类下的区块链和分布式账本技术术语和概念、参考架构、账本和编码标识、智能合约，业务和应用标准分类下的区块链和分布式账本技术应用成熟度模型、基于账本的交易规范、交易服务评价、BaaS 规范，过程和方法标准分类下的区块链和分布式账本技术跨链通信机制、跨链通信消息规范、账本管理规范以及共识机制，可信和互操作性标准分类下的混合消息协议、区块数据格式规范、链间互操作指南、开发平台参考架构、开发平台应用编码接口以及分布式数据库要求，信息安全标准分类下的信息安全指南、身份认证机制、证书存储规范以及 KYC 要求。

未来，区块链技术将结合产业发展的需求，以展现区块链应用价值为导向，围绕国家政策、技术攻关、平台建设、人员培训和应用示范等多个维度，不断规范区块链技术架构标准体系和治理能力，辅助指导区块链技术相关产业发展进步。

二、未来应用领域的可能发展方向

区块链技术的落地给现代社会发展带来了很多影响，在明确区块链技术的本质、应用路径和实际案例后，我们不妨从区块链的现有情况和国家战略布局层面对区块链技术未来应用领域进行剖析和预测。

区块链科学研究所（Institute for Blockchain Studies）的创始人梅兰妮·斯万（Melanie Swan）在她的著作《区块链：新经济蓝图及导读》中说道："我们应该把区块链当成类似互联网的事物——一种综合的信息技术，其中包含多种层面的应用，如资产登记、编写清单、价值交换，涉及金融、经济、货币的各个领域，像硬资产（有形财产、住宅、汽车）以及无形资产（选票、创意、信誉、意向、健康数据、信息等）。""但是，区块链的概念远不止于此：它是任何事物所有量子数据（指离散单位）呈现、评估和传递的一种新型组织范例，而且也有可能使人类活动的协同达到空前的规模。"

梅兰妮·斯万把由区块链技术已经或者是未来将带来的革新分为三类，分别为：（1）区块链 1.0——货币，包括货币转移、支付和汇兑系统；（2）区块链 2.0——合约，指的是在经济、金融、市场全方位的应用，合约所涵盖的应用范围远远超出现金转移，生活中常见的合约有股票、债券、期权、借贷、产权、智能资产和智能合约等；（3）区块链 3.0——不限于货币、金融、市场范围的区块链应用，在政府公用、医疗健康、文化和艺术等领域。这里仅对前两类做详细介绍。

（一）区块链 1.0——货币

区块链技术最早就是以数字货币底层基础技术的形式出现在人们的视线中的，自比特币系统问世之后，数字货币一直是区块链技术中的一个热门话题。在世界各国，有一个不能否认的事实就是当前现金使用比率的确在下降，主要原因就是电子支付较现金支付效率更高、成本更低同时也更为便捷，此外还有利于违法追踪和风险控制。目前，我国的非现金支付率稳居世界前列，一是由于银行和非银行支付机构（支付宝、微信）的电子支付业务相对更为成熟和完善，二是由于网络经济的快速发展、智能手机用户的大量增加，使得中国成为全球范围内移动支付占比最高的国家。金融服务科技企业 FIS 旗下的 Worldpay 发布的《2020 年全球支付报告》显示，2019 年中国整体线下销售点电子钱包的支付占比达 48%，远远高于 23% 的现金支付占比和 12% 的信用卡支付占比。在线上交易中，电子钱包支付占总交易额的比例甚至达到了 71%，报告预测这个数字将在2023 年达到 81%。《2020 年全球支付报告》预测电子钱包之外的其他线上付款方式比如货到付款（－7％）、预付卡（－9％）、签账卡与递延借记卡（－24％）和预付券（－24％）将在未来的三年面临严重的负增长。放眼全球，电子钱包在电商交易中的使用比例达到42％，可以说明电子支付在全球范围还有很大的发展空间。从需求和供给的角度来看，新兴电子支付技术已经成熟，支付工具及随着网络购物和线下电子支付场景的日益完善，人们也更愿意解放双手，选择无须现金的电子化支付模式。中国人民银行最近发布的数据显示，2019年全国银行共办理非现金支付业务3 310.19亿笔，金额达3 779.49万亿元，同比分别增长50.25％和0.29％。2019年银行共处理电子支付业务2 233.88亿笔，金额达2 607.04万亿元。其中，移动支付业务为1 014.31亿笔，金额为347.11万亿元，同比分别增长67.57％和25.13％。2019年非银行支付机构发生网络支付业务7199.98亿笔，金额为249.88万亿元，同比分别增长35.69％和20.1％。在科技进步和政策支持双向驱动下，全球都在从现金支付转移到电子支付，实物货币的消亡只是一个时间问题。当然，这个时间是漫长的，毕竟实物货币仍然有其需求空间。由于电子支付的大量普及，货币的形态也随之发生了变化，虽然数字货币已经进入公众的视线中，但是人们对于数字货币的内涵和边界还没有达成统一共识。根据巴塞尔银行监督委员会的定义，电子货币是指通过销售终端、设备直接转账或电脑网络来完成支付的储存价值或预先支付机制。早在1996年，国际清算银行就针对电子货币开展了研究，最终得出电子货币可能会影响中央银行的货币政策的结论。客观来说，如果央行掌握着主要电子货币的发行权，那么央行依然可以垄断性地发行货币，但是由于电子货币的可测性、可控性都在潜移默化中产生变化，电子货币必然会给货币政策理论框架带来一定的影响。随着科技的发展，也出现了一些可能会脱离央行控制的新兴网络电子货币形态，比如比特币以及Libra。由于这些数字货币的发行者不是国家，央行的货币政策自然也就对它们无效。因为货币的概念、范畴、转移机制都在不断变化，尤其是银行与非银行、中心与去中心导致了货币不同的形态以及转移方式，所以央行的存款准备金制度、货币流通速度、货币乘数等货币基本政策都受到了不同程度的影响。

我们从货币背后的信用最终支撑这个角度进一步探讨电子货币的发展脉络和前景。第一种是最为典型的法定电子货币，它的信用由国家背书，通常来源于各国央行，或者是由银行机构提供服务，央行通过和银行机构的委托-代理关系给予这类电子货币信用支撑。我们平时使用的信用卡以及各银行推出的手机银行、电子钱包，都属于货币的形态发生了变化，但是并没有跳出央行的管控范围。第二种是以支付宝、微信支付为代表的非银行机构推出的电子支付工具，这是电子商务发展带来的结果。由于非银行机构和央行的联系相比传统银行来说更弱，因此对于现有的货币结构和央行的货币政策影响也就更大一些。目前各国的监管重点就是这类电子货币。例如，支付宝、微信支付都曾推出过"无现金周"等活动，但最终在央行的引导和规范下取消了这类活动，余额宝也做出重大改版。第三种是由一些网络货币"发行"主体提供信用支持的虚拟货币。这种虚拟货币也分为两种：一种是以现实中货币为媒介，购买获得的虚拟货币是用于购买虚拟世界中的电子产品，这种虚拟货币并没有形成独立的电子货币，例如，在阴阳师游戏中，人们用现实中的货币充值后转换成游戏世界中的魂玉，再用魂玉购买游戏世界中的装备道具；另一种是虚拟货币不是从程序开发商处兑换获得的，并且交易对手也不是程序开发商，这种虚拟货币就可能独立地在虚拟世界里执行其商品媒介的功能，例如游戏玩家在淘宝上用人民币交易某种游戏币。这种货币的规模通常都很小，对于现实经济的影响也微乎其微。第四种是以比特币为代表的加密数字货币。加密数字货币的本质是基于特定密码学的网络支付体系，也是高级阶段的、新型的电子货币萌芽。比特币的诞生将数字货币推到大众的视野中，使得数字货币领域成为一个焦点。目前的数字货币多多少少都存在一定的缺陷，比特币也更多地被人们用来投资而不是作为货币来使用，并且由于人们的炒作，比特币的价格波动十分剧烈。

总的来说，严格意义上的数字货币指的是最后一种依托以区块链为代表的分布式规则、智能代码来发行和运行的加密数字货币。由于其信用支撑距离央行的信用化支撑越来越远，未来会对现有货币机制造成巨大影响。对于传统的金融机构，尤其是进行跨国业务的金融机构而言，寻找到一个可信任的第三方是一个艰难而痛苦的过程。因此找到一个去中心化的系统，使得每一个参与者都成为金融数据的监督者，共同维护数据的安全与可信度是一个很好的解决方案。对于传统金融机构来说，这种做法可以大大节约寻找可靠的第三方的成本。而对于造假者来说，修改数据就意味着要对区块链中的每一个节点的数据进行修改，而不是像中心化的系统那样只需要入侵中央节点。随着区块链参与者的增加，造假的成本会远远大于造假的收益。而对于政府来说，一个安全、稳定、运行良好的金融系统对国家稳定发展至关重要。可以说，区块链技术可以在很大程度上提升金融机构的运行效率与安全性，降低宕机风险。在可以遇见的未来，区块链技术在金融市场上将会有非常广阔的应用前景。近年来，国际主流金融机构和科技企业都在马不停蹄地探索数字货币领域，高盛、洲际交易所、摩根大通、IBM、瑞银集团等金融巨头都纷纷入局探索商机。2019年6月，Facebook发布数字货币天秤座（Libra）项目白皮书，数字货币天秤座的面世引发了全球的关注。天秤座项目白皮书中提出建立一套基于区块链的无国界数字货币和一套可靠、可互操作的能够为数十亿人服务的全球支付系统和金融基础设施，希望能够通过这一项目为全球带来便捷、安全、低成本的金融服务，同时提高诸如预防非法活动或反洗钱、打击资助恐怖主义以及制裁合规性等计划的效力。天秤座项目白皮书一经发布便引起了包括各国监管机构、国际金融组织、科技企业和金融机构等的高度关注，其中，人们对天秤座项目持消极态度的主要原因还是在于对主权法定货币的冲击等方面的担忧。就我国央行来说，相比于独立于中央银行之外的按照特定协议发行和验证支付有效性的新型数字货币，似乎更希望看到的是能够进一步优化现有电子货币典型模式的数字货币，既可以引入包括赋予货币智能合约之类的新技术支持，又不脱离中央银行的控制范围。除了中国央行外，目前英国央行、澳大利亚央行等国际央行也探讨过发行基于区块链的数字货币的可行性。澳大利亚储备银行（Reserve Bank of Australia）支付政策部门主管托尼·理查兹就提出："可行的方案是由中央银行发行货币，再由授权机构监管货币交易和流通，当然现有的金融机构可能会参与其中。"以上包括天秤座项目在内的数字货币项目，都是梅兰妮·斯万眼中的区块链1.0项目，只局限于货币的转移、支付和汇兑，下面将介绍区块链2.0项目——合约的有关内容。

（二）区块链2.0——合约

智能合约是一种旨在以信息化方式传播、验证或执行合同的计算机协议。智能合约允许在没有第三方的情况下进行可信交易，这些交易可追踪且不可逆转。前文已经介绍过，智能合约是个人、机构和政府之间信任的桥梁，根据智能合约理论的创始人尼克·萨博的构想，一个智能合约必须符合以下三个要素：

（1）一个仅由债务人和债权人掌握、排除非法第三方的锁；同时，这个锁中的合约任何人都不可以更改，甚至包括债权人本人。

（2）一个仅允许债权人通过的后门。

（3）这个后门仅在债务人违约且没有付款的一段时间内打开，一旦交易完成，这个后门将永久关闭。

金融交易涉及货币、证券、保险、捐赠等诸多经济活动，通过资金的运转来优化社会运转效率，实现资源价值的最大化。传统的交易本质上是交换物品的所有权，一些贵重商品所有权的交换需要十分烦琐的中间环节，同时由于交易双方通常不能互相信任而涉及中介和担保机构的参与。金融交易中的信息不对称、搜寻成本、匹配效率、交易费用、规模经济、风险控制等决定了中介存在的必要性，中介和担保机构提供信任保障服务以确保金融交易顺利进行，从而提高了经济活动的效率。在现实生活中，像中介和担保机构这样的第三方往往存在成本高、流程过于复杂、时间周期长、信息不对称等问题，如果区块链技术可以为金融服务提供可靠、高效的权属证明，能够有效地解决中心化带来的问题，那么去中心化就有可能实现。前文已经详细阐述过区块链技术的本质，区块链是一个完备的完全去中心化的点对点分布式记账系统，过去所有的交易信息和其他相关信息都被记录在一串使用非对称加密方法产生的数据块中。区块链技术由于具备消除信息不对称、降低交易成本、减少跨组织交易风险、减少中心机构干预程度等特性而被推广到金融领域中，支付、结算、票据、证券以及征信等细分领域中都有区块链技术的身影。银行、券商、保险公司等金融巨头纷纷利用区块链技术与实际业务结合，以达到提高工作效率同时管理控制金融风险的目的，部分投资机构也通过应用区块链技术降低管理成本。

下面简单介绍一下各个国家的金融行业对于区块链技术的一些具体应用。对于银行业来说，其活动主要是发行货币和完成存贷款功能，银行为了保证交易的确定性和维护自身可靠信用的地位花费了大量的建设和维护费用。中国银行深入研究了包括区块链技术、移动支付、可信可控云计算、密码算法和安全芯片等涉及数字货币的技术。2014年，央行为研究区块链的数字货币成立了发行数字货币的专门研究小组。2016年1月，央行组织了数字货币研讨会，针对数字货币发行的总体框架和重要应用技术以及我国银行业加密数字货币的发展思路进行了研究和讨论。2016年12月，央行成立数字货币研究所。该数字货币研究所是为发行以加密算法为基础的数字货币而成立的。央行希望能够在发行数字货币的同时不影响实物现金的发行，数字货币只占一部分流通中的现金。发行者打算采用安全芯片为载体来充分保障密钥和算法运算过程的安全。在中国央行研究和发行加密数字货币的同时，其他各国的央行也在积极推进加密数字货币的进程。加拿大央行于2016年6月公开发布了基于区块链技术的数字版加拿大币（CAD币），英国央行推出了基于分布式账本平台的数字化货币系统——RSCoin。普通银行业也紧跟央行步伐，积极推进区块链技术与实际业务的结合。2016年10月，中国邮政储蓄银行和

IBM 携手推出结合区块链技术的资产托管系统，新的业务系统通过免去重复的信用校验过程将原有业务环节所花费的时间缩短了 60%～80%，有效提高了信用交易的效率。目前欧洲央行正在研究将区块链技术应用到证券交易后的清算行为上，而区块链作为分布式账本技术，可以在简化交易过程的同时有效节约对账成本。

对于证券交易来说，区块链技术可以改善的环节主要是交易指令结束后的结算和清算环节。目前来看，虽然交易执行环节中的交易信息实施变更也需要大量的人力成本和时间成本，但是由于现有的基于区块链技术的处理系统还不足以满足需要日处理能力超过 5 000 万笔委托和 3 000 万笔成交、每秒一万笔成交的海量交易系统所要求的性能。因此，目前区块链技术在证券交易领域的主要应用场景还是交易后的审核和清算环节。咨询公司 Oliver Wyman 在给环球同业银行金融电信协会提供的研究报告中显示，全球清算银行的成本为 50 亿～100 亿美元，交易后的数据分析费用为 200 亿～250 亿美元。与区块链技术的结合可以使得在审核和清算环节减少人工参与的同时减少处理时间，从而显著降低成本。其他与证券交易应用区块链技术相关的实例还有美国纳斯达克证券交易所于 2015 年 10 月推出的面向一级交易市场的股票交易区块链平台纳斯达克 Linq。通过 Linq 这个交易平台进行股票发行的发行者将享有"数字化"的所有权。高盛申请了一项叫作 SETLcoin 的为股票和债券提供"立即执行和结算"服务的虚拟货币专利。Bitshare 推出了一款号称可以达到每秒 10 万笔交易的基于区块链的证券交易平台。Over-stock.com 为实现证券交易的实时结算和清算，提出了"交易即结算"的理念，并依据这个理念推出了一款基于区块链的私有和公开股权交易"T0"平台。

区块链技术也被频频应用于筹集资金领域，去中心化自治组织（Decentralized Autonomous Organization，DAO）项目就是一个去中心化的众筹基金的典型代表。DAO 项目于 2016 年 4 月 30 日正式上线，曾创下金额超过 1.6 亿美元的融资纪录。DAO 的组织形式十分新颖，但是缺乏受到攻击后的及时应对经验，在 6 月 16 日有黑客利用系统漏洞转移了价值近 5 000 万美元的 360 万枚以太币，这个事件为区块链技术在实际业务中应用的流程管理敲响了警钟。传统风投基金也有利用区块链技术来募集资金的实例，例如，2017 年 Blockchain Capital 就发行了一只采用传统方式结合首次代币发售（Initial Coin Offering，ICO）方式进行募资的基金，总目标募资金额为 5 000 万美元。其中传统方式所占比例为 80%，ICO 部分所占比例为 20%，ICO 部分的 1 000 万美元在开售后六个小时内全部完成。用 ICO 方式进行募集资金能够有效降低普通投资者参与项目的门槛，并且能够有效提高项目资金的流动性。用 ICO 方式募集资金的模式也存在缺少明确的法律法规进行规范、对于实际项目还没有系统估值、代币定价体系形成等问题，但是随着项目发起人以及大众投资者对于项目使用，资金信息的披露程度要求逐渐提高，大众投资者对于区块链技术和应用的可行性更为理解，以 ICO 模式募集资金将得到长足的发展。

区块链分布式记账和点对点传输的技术特性使得构建可信的信息对称的交易环境成为可能，智能合约的快速发展加速了开放式金融的落地。一方面，区块链技术基于共识算法和密码技术，具备防篡改、可追溯的特性，通过全网信息广播等途径使得数据成为不可逆的难以更改的信息，在最大限度上限制了信息的造假。另一方面，智能合约使得参与交易的各方的规则共识形成内置规则，一旦链上的数据符合条件后就自动执行约定规则，提前锁定交易规则，防止在交易过程中出现单方面的行为偏差。智能合约有效地解决了现实生活中普遍存在的"囚徒困境"，使得数据具备了在目前的互联网系统中所不具备的所有权价值特性，这一特性有望推进新一代价值互联网的形成。

◀ **本章小结** ▶

本章主要介绍了区块链技术价值、局限性与发展趋势。目前，区块链在互联网金融与实体行业上都有着广泛的应用，有助于这些行业迈向现代化与数字化。同样，区块链技术仍存在一些局限性，例如，区块链的高成本、缺乏安全有效的管理、不健全的法律体系和较低的接受度都有可能成为区块链未来发展的阻碍。最后，本章关注了区块链未来的发展趋势，尤其是在数字货币与智能合约上的广阔应用前景。

虽然区块链技术已经取得了长足的进步，但是要想让区块链成熟化、标准化还有很长的一段路要走。因此，建议政府与相关机构可以尝试从以下几个方面入手：

（1）积极引导社会客观理性地认识区块链。

（2）加强区块链人才的培养。

（3）推动实体经济与区块链融合。

（4）完善区块链相关法律法规的建设。

关键词：区块链技术、价值、缺陷、发展趋势

◀ **思考题** ▶

1. 什么是传统金融？什么又是互联网金融？为什么说区块链是传统金融与互联网金融之间的桥梁？

2. 区块链的高成本会带来哪些问题？本章介绍了哪些方法以解决区块链的高成本问题？

3. 因为区块链是一种跨区域、跨平台的技术。因此，区块链的使用和维护需要世界各个国家的齐心协力。在世界不信任风险加剧的今天，你能够想出哪些方法促进各国在区块链技术上的合作？

4. 区块链以及基于区块链技术的分布式账本技术具有巨大的市场潜力，本章介绍了大量基于区块链技术的应用案例和场景，请大家查阅相关资料，描述一个基于区块链研发的社交项目。

5. 事实上，人们对于区块链也有一些不同的看法，比如著名的价值投资代表沃伦·巴菲特就曾经说过："远离比特币，它就是海市蜃楼。基本上，对于数字货币，我可以肯定地说，它们不会有好结果。"

对于巴菲特的观点你怎么看？你能举出一些例子支持你的观点吗？

◀ 本章参考资料 ▶

［1］长铗，韩锋．区块链：从数字货币到信用社会．北京：中信出版社，2016.

［2］丹尼尔·德雷舍．区块链基础知识 25 讲．北京：人民邮电出版社，2018.

［3］井底望天，武源文，史伯平，赵国栋，刘文献．区块链与大数据．北京：人民邮电出版社，2017.

［4］井底望天，武源文，史伯平，赵国栋．区块链世界．北京：中信出版社，2016.

［5］区块链赋能数字经济与实体经济深度融合．经济日报，2019 - 11 - 22.

［6］徐明星，刘勇，段金星，郭大治．区块链：重塑经济与世界．北京：中信出版社，2016.

在讨论区块链发展时，我们无法忽视的一点就是法律法规，它们规范着这个行业的发展，所有的应用和产品的设计都不能背离法律法规。不同国家对区块链技术持有的态度并不相同，我们接下来分别从国内和国外的视角，阐述各个国家相关的法律法规。

第一节　中国区块链相关法律法规

一、 区块链存证和数字版权

在数字签名方面，2000 年中国通过的《中华人民共和国合同法》第一次确认了数字签名和电子合同的法律效力。2005 年 4 月 1 日，中国首部《中华人民共和国电子签名法》正式实施。在《中华人民共和国电子签名法》中，数字签名在 ISO 7498 - 2 标准中的定义是：附加在数据单元上的一些数据，或是对数据单元所做的密码变换，这种数据和变换允许数据单元的接收者用以确认数据单元来源和数据单元完整性，并保护数据，防止被人（例如接收者）伪造。

由区块链存证和数字版权引发的版权保护是区块链发展新的思路。然而，法律效力和规范性始终是重要的一环，区块链存证和数字版权是否具有法律效力、是否能受到消费者和商家的广泛认可都是在应用中需要考虑到的。2018 年 6 月 28 日，杭州互联网法院首次在案件审理中对区块链电子存证的法律效力进行确认。这是一起有关著作权纠纷的案件。被告深圳市道同科技公司在其运营的网站中发表了原告杭州华泰一媒公司享有著作权的作品。区块链技术在证据提交中起到了关键性的作用。在第三方的存证平台上，区块链系统进行侵权网页的识别和抓拍，将它们的压缩包转换成哈希值储存在比特币区块链和公证通区块链中。与传统电子数据识别有所不同，生成的哈希值是唯一的，并且哈希值的运算是可以检验电子存证是否修改的。杭州互联网法院认为此电子凭证在网页的识别和源码识别上能够保证真实。在符合标准要求的区块链存证和哈希值验算一致情况下，电子凭证可以作为侵权依据和认定。在该案件中，对于区块链技术，审理人员保持中立和开放的态度，既不对新兴区块链技术进行排斥，也不对证据的认定降低标准。该案的争议点在于电子存证能否作为取证，区块链存证虽然在此案件中可以作为证据，但是并不代表在所有侵权案件中均可以这么做，区块链存证还存在很多漏洞。

2018 年 9 月 3 日，最高人民法院审判委员会第 1747 次会议通过了《最高人民法院关于互联网法院审理案件若干问题的规定》（以下简称《规定》）。该规定从 2018 年 9 月 7 日起实施。该规定的第十一条明确规定，当事人提交的电子数据通过电子签名、可信时间戳、哈希值校验、区块链等证据收据、固定和防篡改的技术手段或者通过电子取证存证平台认证，能够证明其真实性的，互联网法院应当确认。当事人可以申请具有专门知识的人就电子数据技术问题提出意见。互联网法院可以根据当事人申请或者依职权，委托鉴定电子数据的真实性或者调取其他相关证据进行核对。该规定也是中国首次以司法解释形式对区块链电子凭证的法律效力进行规定。中国银行法学研究会理事肖飒表示："《规定》的出台说明我国司法领域对于'证据'的态度开放，区块链作为一种'分布式存储技术'具有不可逆、不可篡改等特性，对于固定证据的'真实性'可以起到重要作用。然而，我们必须理解，虽然区块链技术本身对固定证据有优势，但真实世界里发生的事件不能单纯依赖区块链技术。同时，《规定》里提及区块链'入证'优先在互联网法院适用，这对应了互联网法院的案件类型，在互联网上发生、履行完毕，这样就避免了前述纠纷的类似问题，从而大大增加了区块链技术证明事件真实发生的可能性。"然而，《规定》针对的是互联网法院范围内的案件，如部分互联网行政或者民事案件，也没有对于区块链证据关联性的指引，缺失的部分需要由其他法律进行审查，确保证据来源是否符合规定。

2019 年 6 月 14 日，最高人民法院信息中心指导，中国信息通信研究院和上海市高级人民法院牵头，多省高院、互联网法院、中国司法大数据研究院等 25 家单位共同参与编写的《区块链司法存证应用白皮书》发布。这是我国司法存证的第一本白皮书。它系统地介绍了基于区块链的电子数据存证、区块链存证提高电子证据认定效率、参考架构和应用场景等。其中提到的时间戳服务能够确定电子文件生成的精确时间，防止篡改电子文件，提供完整和真实的证明。白皮书最后还介绍了一些参考案例，吉林省、山东省、北京市、杭州市、广州市、郑州市等都建立了电子证据平台。在信息化进程中，取证大多数为电子数据存证，区块链的不可篡改性、留痕、实现证据的自我信用背书功能通过去中心化技术，与电子数据存证完美契合。区块链应用于电子数据存证能够提高诉讼过程的效率，便捷了当事人的取证过程，降低了存证的成本，是对传统的证据在法律上的补充。

二、 加密数字货币

中国对加密数字货币持谨慎态度，从严格打击一些代币的发行到央行成立数字货币研究所经历了几年的时间。2013 年 12 月，中国人民银行、工业和信息化部、中国银行业监督管理委员会、中国证券监督管理委员会以及中国保险监督管理委员会五部委发布了《关于防范比特币风险的通知》，否定比特币的货币属性，认定比特币是一种特定的虚拟商品，不具有与货币等同的法律地位，不能作为货币在市场上流通使用。该通知中明确："虽然比特币被称为'货币'，但由于其不是由货币当局发行，不具有法偿性与强制性等货币属性，并不是真正意义的货币。从性质上看，比特币应当是一种特定的虚拟商品，不具有货币等同的法律地位，不能且不应作为货币在市场上流通使用。"该通知要求各金融机构和支付机构不得以比特币为产品或服务定价，不得买卖或作为中央对手买卖比特币。

2014 年，由央行编写的《2013 年中国人民银行规章和重要规范性文件》中的政策解读部分提出了比特币的几大问题，主要强调比特币的高投机风险，还有高洗钱风险和被不法分子利用的风险。在 2014 年的博鳌亚洲论坛上，时任中国人民银行行长周小川也表示："比特币像是一种能够交易的资产，不太像支付货币……（比特币）作为资产进行交易，并不是支付性的货币，所以应该说不属于我们取不取缔的问题。"在 2016 年 1 月 20 日举行的央行数字货币研讨会上，时任中国人民银行行长周小川表示央行将早日推出数字货币并在 2014 年成立了专门的研究团队。2016 年 3 月 10 日，他表示加密数字货币均非法定数字货币，建议各位投资者不要购买。

2017 年 9 月 4 日，央行等七部门联合出台严令，以 ICO 融资为代表的代币发行融资被叫停。中国人民银行营业部发布了《中国人民银行营业管理部关于落实对代币发行融资开展清理整顿工作加强支付结算管理的通知》。该通知要求各银行应立即暂停现有代币发行融资交易平台的非柜面支付结算服务。同时，中国人民银行、中央网信办、工业和信息化部、工商总局、银监会、证监会、保监会联合发布《关于防范代币发行融资风险的公告》，此公告主要是对代币发行方面的融资风险的准确认识，并提出认识代币发行融资活动的本质属性、任何组织和个人不得非法从事代币发行融资活动、加强代币融资交易平台的管理、各金融机构和非银行支付机构不得开展与代币发行融资交易相关的业务、社会公众应当高度警惕代币发行融资与交易的风险隐患、充分发挥行业组织的自律作用提醒广大投资者以及相关金融机构在代币发行方面的融资风险。公告中所述的代币和比特币类似，是基于区块链技术发展而得到的产物，代币的公开发行本身是一种非法公开融资行为，涉嫌传销、非法发行证券、非法集资、非法集资、非法发售代币票券等各项违法犯罪活动，可能涉及公司企业债券罪、非法吸收公众存款罪、集资诈骗罪、非法经营罪等。国家必须严格管控，立刻叫停这些违法行为。

2017 年 9 月 15 日，监管部门全面叫停加密数字货币交易平台，要求各平台于 9 月 30 日关闭所有交易功能。2018 年 2 月 5 日，中国银行表示："我们不接受任何关于加密数字货币的交易，中国将不会打开加密数字货币的市场。"2018 年 3 月 9 日，时任央行行长周小川表示，加密数字货币还处在摸索阶段，加密数字货币未来监管取决于技术成熟程度及测试评估情况，还有待观察；中国对加密数字货币仍持开放态度，但前提是它不会破坏金融系统，对其实施动态监管。由此，中国加密数字货币仍处于严监管状态，国内市场对于数字货币的认识逐渐深入，打击依靠数字货币犯罪行为的力度也逐渐加大。

2019 年，中国法定数字货币的研发步伐明显加快。2019 年 8 月，央行支付结算司副司长穆长春表示央行数字货币"呼之欲出"。2019 年 12 月，《财经》报道，由央行牵头，工、农、中、建四大国有商业银行，中国移动、中国电信、中国联通三大电信运营商共同参与的央行法定数字货币试点项目有望在深圳、苏州等落地。2020 年 1 月，央行发布《盘点央行的 2019：金融科技》，其中提到基本完成了数字货币顶层设计、标准制定、功能研发、联调测试等工作。2020 年 4 月，央行正式宣布数字货币率先在苏州市相城区落地测试，其后又在深圳、雄安、成都和北京部分区域测试并在优化和完善进程中。2020 年 7 月，央行数字货币研究所与美团和滴滴等平台合作测试数字货币。数字货币上升到了国家的战略层面，未来发展空间很大，但是我国对于数字货币扰乱金融秩序还保持着高度警惕。

三、区块链技术创新的法律保护

2016 年 10 月，中国电子技术标准化研究院成立了中国区块链技术和产业发展论坛并设立标准工作组。在这之后发布了两项团体标准，即《区块链：参考架构》和《区块链：数据格式规范》。参考架构是一个重要的基础性标准，包括架构的概览、用户视图和分布式账本技术概览等。参考架构给出了分布式账本技术的术语和定义，讨论两者之间存在的关系。参考架构从四个方面推动区块链产业化进程：一是规定了区块链参考架构涉及的用户视图、功能视图；二是规定用户视图所包含的角色、子角色及其活动，以及角色之间的关系；三是功能视图包含的功能组件及其具体功能；四是用户视图和功能视图的关系数据格式规范给出了数据对象结构、数据分类、数据元属性、数据格式规范和标识符等。参考架构为业界提供了包含角色、互动功能架构和功能组件的体系，提供参考点。数据格式规范中规定了六个数据对象：区块、事务、实体、合约、账户、配置，同时将数据元素的七个主要属性和格式规范化。这是区块链标准化进程中重要的一节。

2016 年 12 月，《国务院关于印发"十三五"国家信息化规划的通知》中首次提及区块链，通知里提及："立足国情，面向世界科技前沿、国家重大需求和国民经济主要领域，坚持战略导向、前沿导向和安全导向，重点突破信息化领域基础技术、通用技术以及非对称技术，超前布局前沿技术、颠覆性技术。加强量子通信、未来网络、类脑计算、人工智能、全息显示、虚拟现实、大数据认知分析、新型非易失性存储、无人驾驶交通工具、区块链、基因编辑等新技术基础研发和前沿布局，构筑新赛场先发主导优势。加快构建智能穿戴设备、高级机器人、智能汽车等新兴智能终端产业体系和政策环境。鼓励企业开展基础性前沿性创新研究。"这也是首次将区块链技术定义为超前布局前沿技术。自此以后，有关区块链的发展、应用和监管类文件不断有针对性地出台，各地政府也及时出台相关产业的扶持政策，抓住行业发展的先机。

2017 年 12 月，根据《国家标准委关于下达 2017 年第四批国家标准制修订计划的通知》，中国电子技术标准化研究院牵头的《信息技术：区块链和分布式账本技术参考架构》作为区块链领域的首个国家标准获批立项。

2018 年 5 月，工信部发布了《中国区块链产业发展白皮书》，其中对于区块链的发展进行了总体上的概述，并且在应用领域进行了具体的阐述。对于区块链的发展趋势，白皮书认为区块链的监管和标准体系将进一步完善，产业发展基础继续夯实。在相关法律法规方面，白皮书提及的观点包括三个部分。其一，在区块链创新方面的法律保护。这是基于对区块链专利技术保护的角度提出的。白皮书认为，我国专利法是在 2008 年制定的，并且专利法明确指出专利发明的保护范围需要以权利人提出的内容为准。换句话说，权利人并未提及的范围，可能就是不受法律保护的地方，权利人因此丧失保护机制。区块链应用范围广泛，涉及金融、医疗、能源、工业和公益等方面，渗透率很高。这时候如果要求权利人将各方面的权利保护都完整枚举出来，是一件比较困难并且增加专利人成本的事情。如果需要切实保障区块链技术方面的专利人合法权益，就需要其他方面的法律法规也要完善。同时在一些区块链技术被发明时，可以对这种技术作为商业秘密处理而进行保护。然而，目前保护商业秘密的法律并没有系统地形成，这些法律分布于《中华人民共和国反不正当竞争法》《中华人民共和国劳动法》等当中。当其他法律无法实现对社会关系的有效保护时，由《中华人民共和国刑法》发挥作用。白皮书提到《中华人民共和国刑法》则可以考虑以第二百一十六条假冒他人专利罪，第二百八十五条非法侵入计算机信息系统罪，非法获取计算机信息系统数据、非法控制计算机信息系统罪，第二百八十六条破坏计算机信息系统罪等罪名实现对区块链技术的保护。

其二，与智能合约相关的法律问题。白皮书认为合同当事人在签署合同时，需要在合约设计时通过计算机专家将合同转换为代码并且设计出算法。之后该合约就能在达到某一触发条件时自动执行。合同履约成本实际上体现在合约设计的环节。合同当事人约定需要执行的内容和触发的条件，等到计算机专家设计算法后，智能合约实现自动触发。在系统开始执行时，自动触发条件是合同当事人等任何人均无法干涉和强制停止的。在这种机制下，无须外界力量如仲裁机构和法院等监督执行合约。无须法律规则和执行机构的深入保证了合约的自足性，避免了跨境中法律政策、文化、政治等各方面的差异。对于合约当事人来说，这种执行机制方便了跨境交易，防止在跨境交流中产生的不必要的纠纷和矛盾，对于贸易国际化有很大的促进作用。自动触发机制还能够保证整个运行机制的稳定性，它防止了无法预知的解释对于执行合约的影响。在执行合约时，如果是人为的想法或者是行为可能会受到语言和思维习惯的影响，有一些不可预估的因素，但是计算机代码的识别和运行更加清晰和准确，没有人为干扰，从而能够更加精准地履行合约。

2019 年 1 月 10 日，国家互联网信息办公室发布《区块链信息服务管理规定》，并于 2 月 15 日起施行。该规定所提到的区块链信息服务，是基于区块链技术或者系统，通过互联网站、应用程序等形式，向社会公众提供信息服务的。该规定所提到的区块链信息服务提供者，是指向社会公众提供区块链信息服务的主体或者节点，以及为区块链信息服务的主体提供技术支持的机构或者组织。该规定提及的区块链信息服务使用者是指区块链信息服务的组织或者个人。该规定明确平台公约原则，即区块链信息服务提供者应当制定并公开管理规则和平台公约，与区块链信息服务使用者签订服务协议，明确双方的权利和义务，要求其承诺遵守法律规定和平台公约。在服务管理备案方面，该规定也明确区块链信息服务提供者须按照严格程序进行备案，应当在提供服务之日起十个工作日内通过国家互联网信息办公室区块链信息服务备案管理系统填报服务提供者的名称、服务类别、服务形式、应用领域、服务器地址等信息，履行备案手续。综合来看，该规定规范了对区块链服务管理人员的监督和管理，禁止区块链服务使用者制作、复制、发布、传播法律和行政法规禁止的信息内容，鼓励区块链行业组织加强行业自律，建立健全行业自律制度和行业准则。

2019年5月22日，杭州互联网法院、上海市第一中级人民法院、苏州市中级人民法院、合肥市中级人民法院和蚂蚁区块链（上海）有限公司共同签署《长三角司法链合作意向书》，共同创建"全流程记录、全链路可信、全节点见证"的长三角司法级别区块链平台信任机制，促进长江三角洲一体化发展。区块链平台信任机制中对于影响司法公信力的关键环节都盖上区块链的"戳"。全过程公平、公正、公开、操作智能，避免了人为主观干预和沟通不畅造成的各种问题。同时，立案过程也很便捷，实现了一键立案。在取证环节，当事人能够快速上传证据，并且证据的任何一点改动在区块链系统下都能够被记录下来。

2019年10月24日中央政治局举行第十八次集体学习，习近平在主持学习时强调："区块链技术的集成应用在新的技术革新和产业变革中起着重要作用。我们要把区块链作为核心技术自主创新的重要突破口，明确主攻方向，加大投入力度，着力攻克一批关键核心技术，加快推动区块链技术和产业创新发展。"

2019年11月8日，工信部下属中国信息通信研究院发布《区块链白皮书（2019）》。该白皮书中介绍了中国区块链发展和应用的现状、区块链监管和发展制约因素并提出了一些政策上的建议。区块链在我国的应用十分广泛，涉及跨境支付、资产管理、供应链金融等。在安全方面，白皮书强调技术发展的热点是使用多种技术保障区块链安全、客户隐私保护的方式日趋多样化、多链并存的体制发展的互操作性、链上存储的可扩展性和区块链的运维自动化。白皮书表示中国和芬兰、澳大利亚、法国、瑞士等国家已经陆续制定了区块链监管方面的法规，我国的监管仍然需要加强弹性。虽然我国从2017年以来制定了一系列净化数字货币市场的举措并取得了较好的成果，但是仍然需要将政策和合理有效的引导相结合。一方面，要继续加强管控，打击利用区块链技术的违法犯罪行为；另一方面，要鼓励区块链技术创新的不断开发、成熟和落地，不断挖掘区块链的市场潜力，为我国在区块链不同领域的应用做出贡献。二者之间的关系需要平衡好。在区块链技术层面上，还有很多关键性的技术壁垒需要不断突破，并且和其他新兴技术的结合也需要不断加强。

2020年6月1日，十三届全国人大常委会第五十八次委员长会议审议通过了调整后的全国人大常委会2020年度的立法工作计划。6月20日，调整后的立法工作计划对外公布，该计划提到区块链的相关问题。计划要求加强立法的相关研究进程，以及对于我国人工智能、区块链、基因编辑等新技术、新领域的相关法律要求。2020年8月，最高人民法院就《关于加强著作权和与著作权有关的保护意见（征求意见稿）》向社会公开征求意见，在意见稿中关于著作权保护领域，提到支持当事人通过区块链、时间戳等方式保存、固定和提交证据，有效解决知识产权权利人举证难问题。这意味着在知识产权的保护和举证方面，可以使用区块链技术，这也是著作权保护的进步之处。

四、区块链相关标准

近期我国发布了很多金融科技相关的标准，这些准则规范着区块链领域的各项发展。

2020 年 2 月 10 日，中国人民银行发布了《金融分布式账本技术安全规范》。该规范适用于金融领域从事分布式账本系统建设或服务的机构。我们知道区块链的核心之一就是分布式账本。该准则在密码算法、节点通信、账本数据、共识协议、智能合约、身份管理等方面进行了规定。分布式账本中的密码算法主要用于数据安全，我国对账本所用的密码和账本系统进行了具体的行业标准的密码算法和密钥的规定。

2020 年 7 月 10 日，中国人民银行发布了《区块链技术金融应用评估准则》，从基本要求评估、安全性评估、性能评估等几个方面详细阐述了评估标准，该准则公正地评价了系统能否保障区块链的安全稳定运行。该准则要求账本的标准满足以下三点：其一是防篡改性，其二是具备校验完整性的功能，其三是区块头应当包含 Merkle 树根信息。历史账本也需要做到可以追根溯源。在智能合约的规定上，该准则从编程语言、编译、正确性、一致性、可靠性、业务隔离性、生命周期管理和版本控制等几个方面详细阐述。在智能合约的一致性保证上，该准则要求智能合约在各个节点执行结果完全相同并且同时调用同一智能合约时，各个节点的数据互相不干扰。

第二节　国外区块链法律法规

一、美国相关法律法规

美国政府一方面对数字货币加强监管，另一方面对于数字货币持积极开放的态度。2013 年 8 月，比特币被美国得克萨斯州联邦法官赫什（Hirsh）定义成合法货币，受到《联邦证券法》的监管，这也是比特币第一次受到法律的监管。2014 年 3 月，美国关于数字货币的指引认为数字货币是一种商品，并不是传统意义上的货币。作为商品，数字货币的交易需要征收税，因而会提升交易成本。2014 年 6 月，美国加利福尼亚州州长签署了《AB129 法案》。该法案提出，虚拟货币、积分、抵用券、折扣券、代金券都是合法货币，诸如比特币、莱特币、福源币和狗狗币等通过了此法案。此法案在合法情况下，明确了数字货币使用和交易的合法性，保障了数字货币的传播。同年 7 月，美国纽约州公布了一项提案涉及监管数字货币。该提案要求在纽约州范围内从事数字货币相关交易的公司必须申请许可证。这意味着监管趋于严格，数字货币公司需要追踪不同客户的物理地址，还包括客户的交易对象。Coinbase 是由纽约证券交易所入股并且是最大的比特币交易平台之一。它于 2015 年 1 月开设第一家持有正规牌照的比特币交易所。它得到了以纽约州为代表的 25 个州的认可并且监管立法初步完成。2015 年 9 月，美国商品期货交易委员会监管数字货币的交易，并将比特币及其他数字货币定义为商品。2016 年，美国卫生与公共服务部宣布"使用区块链在健康信息技术和健康相关研究"的理念挑战，并要求审查区块链技术如何改变健康信息技术。

2017 年 2 月，美国亚利桑那州通过区块链签名和智能合约合法性的法案。2017 年 6 月，内华达州参议院修订了"电子记录"，将其定义为"通过电子手段创建、生成、发送、传递、接受或储存的记录。该术语包括（但不限于）区块链。"2018 年，田纳西州州长签署一项法案，确定了区块链以及智能合约保障下的法律地位。该法案不仅将分布式分类账技术生成的加密签名、合同等认定为电子形式，而且允许合法的智能合约贸易交易。2018 年 3 月，南卡罗来纳州发布暂停云采矿服务公司 Genesis Mining 以及 Swiss Gold Global 在美国南卡罗来纳州运营的命令。同期，美国国会发布《2018 年联合经济报告》，该报告是对国家经济状况和未来预期的评估，其中有一个部分讨论了加密数字货币和区块链。值得注意的是，这是美国国会联合经济委员会第一次在出版物中提及被广泛讨论的技术实例。该部分回顾了美国的数字化威胁并且预测网络攻击会对经济产生的巨大影响。该报告认为加密货币发行整合了获得资金和建立网络的两个因素。在区块链技术创新中，失败的案例有很多，但能够生存下来的项目能够改变互联网运作方式。例如，数字货币容易被窃取，加密货币市场仍然存在泡沫，证券监管机构应当仔细审查潜在欺诈的证券登记。该报告建议监管机构应当相互协调以确保政策框架、定义和管辖权的连贯。各级政府应当考虑和审查该技术的新用途，方便政府更有效率地行使职能。综合来说，区块链监管还存在很多漏洞，政府需要审慎对待该技术并确保开发者的权益，从而不限制该技术的发展空间。

2018 年 1 月，美国证券交易委员会和商品期货交易委员会联合发表声明称，市场参与者以提供虚拟货币、代币等数字工具为幌子进行欺诈时，美国证券交易委员会和商品期货交易委员会将透过现象，审查活动的实质，并起诉违反联邦证券法和商品法的行为。证券交易委员会和商品期货交易委员会执法部门将继续处理违规行为，并采取行动制止，防止在提供和销售数字工具方面的欺诈行为。此声明强调了这两个监管机构将大力打击市场上数字货币的违法犯罪行为，整治数字货币乱象，保障美国金融市场的稳定。美国商品期货交易委员会在宣布联合声明不久之后，对三家虚拟货币交易平台提起诉讼，认为它们触犯了大宗商品交易的规定。其中一家虚拟货币交易平台创始人涉嫌欺骗有意向购买比特币和莱特币的客户，非法侵占客户资产。美国 2018 年颁布的《国防授权法案》要求国防部对区块链全面研究并探讨其用于军事领域的可能性。2018 年 2 月，美国众议院召开主题为"超越比特币：区块链技术的新应用"的第二次区块链听证会。这次听证会希望能够获得在区块链技术应用领域获得立法和调查行动权。美国每年举行关于区块链的多场听证会，旨在随时发现问题并加强监管。同年 3 月，美国证券交易委员会发布《关于数字资产在线交易平台涉嫌违法的声明》，声明表示虚拟货币交易平台必须在美国证券交易委员会注册为国家证券交易所或寻求豁免，注册为另类投资系统。2019 年 6 月，美国商品期货交易委员会批准比特币衍生品供应商 LedgerX 制定合约市场许可申请，该公司是第二家获得美国商品期货交易委员会批准提供实物结算比特币期货产品的公司。LegerX 获得许可证意味着它可以列出相关比特币期货合约，可以向散户和机构投资者提供这类产品。上述各个州之间关于区块链的很多标准不同，在实际操作中带来很多不方便。为了消除这种差异，同年 7 月，美国批准了《区块链促进法案》，该法案旨在促进区块链标准的统一，防止各个州之间因标准差异而引发监管问题，也为后续监管提供了思路。该方案通过后区块链工作组成立，后期向参议院报告有关内容。利用这项法案，可以提高政府工作效率，并且它涉及医疗、社会保障、通信等各个层面的应用。2019 年 10 月，美国国内税务局更新了《有关使用虚拟货币交易的税收指南》，对于虚拟货币持有者和纳税人等提出的问题进行解答并广泛征集公众的意见。

2020 年 3 月，美国众议院议员、亚利桑那州共和党人保罗（Paul）提交《2020 年加密货币法案》，该法案主要是为了明确监管机构的分工、完善监管职能。该法案确定美国的三个监管机构管理不同的数字资产。金融犯罪执法网络将监管加密货币，商品期货交易委员会监管加密商品，证监会监管加密证券。这三个机构需要信息公开，公示注册的加密资产交易所列表。2020 年 7 月 25 日，美国联邦法院正式将比特币定义为"货币"。华盛顿特区首席法官贝里尔·A. 豪厄尔（Beryl A. Howell）提道："金钱通常是一种交换手段、付款方式或价值储存方式。比特币就是这种东西。"

二、日本相关法律法规

日本对于区块链的态度是较为开放的，早期支持并鼓励区块链技术的发展，到后期受一些较为著名的比特币盗窃事件等的影响，对于区块链的监管日趋严格。2014 年，日本政府认为比特币不具有债券或者货币的性质，允许个人在交易中使用比特币支付，但是禁止银行和证券公司参与比特币支付。2016 年 4 月，日本由 Consensys、BASE、Tech Bureau 等 34 家公司牵头成立区块链协作联盟，旨在推动区块链行业的协调统一发展。到 2017 年，区块链协作联盟成员已经超过 100 家，包括日本微软、普华永道会计师事务所、Consensys、Bitbank、日本三井住友保险公司等。该联盟提供区块链课程的教学，全面提高公司对于区块链技术的认识，将技术切实运用到实际操作中。2014 年，日本当时最大的比特币交易所因为平台的 75 万个比特币被盗，每况愈下而破产。2016 年 5 月，日本国会通过了虚拟货币法律——《资金结算费修正案》，并于 2017 年 4 月 1 日正式施行。该修正案正式承认数字货币的法律地位，明确加密数字货币可以作为合法的支付手段，对数字货币经营者进行规范，将数字货币纳入日本金融的监管体系。同时，日本金融厅在《事物指引第三分册：金融公司相关》中对虚拟货币兑换业和虚拟货币范围进行详细的解释。同年 7 月，2017 年《税务改革法案》在日本生效。该法案明确在日本兑换比特币不征收 8% 的消费税；11 月日本冈山县西粟仓村地方政府计划发起 ICO，联合区块链公司推动该地区经济发展。日本是比较早地将数字货币合法化的国家之一，截至 2017 年年底，日本数字货币交易量占全球的 60%，可以称得上是数字货币交易的大国。

2018 年 1 月，日本大型比特币交易平台 CoinCheck 被黑客攻击，被盗取约合 5.3 亿美元的加密数字货币，这也为比特币的监管敲响了警钟。此外，黑客还会利用受害者的电脑生成大量数字货币，进行一系列严重的违法行为。受此事件的影响，日本一些数字货币交易平台计划成立自律机构，并且纷纷发起比特币保险，减少损失。由此日本政府加大监管力度，日本金融厅于 2018 年 3 月紧急连下 8 道"肃清令"。该令要求对日本一些数字货币交易场所进行检查，整顿数字货币市场。同年 10 月，日本虚拟货币交易协会获批成为认证的基金结算业务协会。之后日本成立行业自律机构，旨在对加密货币交易所的行为进行规范和调查，对日本区块链的发展提供了更加广阔的空间。

2019年3月，日本虚拟货币商业协会提出"ICO新规定的建议"。该建议中提及了发行过程中的监管问题，比如证券代币的监管，协会认为应当完善二级市场，证券代币应当明确区别是一级还是二级有价证券，调整代币的限制级别。协会建议调整关于日本国内的加密交易所能力，并就是否重新上线新币进行讨论。2019年5月，日本国会通过《资金结算法》和《金商法》的修正案并于2020年5月1日正式生效。根据修正案，日本国会将"虚拟货币"更名为"加密资产"，但不强制要求交易所更改称呼。修正案中还提及了对ICO的监管、应对虚拟货币被盗的风险、保证金交易和其他诸如禁止操纵价格及虚假散布谣言等行为。此次修正案对于区块链的监管更加严格。此外，日本《支付服务法》和《金融工具与交易法》的修正案于2020年5月1日正式生效，这将使得日本对于加密货币各方面的监管发生较大变化。《支付服务法》把"加密资产交换服务提供商"作为其他实体范围，将其定义成包括从事或作为中介出售、购买加密资产，或者提供加密资产托管服务的个体。没有从事上述一系列行为的修正案也将其纳入监管范围。该方案定义第三方加密资产管理业务为如果服务提供商持有足够的私钥用于转移客户的加密资产本身或与其分包商或相关的服务提供商一起进行这项操作，或者可以主动转移客户的加密资产而不需要客户参与，则服务提供者认为是第三方加密资产管理的业务。除此之外还有加密资产交换服务提供商在注册时需要申请的附加条件的要求、客户资产和审计要求、最佳委托执行原则、稳定币等。在进行加密资产广告宣传时，必须注明加密资产的性质和明确客户可能会遭受损失的事实和原因，不可有任何实现资本收益的表达。加密资产的相关衍生品业务应当在《金融工具与交易法》的监管下进行，并且要求相关衍生品的投资咨询或者投资管理的工作在《金融工具与交易法》注册下才能从事。在《金融工具与交易法》下，通过区块链可转让的合伙企业投资权益等被视为有价证券。由于加密资产衍生品业务不同于其他衍生品业务，现有已经注册的金融工具要求从事衍生工具等业务的经营者同时从事加密资产金融业务需要对已经备案的文件进行修改，禁止有关加密资产的违法行为并且依法追究刑事责任。

三、韩国相关法律法规

韩国政府对于区块链技术持严格谨慎的态度。2016年1月，由韩国央行的支付系统研究组撰写了一份研究报告，其中提到韩国正在关注区块链这一新兴技术的发展，并且在研究区块链技术。这是韩国央行首次表示对于区块链技术的研究和看法。此报告介绍了数字货币和分布式账本等区块链基础的技术和原理，但是报告认为区块链存在很多漏洞，如黑客攻击、价格波动和技术因素等。总体来说，这份报告并不是持积极态度的，认为数字货币并不能被定义为主流的货币。2017年9月，韩国金融服务委员会表示禁止所有形式的代币融资，这也是继中国叫停ICO后的首个宣布禁止令的国家。虚拟货币的交易受到严格的管控。由于ICO存在信息不透明和虚假情况，这项禁止令一直到2019年1月仍被韩国政府重申，全面禁止的严令被维持。

2018年1月12日，韩国法务部部长表示准备立法禁止韩国交易所的数字货币交易，随后超过4万名韩国民众请愿罢免金融监督委员会主席，这一举措使得投资者和韩国当局的冲突更加激化。1月23日，韩国八大信用卡公司阻止海外数字货币交易所的兑换支付交易。1月24日，韩国公布加密货币兑换的准则。1月31日，韩国法院在对一起案件的二审中，认为比特币可以在交易所兑换成法定货币，可以在商家进行支付交易，认定它具有经济价值。2月，韩国金融监管机构负责人称，政府将支持合法的加密数字货币发展。这也是对加密货币交易发展的积极信号。2018年7月，韩国政府发表《2018年税务法律改政案》，初创企业和中小企业在成立后的前五年可以申请扣除一部分所得税，其中包括从事区块链研发的初创企业。韩国政府希望通过此举大力扶持新兴技术公司，但是数字货币交易所并不在减免税务的公司名单里。此举的原因之一可能是给韩国数字货币市场降温。总的来说，韩国政府对于区块链行业的监管正在稳步进行中。

2020年3月，韩国国会通过《关于特定金融交易信息的报告与利用等法律（特别金融法）》的修正案。该修正案于一年后施行，该修正案提到银行的加密交易所账号实名登记和加密交易所牌照制度。修正案将比特币和以太坊等定义为"虚拟资产"，加密货币交易所必须向金融信息分析院报告公司的各项信息，并且要求将客户用于加密币交易的存款和交易所自有财产分开管理，同时，这些操作都要通过信息安全管理系统认证。该修正案对于不接受申报的情形也做了严格的规范。该修正案要求所有虚拟资产供应商都应该在监管机构登记注册。对于相应的增值服务供应商，它们必须获得韩国互联网安全局的认证。该修正案为虚拟资产服务提供商提供了韩国的反洗钱和反恐融资框架，希望以此规范加密交易所的制度，防止加密交易诈骗和虚假信息，严格加强管理，使得加密市场合法化。同期，韩国科学信息通信技术部和信息通信产业促进部启动"2020年区块链技术验证支持"的试点项目，计划选出九个项目，方式是公开募股，每个项目获得4.5亿韩元资助。科学信息通信技术部表示计划在区块链市场的早期阶段，支持国内专业公司快速成长，激活生态系统。此举有利于鼓励区块链技术产业的发展和壮大，为韩国区块链技术公司提供了更多的发展机会。2020年7月，韩国政府公布了《加密交易税法》，该税法将于2021年10月颁布。该税法规定任何人在加密交易中赚取的利润超过2 100美元，应当按20%的标准纳税。2020年8月，韩国Woori和Shinnan银行推出"加密资产服务"。这是在韩国区块链金融发展中较为重要的一次进步。这次服务的推出早在2017年就有所计划，但是2018年1月遭到韩国政府的阻挠。这次服务的推出意味着韩国对于区块链的态度更加积极，韩国五大银行中的四家都提供加密货币的服务。NH Nonghyup银行正在进行加密保管功能的开发，希望在几个月后能够为机构投资者推出服务。

四、新加坡相关法律法规

新加坡于2017年11月发布了《数字代币发行指引》。该指引对于在新加坡发行数字代币适用的法律、反洗钱和防止资助恐怖主义、数字代币的沙盒测试做出了阐述。在数字代币方面，经营发行数字代币有关的运营商和提供顾问服务的服务商均必须经过审批，获得服务牌照，除非其能获得豁免权。这在一定程度上规范了市场的参与者。该指引具体地规定了关于一些行为需要具体考虑的法律，规定了在具体法律条款下的相关行为。例如，在发行数字代币投资组合工具或是进行相关的发行时，需要获得投资工具组合的识别和批准，并且获批的工具组合应符合《证券期货法》对于投资的相关限制。该指引也说明了沙盒计划的有关内容，对于有意向参与沙盒计划的机构，金融监管局认为应当提前做好尽调工作，在进入沙盒计划后金融监管局会通过适当放松监管等行为，为机构提供测试支持。该指引为未来新加坡区块链的发展奠定了基础，体现了新加坡政府对于数字货币持较为积极和友好的态度。2019 年 1 月，新加坡国会通过了《支付服务法案》。该法案是在《支付服务法案》和《货币兑换及转账服务法案》的基础上制定的，并且已经从 2020 年 1 月 28 日起正式生效。在此法案生效的同时，新加坡的《支付系统监督法案》和《货币兑换和汇款业务法案》废止。所有的服务商均需要在 6 个月内提供牌照申请备案文件，在申请资格审查上也有严格的要求。申请牌照后，服务商需要履行相应义务，比如重大事项报告、反洗钱等，并且需要定期接受新加坡金融监管局的检查。服务商根据经营的业务范围和业务数量等标准，选择申请不同类型的牌照。该法案规定的牌照包含三类，其中"资金兑换"牌照是仅用来做货币兑换服务的，相对于其他两种范围较小。"标准支付机构"牌照一般对于支付额度要求比较低，所以多为初创型企业。"大型支付机构"牌照对于支付金额要求较高，服务中涉及的金额较大，风险相对来说很大，所以对于监管机构而言涉及的范围更广。支付宝和微信在新加坡的跨境支付需要申请牌照。该法案同时对支付型数字货币进行了重新定义，要求满足以下五点：将单位作为表示；不以货币计价且不能与货币相关；成为或者已经成为公众或部分公众交换的媒介用于付款、债务的偿清；以电子形态进行转让、储存或者交易；满足新加坡金融监管局的其他要求。支付型数字货币的服务可以是提供相关交易服务或是为相关交易提供便利的服务。

五、欧洲国家相关法律法规

2013 年 8 月，德国财政部承认比特币作为记账单位，和外汇一样有结算的功能，但是比特币不作为法定支付的手段。这意味着比特币可以作为私人货币。2015 年巴黎暴乱事件敲响了数字货币监管的警钟，欧盟准备强化对电子支付和数字货币支付等的监管力度。2015 年 10 月，欧盟法院认为比特币作为支付手段，与传统的支付手段类似，不应缴纳增值税。此举措消除了人们对于比特币税收的顾虑，有效促进了比特币的发展，降低了比特币购买和交易的成本。

2015 年 11 月，英国金融行为监管局发布《监管沙盒》，该文件指出了沙盒思想在落地中的要求。沙盒的理念是英国金融行为监管局引入的模式，旨在加快金融新兴技术的创新，同时平衡市场的监管，鼓励金融市场的各方人员参与并解决遇到的问题。监管沙盒是一个全新的模式，英国参与沙盒的公司大多是一些初创公司或者是互联网新兴技术公司，比如从事区块链技术在跨境支付的应用测试和借贷平台测试的公司。在沙盒空间中，金融新兴技术公司可以进行测试，测试涉及方方面面，如未面世的产品、服务和运作模式。如果在测试过程中遇到状况，公司可以不用立刻受到监管，不需要当下承担后果。此外，这种方式能够让英国金融行为监管局追踪和发现潜在的风险，尽可能地降低投资者的损失。这种模式加快了金融创新公司产品的落地过程，减少了从技术开发到真正进入市场的时间和成本，为技术开发者和金融市场参与者提供了开放的环境。在沙盒测试过程中，人们可以有效地发现出现的问题，并及时解决或者调整监管政策，避免了在技术落地成形后出现监管漏洞和没有预期到的乱象。沙盒为金融科技公司营造了安全的测试环境，并且英国经过沙盒测试的大部分公司都能够进入市场并运行。英国沙盒测试一般时长在3个月左右，并且对于测试的产品有严格的要求。产品必须与市场上的同类型产品有差异，并且要经过业内专家的认证。这一点规则就避免了测试产品的同质化，保证了进行沙盒测试产品的独特性。当然，当时的沙盒计划也存在很多弊端，英国也进行了改进，于2018年8月与全球12家金融监管机构联合组成"全球金融创新网络联盟"。该联盟旨在构建全球化的监管网络，加强各国之间的交流与合作，借鉴各国之间区块链创新的经验，提供跨境交易的测试环境，共同打造合作平台。目前除了英国外，其他国家也纷纷结合各自的国情，在借鉴英国沙盒测试的基础上，进行自己的沙盒测试管理，比如新加坡、澳大利亚分别于2016年7月和12月实施了监管沙盒。目前在全世界已有约25个国家和地区推行监管沙盒，正在计划推行的国家有大约18个，沙盒测试已经越来越趋于流行，体系也逐步完善。

2016年法国央行发布《数字时代金融稳定性报告》，该报告明确法兰西银行和金融稳定委员会合作进行区块链相关技术的研究，指出区块链的应用处于试验期，并且强调了区块链技术的安全问题。2016年，英国政府办公室发布《分布式账本技术：超越区块链》，该报告是由英国政府首席科学顾问马克·沃尔波特（Mark Walport）牵头完成的。该报告从区块链的视野、技术、治理和监管、安全性和隐私性、颠覆性潜力、政府中的应用和放眼世界等几个方面做出了详细的阐述，表达了明确的观点。该报告提到在监管分布式账本时，以法律监管和技术规则监管分布式账本。该报告认为，由于分布式账本"没有许可权限"这一属性，在法律规则上直接监管分布式账本较为困难，但是监管技术的重点可以放在进行交易的这些公司上，或者利用法律手段例如反洗钱规定等间接监管公司账本。在技术规则监管方面，报告提出的观点是由私人规则下制定的分布式账本技术规则可以由公共部门研发，在公共部门维护和运行下，分布式账本可以受到政府的监管。综合法律和技术规则两个方面，报告认为，可以结合这两种方式，开发出一个许可权限的系统用以监管。报告认为分布式账本有安全性和隐私性的问题，在治理中应当权衡技术创新、参与者权益的保护。

2016年，英国央行已经实现数字货币系统，该系统为RSCoin，旨在发行央行控制的数字货币，推行时，英国将该系统用于央行和央行的下属银行之间的业务。央行推广并且普及该数字货币系统，希望能用在国际贸易和流通中，并且为其他国家开发央行数字货币提供框架和体系。

瑞士对于区块链技术持较为开放和积极的态度，但是瑞士的法律对于区块链的规范较为细致。2018年12月，瑞士联邦委员会发布《瑞士分布式账本技术和区块链法律框架：以金融部门为重点视角》，这也是瑞士首次提出关于区块链的法律框架。该框架对区块链金融应用和加密资产的法律问题进行说明，主要列示了区块链原理和应用、国际监管环境、民法和金融市场法、反洗钱等几个方面，并提到了瑞士的不同法律对于区块链技术的影响。该框架详细地阐述了对于接受加密资产作为债务业务须要获得瑞士金融市场监管局授权的条件和无须获得授权的情况，在加密资产的分类和界定上进行了严格的划分和整理。为了与现有的金融市场相配合，瑞士联邦政府对现有的法律不断进行调整。瑞士于 2019 年 11 月提出变更区块链立法的框架，这一立法框架的改变主要是为了修订关于金融法和民法等九项内容。瑞士联邦委员会表示，此次修订将会对区块链技术的应用范围进行规范，防止金融市场上对该新兴技术的滥用。同时，这对区块链的法律性有了更明确的定义，并希望能借此次修改避免区块链技术在开发上的问题和阻碍。

2019 年 9 月，德国总理安格拉·默克尔（Angela Merkel）内阁批准了《国家区块链战略》。这项战略是由德国经济与能源部和财政部联合发布的。它主要说明了德国联邦政府将对区块链技术领域采取的举措和做出的努力，充分发挥区块链技术的潜力。这些举措包括联邦政府试验一项区块链，连接能源设施和公共数据库并进行高等教育证书验证的测试。联邦政府将公布立法草案，用来监管一些数字资产交易的公开发售，这是对投资者的保护。未被明确定义的数字资产交易需要符合法律要求，通过德联邦金融监管局批准后才能发行。同时，在监管方面，在经过联邦金融监管局的允许后，交易所才可以将法定货币转换为加密资产，或是将加密资产转换为法定货币。在保证监管稳定后，确保区块链技术的不断创新和发展。在区块链项目的选择和落地中，可持续发展将作为重要的衡量指标。该战略认为，德国应当同欧洲其他国家、欧盟甚至于国际机构进行合作。总体而言，德国通过此战略，维护了德国在区块链中的地位，充分挖掘了市场潜力。

2020 年 3 月，德国联邦金融监管局发布了一份报告。该报告将数字资产归类为金融工具。他们认为，虚拟货币未由任何中央银行或者公共机构发行或担保，不一定与法定货币挂钩，不具有法定货币的法律地位，但是被自然人或法人视为交换媒介，可以进行以电子方式的传输、存储和交易。在德国监管机构的反洗钱法律制定后，对于虚拟货币有了新的分类。监管机构批准进行加密货币托管公司的许可证。目前有 40 多家德国银行正在申请数字资产托管服务，托管服务将加密数字货币的加密方式作为第三方服务，客户并不知道具体的加密密钥。

第三节　未来监管和发展方向

对于区块链这一新兴技术，从前文可以看出各个国家的态度不尽相同，也相应发布了一些政策和法律法规。新兴技术的发展是社会发展的新鲜血液，可以促进经济向前发展，有效提高社会运行的效率。中国目前是禁止 ICO 的。中国虽然对于比特币的态度是较为谨慎的，但是在区块链技术领域是持扶持态度的，不断推进区块链相关技术和平台的落地和持续发展。目前我国并没有一项专门的法律是针对区块链技术的，未来的发展还有很长的路要走。在未来发展中，监管可以通过技术和法律相结合，建立规范的区块链技术体系，完善法律体系。未来应当会有更多的区块链技术创新与实际应用结合，国家也将在监管领域不断探索出新的路径。全国金融标准化技术委员会副主任委员、人民银行科技司司长李伟曾表示，金融标准和金融创新不是一对"敌人"，而是"朋友"。金融标准是平衡金融创新和金融风控的有效手段，是推广创新的桥梁和促进创新的保障。

一、完善沙盒监管

2020年1月，中国央行营业部就六款拟纳入金融科技监管试点的应用向社会公开征求意见。这是首次将金融科技监管试点工作落地，被称为中国金融科技领域的"监管沙盒"。此次试点工作在北京市展开，针对六款新兴技术的应用进行测试和试点，反映了在结合国情和技术创新监管上迈出的重要一步。此项目涉及的领域包括区块链、人工智能和大数据等领域，包括工商银行基于物联网的物品溯源认证管理与供应链金融，中信银行联合中国银联、度小满和携程推出的中信银行智令产品等六个应用程序。这些应用程序体现了我国目前金融科技发展的核心，在保护消费者权益和符合法律法规的基础上，打造安全和开放的科技创新发展氛围。2020年4月，央行公布第二批金融科技创新监管试点工作的具体实施地点和安排。此次试点针对上海市、杭州市、苏州市、重庆市、深圳市、河北雄安新区等六个地域，扩大了金融试点的范围。以苏州的监管试点为例，我们可以看到其中一个试点项目名为"基于区块链的长三角征信链应用平台"。该项目是由苏州企业征信服务有限公司、央行苏州市中心支行、苏州银行和苏州同济区块链研究院共同打造的征信管理系统。在征信领域，使用区块链技术征信链，将征信信息在链上储存，实现信息的共享和协同作用，进一步便捷征信服务，加大监管力度，实现征信领域的长三角地区一体化。央行营业部在6月也公开了北京市第二批申报的11个金融科技创新监管试点。此次试点包含中国银行股份公司的"基于区块链的产业金融服务"和国家计算机网络与信息安全管理中心、北京中关村银行股份有限公司、中国百信银行股份有限公司、中国民生银行股份有限公司北京分行共同打造的基于区块链的企业电子身份认证信息系统。

2020年3月18日，北京大学数字金融研究中心与上海新金融研究院联合发布《中国金融科技监管沙盒机制设计研究》。该报告主要阐述了监管沙盒的概念，设立中国金融科技监管沙盒的必要性、可行性分析，国外沙盒的经验以及中国金融科技监管沙盒的设计。该报告主要是针对建立中国监管沙盒政策提出的一些思路和建议。报告认为，中国的沙盒设计应当结合中国国情和国外已经实行的经验，制定出一套合适的政策。报告认为，应当以中国香港为参考，建立分业监督的沙盒框架。具体来说是由国务院金融稳定发展委员会牵头，央行负责，银保监会和证监会执行。报告认为单一的监管框架是不利于发展和稳定的。同时，监管流程也应当严格化，应跟踪从申请到评估的全部过程。在市场准入标准方面，应当严格筛选。对于准入公司的数量和类型应当严格把控。在监管沙盒初期，优先选择能解决迫切问题、切实为消费者考虑、做好充分准备的创新型公司。在准入原则上，报告认为沙盒测试后期不应该限制非持牌金融机构，在该点上可以适当放宽限制。在公司进入沙盒测试期，监管部门可以针对不同类型的公司采取不同的测试管理机制，帮助测试的产品或者服务模式等进行适当的改变。不同的管理工具可以提高测试的效率，降低测试的成本，促进产品尽快发展成熟。可以通过的公司应当发放许可证，但是不能通过的公司应当做良性退出准备。针对在测试过程中一些可能出现的极端情形，应当提前有风险预案，提前保证风险准备金，必要时对于消费者受到的损失给予补偿。监管部门综合全程跟踪监督，需要及时识别风险并做出调整和优化。

从我国近期对于金融科技监管工作试点工作做出的一系列努力可以看出，国家对于区块链这一技术是大力扶持和积极推进的。金融监管的试点借鉴了国外目前普遍的沙盒监管，对于进入试点工作的对象可以借鉴国外的标准，选取信用较好的金融机构，在退出程序上，应当对于无法通过测试的对象进行风险预案和评估。未来，应当有更多的金融监管试点工作发布和测试。这不仅是对区块链等新兴技术发展的促进，更是在监管上迈出了很大一步。通过技术创新，监管机构不断探索新的思路，并与参与者和消费者一起发现金融科技创新和金融风险之间的平衡点，有效地发现监管的不足之处。未来监管试点的发展方向可以是多元化的，要充分利用监管资源，协调不同的监管机构，明确监管职责，共同推动区块链的健康发展。

二、构建完整的法律体系

法律是具有强制性和规范性的。目前我国没有专项法律是针对区块链监管的，主要通过发布规定和通知来规范区块链市场的管理，虽然能够在一定程度上进行监督和管理，但是它们的作用力度是远远不够的。未来可以考虑制定有关区块链的法律进行强制性规范和管理。一方面区块链是科技进步和社会发展的表现，另一方面如果法律监管不当，将会出现洗钱等违法犯罪行为。国家需要从立法的角度严格规范区块链技术，例如，区块链应用的范围，攻击区块链体系行为是否应当纳入犯罪，界定区块链技术应用中哪些属于违法犯罪的范畴。在区块链技术发展成熟前应当事先确保法律体系的完善，这样能够避免在技术落地后遇到的和现有法律有矛盾之处。除了制定专项法律进行约束外，针对在监管中出现的不同领域的案件，也应当在现有法律的基础上与时俱进，配合实际情况不断进行修订，做到操作中有法可依。

在数字货币监管上，央行成立数字货币研究所等一系列行为确定了监管的核心地位。区块链中智能合约是较为重要的部分，就该合约是否具有法律效力也应当在《中华人民共和国民法典》中规定。在区块链不同的细分领域上应当设置不同的入市规则和运营原则。由于区块链涉及学科交叉和领域交叉，涉及的范围和领域很广，需要有多个机构共同参与监管，协同治理。

未来，监管机构应当和被监管对象及时沟通交流。对于被监管对象的问题和疑点，可以及时地反馈和答疑。类似国外一些定期举行听证会的制度，全面了解各自的立场和态度，适应经济的新发展。对于区块链具体的交易行为，需要有针对性地进行规范。在技术创新的基础上，完善风险制度，加强监管体系。将技术和法律法规结合，实现区块链为国家和社会发展产生积极的促进作用。

三、未来发展方向的判断

在未来的发展中，区块链的应用对象会多样化发展，这基本上达成了共识，只不过现在不同的公司，在不同应用场景中的投入和实践有些不同。企业应该扩大自己的"链"的范围，让更多的产品应用区块链技术。同时，提高区块链的用户体验，区块链未来的发展需要满足更多的需求，证明其相对固有模式的先进性，所以必须在功能上、体验上进行更深入的开发研究。

区块链的技术还需要进行纵深迭代。在技术发展初期可以满足一部分需求，随着用户人数增多，应用范围变广，规模效益扩大，甚至竞争对手以及敌对势力的加入，促使我们将区块链技术向更深层次发展。在适当的时期，也可以将其与先进生产力进行结合，比如量子技术，从而获得新时代的产业创新。

区块链需要在更多应用场景下扮演更多角色，所以应该和其他技术进行融合，如大数据、物联网、云计算以及人工智能。在这个过程中，需要更多复合背景人才的加入，扩大规模效应，从而促进产业融合进而达到产业升级。因此，高校的提前布局是重中之重。主体链、数据链和数字货币链将是基础链。这些基础链可能需要一些大型企业，甚至是国家来主导联合建设。这些基础链的建设相当于我国区块链产业中的"新基建"，在这些基础链建立起来之后，我们其他的一些业务链，就可以很好地利用基础链所打下的坚实基础来发展壮大自己。

随着国际环境不确定性日益增强，区域矛盾深化，在面对百年不遇之大变局时，国内的区块链技术发展一定要紧抓核心问题进行攻关，自己独立地制定框架和规则，摆脱不必要的钳制，从而在未来可以从容面对部分势力的制裁以及技术封锁。随着区块链技术的发展，对于算力的要求显著提高是不争的事实，所以我国应当大力发展配套设施以及要求产业链和供应链齐头并进，这样才不会让整体技术发展停滞。同时，加强与超级计算机、量子计算机等高算力设备所在机构、企业的互通有无，使区块链的发展更进一步。

◀ **本章小结** ▶

本章着重阐述中国、美国、日本、新加坡、韩国和一些欧洲国家的区块链法律法规，并介绍了中国近期发布和实施的区块链相关金融行业的标准。从这些国家的法律法规的情况我们可以看出，大部分国家对于区块链的态度是从保守然后到积极的态度，大力发展区块链相关的技术创新，鼓励公司的金融科技创新。本章最后阐述了我们对于监管和未来发展方向的观点，我们认为区块链的未来是美好的。

关键词：法律法规、沙盒测试、监管、发展、准则

◀ **思考题** ▶

1. 简述中国对加密数字货币出台的一系列政策。

2. 简述新加坡关于区块链法律法规的情况。

3. 简述《关于特定金融交易信息的报告与利用等法律（特别金融法）》的修正案关于

加密数字货币的主要观点。

4. 简述《最高人民法院关于互联网法院审理案件若干问题的规定》关于区块链的问题。

5. 请叙述一下关于《中国区块链产业白皮书》中有关区块链发展的部分。

◀ 本章参考资料 ▶

[1] 长铗, 韩锋, 等. 区块链: 从数字货币到信用社会. 北京: 中信出版社, 2016.

[2] 陈奕彤, 宋微, 李彩霞. 主要国家区块链政策动向及启示. 合作经济与科技, 2020 (11).

[3] 樊沛鑫. 区块链技术的应用与法治发展. 人民法院报, 2020 - 03 - 05.

[4] 华为区块链技术开发团队. 区块链技术及应用. 北京: 清华大学出版社, 2019.

[5] 姜其林, 苏晋绥, 米丽星. 基于央行视角下我国法定数字货币发展趋势与监管挑战. 华北金融, 2020 (4).

[6] 李西臣. 区块链智能合约的法律效力——基于中美比较法视野. 重庆社会科学, 2020 (7).

[7] 李筱筱. 我国法定数字货币发行的法律问题研究. 上海师范大学, 2020.

[8] 刘宗媛, 黄忠义, 孟雪. 中外区块链监管政策对比分析. 网络空间安全, 2020, 11 (6).

[9] 孙梦龙. 针对中外区块链加密货币法律监管的比较分析. 学理论, 2020 (7).

[10] 杨保华, 陈昌. 区块链原理、设计与应用. 北京: 机械工业出版社, 2017.

[11] 叶蓓. 美国区块链证据规则及其启发. 中国政法大学, 2020.

[12] 张健. 区块链: 定义未来金融与经济新格局. 北京: 机械工业出版社, 2016.

[13] 张夏恒. 区块链引发的法律风险及其监管路径研究. 当代经济管理, 2019, 41 (4).

教材后记

　　自 2008 年年底中本聪发布比特币白皮书以来，各种加密数字货币相继涌现，区块链相关技术开始迅猛发展，如今已被应用在许多领域，包括数字货币、公共服务、物流溯源等。现如今，各国都在积极推进数字货币改革，区块链技术也必然会逐步推广。因此，本教材作为面向高校学生的科普读物，从基础理论和实际应用两个方面来阐述区块链的相关基础概念及常识。

　　本教材脉络具体如下：

　　全教材共包括 12 个章节，给出了区块链入门学习的知识框架，并解释了重点术语，可以使读者对区块链有一个清晰的基础知识体系认识，从而有助于后续的进一步探索。

第 1 部分　区块链基础知识

　　第一章到第四章解释了区块链相关的基本概念。第一章从时代背景等多个角度阐述了区块链诞生的必然性，即我们为什么需要区块链，区块链可以解决当下的什么问题；第二章则正式揭开了区块链的本来面目，从本质上描述区块链的逻辑框架；第三章是将区块链的底层技术逐个讲清，从而深入解构区块链的工作原理，了解不同层次架构是如何协作运行的；而第四章则是从负面角度发掘了一些区块链系统自身的性能问题。经过这几章，相信读者无论是从宏观角度还是从微观角度都会对区块链的整个底层概念有一个清晰的体系认知。

第 2 部分　区块链实际应用

　　第五章到第十章都在描述区块链在现实生活中的应用。第五章讲述的是区块链概念发展的起源——数字货币，自比特币诞生于世，各种各样的数字货币开始发展，本章讲述了数字货币的发展史，让读者对当下时兴的数字货币概念有一个详细的编年史认知；

第六章介绍了区块链技术在应用过程中遇到的主要问题；第七章则讲述了区块链在政务服务中的应用，其中包括税收征管以及精准扶贫；第八章是区块链在物流供应链中的应用，主要以溯源技术为主；第九章则涉及民生方面，是区块链在医疗养老方面的应用，解决的是数据存储与隐私安全方面的问题；第十章是区块链在版权公证方面的应用，与当下文化 IP 大热潮相结合，揭示其中可能发生的知识产权纠纷，并解读区块链技术在其中的应用场景。

第 3 部分　区块链技术发展态势

第十一章和第十二章分别讲述了区块链的实际价值及其局限性、当前发展趋势及相关法律法规，该部分主要是让读者了解世界对区块链技术的态度以及技术发展现状。

考虑到本教材的定位是高校学生的区块链知识入门读物，解释内容主要以文字与图片为主，公式等较为抽象的内容较少。当然，像共识机制与非对称加密这样的底层技术都是基于复杂的数学理论建立起来的，本教材尽可能做到将逻辑捋顺，不让内容读起来晦涩难懂。

本教材在章后附有一定的扩展阅读以及课后思考题，扩展阅读主要让读者拓宽视野、了解相关历史与常识；思考题中有部分为开放性题目，旨在为读者留下更多的思考空间，毕竟区块链技术的发展还有很多不足之处，其体系完善也有很长的路要走。

最后，感谢参与撰写本书的每一位工作人员，希望广大读者能从此书中有所收获，不足之处也请多加指正。

图书在版编目（CIP）数据

区块链技术及应用/苟小菊主编. --北京：中国
人民大学出版社，2022.1
新编21世纪金融学系列教材
ISBN 978-7-300-29568-8

Ⅰ.①区… Ⅱ.①苟… Ⅲ.①区块链技术－高等学校
－教材 Ⅳ.①TP311.135.9

中国版本图书馆CIP数据核字（2021）第132267号

新编21世纪金融学系列教材
区块链技术及应用
苟小菊 主 编
周志翔 副主编
Qukuailian Jishu ji Yingyong

出版发行　中国人民大学出版社

社　　址　北京中关村大街31号　　　　　　　邮政编码　100080
电　　话　010－62511242（总编室）　　　　　010－62511770（质管部）
　　　　　010－82501766（邮购部）　　　　　010－62514148（门市部）
　　　　　010－62515195（发行公司）　　　　010－62515275（盗版举报）
网　　址　http://www.crup.com.cn
经　　销　新华书店
印　　刷　北京密兴印刷有限公司
开　　本　787mm×1092mm　1/16　　　　　　版　　次　2022年1月第1版
印　　张　17.25 插页1　　　　　　　　　　　印　　次　2024年9月第2次印刷
字　　数　390 000　　　　　　　　　　　　　定　　价　42.00元

教学支持说明

1. 教辅资源获取方式

为秉承中国人民大学出版社对教材类产品一贯的教学支持，我们将向采纳本书作为教材的教师免费提供丰富的教辅资源。您可直接到中国人民大学出版社官网的教师服务中心注册下载——http：//www.crup.com.cn/Teacher。

如遇到注册、搜索等技术问题，可咨询网页右下角在线 QQ 客服，周一到周五工作时间有专人负责处理。

注册成为我社教师会员后，您可长期根据您所属的课程类别申请纸质样书、电子样书和教辅资源，自行完成免费下载。您也可登录我社官网的"教师服务中心"，我们经常举办赠送纸质样书、赠送电子样书、线上直播、资源下载、全国各专业培训及会议信息共享等网上教材进校园活动，期待您的积极参与！

2. 赠送"经管之家"论坛币

经管之家（http：//www.jg.com.cn）于 2003 年成立，致力于推动经济学科的进步，传播优秀教育资源，做最好的经管教育。目前已经发展成国内最大的经济、管理、金融、统计类在线教育平台，也是国内最活跃和最具影响力的经济类网站。

为了更好地服务于教学一线的任课教师，凡使用中国人民大学出版社经济分社教材的教师，注册成为我社教师会员后，可填写以下信息调查表，发送电子邮件或者邮寄或者传真给我们，我们将会向您赠送经管之家论坛币 200 个。

教师信息表
姓名：
学校：
论坛 ID：
教授课程：
使用教材：
论坛识别码：pinggu _ com _ 1501511 _ 8899768

3. 高校教师可加入下述学科教师 QQ 交流群，获取更多教学服务

经济类教师交流群：809471792

财政金融教师交流群：182073309

国际贸易教师交流群：162921240

税收教师交流群：119667851

4. 购书联系方式

网上书店咨询电话：010 - 82501766

邮购咨询电话：010 - 62515351

团购咨询电话：010 - 62513136

中国人民大学出版社经济分社

地址：北京市海淀区中关村大街甲 59 号文化大厦 1506 室　　100872

电话：010 - 62513572　010 - 62515803

传真：010 - 62514775

E-mail：jjfs@crup.com.cn